民用航空器维修基础系列教材

活塞发动机 （第2版）

PISTON ENGINE

(ME-PA、PH)

付尧明　主编

U0360454

清华大学出版社

北京

内 容 简 介

本书是根据 CCAR-66 部咨询通告《民用航空器维修/部件修理人员执照笔试考试大纲》和 CCAR-147 部咨询通告《民用航空器维修/部件修理基础培训大纲》的要求编写而成,主要介绍了航空活塞发动机的构造、航空活塞发动机的工作过程及性能、航空活塞发动机的燃油系统、滑油系统、点火系统、进气与排气系统、滑油和散热系统、启动系统、指示系统、发动机的维护和操作。本书可作为民航维修人员的基础培训教材,也可作为有志于从事民航维修业的人员的自学教材,还可作为民航各技术岗位人员进行业务学习的参考书。

图书在版编目(CIP)数据

活塞发动机:ME-PA、PH/付尧明主编. —2 版. —北京:清华大学出版社,2016(2024.8重印)
(民用航空器维修基础系列教材)
ISBN 978-7-302-43921-9

Ⅰ. ①活…　Ⅱ. ①付…　Ⅲ. ①航空发动机－活塞发动机－教材　Ⅳ. ①V234

中国版本图书馆 CIP 数据核字(2016)第 111183 号

责任编辑:赵　斌　洪　英
封面设计:李星辰
责任校对:刘玉霞
责任印制:宋　林

出版发行:清华大学出版社
　　　　　网　　　址:https://www.tup.com.cn, https://www.wqxuetang.com
　　　　　地　　　址:北京清华大学学研大厦 A 座　　　　　邮　　编:100084
　　　　　社 总 机:010-83470000　　　　　　　　　　　邮　　购:010-62786544
　　　　　投稿与读者服务:010-62776969, c-service@tup. tsinghua. edu. cn
　　　　　质量反馈:010-62772015, zhiliang@tup. tsinghua. edu. cn
印 装 者:三河市君旺印务有限公司
经　　销:全国新华书店
开　　本:185mm×260mm　　印　张:17　　　　　字　　数:414 千字
版　　次:2007 年 1 月第 1 版　2016 年 9 月第 2 版　　印　　次:2024 年 8 月第 18 次印刷
定　　价:49.80 元

产品编号:062907-03

民用航空器维修基础系列教材
编写委员会

主任委员：任仁良

编　　委：刘　燕　　陈　康　　付尧明　　郝　瑞

　　　　　　蒋陵平　　李幼兰　　刘　峰　　刘建英

　　　　　　刘　珂　　吕新明　　任仁良　　王会来

　　　　　　张　鹏　　邹　蓬　　张铁纯

序 言

PREFACE

2005 年 8 月,中国民航规章 CCAR-66R1《民用航空器维修人员执照管理规则》考试大纲正式发布执行,该大纲规定了民用航空器维修持照人员必须掌握的基本知识。随着中国民用航空业的飞速发展,业内迫切需要大批高素质的民用航空器维修人员。为适应民航的发展,提高机务维修人员的素质和航空器的维修水平,满足广大机务维修人员学习业务的需求,中国民航总局飞行标准司组织成立了"民用航空器维修基础系列教材"编写委员会,其任务是组织编写一套满足中国民航维修要求、实用性强、高质量的培训和自学教材。

为方便机务维修人员通过培训或自学参加维修执照基础部分考试,本套教材根据民航局颁发的 AC-66R1-02 维修执照基础部分考试大纲编写,同时满足 AC-147-02 维修基础培训大纲。本套教材共 14 本,内容覆盖了大纲的所有模块,具体每一本教材的适用专业和对应的考试大纲模块见本书封底。

本套教材力求通俗易懂,紧密联系民航实际,强调航空器维修的基础理论和维修基本技能的培训,注重教材的实用性。本套教材可作为民航机务维修人员或有志于进入民航维修业的人员的培训或自学用书,也可作为 CCAR-147 维修培训机构的基础培训教材或参考教材。

"民用航空器维修基础系列教材"第 1 版在 CCAR-66 执照基础部分考试和 CCAR-147 维修基础培训中得到了非常广泛的应用。通过 10 年的使用,在第 1 版教材中发现了不少问题;同时 10 年来,大量高新技术应用到新一代飞机上(如 B787、A380 等),维修理念和技术也有了很大的发展,与之相对应的基础知识必须得到加强和补充。因此,维修基础培训教材急需进行修订。

"民用航空器维修基础系列教材"第 2 版是在民航局飞行标准司的直接领导下进行修订编写的。这套教材的编写得到了民航安全能力基金的资助,同时得到了中国民航总局飞行标准司、中国民航大学、广州民航职业技术学院、中国民用航空飞行学院、民航管理干部学院、上海民航职业技术学院、北京飞机维修工程有限公司(Ameco)、广州飞机维修工程有限公司(Gameco)、中信海洋直升机公司、深圳航空有限责任公司等单位以及航空器维修领域专家的大力支持,在此一并表示感谢!

由于编写时间仓促和我们的水平有限,书中难免存在许多错误和不足,请各位专家和读者及时指出,以便再版时加以纠正。我们相信,经过不断的修订和完善,这套教材一定能成为飞机维修基础培训的经典教材,为提高机务人员的素质和飞机维修质量作出更大的贡献。任何意见和建议请发至:skyexam2015@163.com。

"民用航空器维修基础系列教材"编委会

2016 年 4 月

前 言

FOREWORD

本书根据 CCAR-66R1 部咨询通告 AC-66R1-02《民用航空器维修/部件修理人员执照笔试考试大纲》和 CCAR-147 部咨询通告 AC-147-02《民用航空器维修/部件修理基础培训大纲》所规定的航空活塞发动机的相关内容编写而成,是中国民用航空总局飞行标准司所属的"民用航空器维修人员执照考试管理中心"组织编写的民航维修人员基础自学系列教材之一。本书的内容涉及航空活塞发动机的结构和各工作系统,具体包括航空活塞发动机概述、航空活塞发动机的构造、航空活塞发动机的工作过程、燃油系统、启动与点火系统、进气与排气系统、滑油与散热系统、发动机指示系统、发动机的维护与操作等。本书可作为民航维修人员的基础培训教材,也可作为有志于从事民航维修业的人员的自学教材,还可作为民航各技术岗位人员进行业务学习的参考书。

本书的编写力求满足基础培训的通用性以及民航维修行业特点所要求的实用性和针对性。在重点介绍发动机结构和各系统的基本组成、工作原理的基础上,还着重介绍了日常维护和检查工作要点以及部分特殊维护项目的基本实施方法。同时,本书还注意吸收和归纳先进科学技术成果在现代航空活塞发动机上的应用,体现知识、技术上的先进性和应用性。由于我国通用航空的发展水平与世界航空发达国家相比还有较大差距,活塞发动机飞机在我国的应用量相对较小,导致国内可供利用的技术资料和维修资料也相对较少。因此,作者编写本书时,在充分利用国内资源的前提下,较多地借鉴了欧美等通用航空业发达国家的同类教材、培训资料、机型维护手册等相关资料,力争使教材达到全面性、整体性和系统性的要求。本书在内容的采用上还具备一定的前瞻性,力求在一段时间内能够较好地满足中国民航通用航空事业发展对航空器维修人员基础培训的要求。

本书对航空活塞发动机结构和系统进行了一般性介绍,所有内容仅适用于基础培训或学习,不能作为航空维修实践的依据。应特别注意的是,不要将本书所介绍的有关维护的工艺、技术和方法等基础性知识直接应用于具体发动机的维护和维修实践。

本书由付尧明主编,并负责统稿和编写质量控制,魏武国、闫锋、李世林、冯世榕、宋炎、蒋平清、乔树旺、张洪涛、田凤东等同志参与了本书的编写。考虑到自学教材的特殊要求,在理论阐述、问题描述、术语运用和插图等方面,尽量做到内容翔实、准确,图文并茂,文字简洁、流畅、易读易懂。但由于作者工作领域和水平的局限,书中定有不妥之处,诚恳希望本书使用者能够提出宝贵的意见和建议,以便在本书修订时进一步完善。

在本书的成稿过程中,得到了中国民航飞行学院机务处、航空工程学院和飞机修理厂等学校、部门的工程技术人员和专家的大力支持,还得到了本书审定组陶贵荣、徐琛、蒋陵平等专家的真诚指正和热忱帮助,在此深表谢意。

编　者

2016 年 5 月

目 录

CONTENTS

第1章

航空活塞发动机概述

航空活塞发动机出现较早,发展期较长,理论研究和实践应用方面都比较成熟和完善。直到现代,虽然出现了大功率的适用于高速飞行的喷气式发动机,活塞发动机仍占有重要的地位。在飞行速度不太高的飞机上,航空活塞发动机能发挥其耗油率低、使用维护成本低的优点。因此,航空活塞发动机在轻型低速飞机上仍广泛采用。据中国民用航空局统计资料显示,我国通用航空飞行器使用的动力装置中,活塞发动机占比超过 50%。

大多数航空活塞发动机使用航空汽油作为燃料,使用点燃方式进行燃烧。但近年来,使用航空煤油作为燃料的航空活塞发动机逐渐增多,该类航空活塞发动机使用压燃式燃烧。压燃式四行程航空活塞发动机与点燃式四行程发动机的不同将在第 4 章中进行说明。本章主要通过介绍点燃式四行程发动机的组成、工作原理、理想循环以及发动机的性能等一般知识来说明航空活塞发动机的基本工作原理和一般特性。

1.1 航空活塞发动机的分类和组成

1.1.1 航空活塞发动机的分类

从基本工作原理方面的差别来看,航空活塞发动机主要有四行程发动机和二行程发动机两种,后一种只是在过去的少数飞机上采用过,目前使用的航空活塞发动机都是四行程发动机。由于长期发展的结果,航空活塞发动机的种类繁多,形式千差万别。但因航空业的不断进步,有的类型已经逐渐淘汰掉了,所以对航空活塞发动机的分类,仅限于在目前仍广泛采用的类型,作一简单的划分。

1. 按混合气形成的方式划分

根据形成混合气的方式不同,航空活塞发动机可分为汽化器式发动机和直接喷射式发动机。

汽化器式发动机中装有汽化器,燃油与空气在汽化器内混合好后,再进入发动机汽缸中燃烧。直接喷射式发动机中装有燃油直接喷射装置,发动机工作时燃油由直接喷射装置直接喷入各汽缸或汽缸头部进气门腔室,与适量的空气在汽缸内形成混合气。

2. 按发动机的冷却方式划分

根据发动机的冷却方式不同,航空活塞发动机分为气冷式发动机和液冷式发动机。

图 1-1 和图 1-2 所示分别为两种冷却方式发动机的外形。

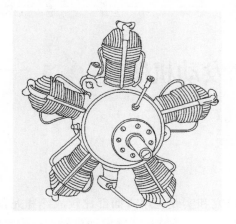

图 1-1　气冷式发动机　　　　　　　　　　图 1-2　液冷式发动机

气冷式发动机直接利用飞行中的迎面气流来冷却汽缸和相关部件。

液冷式发动机利用循环的液体来冷却汽缸和相关部件,然后冷却液再将所吸收的热量散入大气之中去。

3. 按空气进入汽缸前是否增压划分

根据空气在进入汽缸前是否增压,航空活塞发动机分为吸气式发动机和增压式发动机。

吸气式发动机工作时,外界的空气被直接吸入发动机汽缸。一般吸气式发动机用在飞行高度较低的飞机上。增压式发动机上装有增压器,外界的空气进入汽缸之前,先经过增压器提高压力后,再进入发动机汽缸。增压式发动机一般用在飞行高度较高的飞机上。

4. 按汽缸排列的方式划分

根据汽缸排列的方式不同可以分为星型发动机和直列型发动机。直列型发动机的汽缸呈"列队"式前后排列,它又可分为单排直列型、水平对置型和 H 型或 V 型等形式。目前使用中最常见的为水平对置型,如图 1-3 所示。汽缸在机匣的左、右两侧各排成一行,彼此相对,这种发动机有四缸、六缸和八缸等。

星型发动机的汽缸排列呈辐射状,又可分为单排星型和双排星型两种。目前由于航空喷气发动机的发展,双排星型活塞发动机在航空上的应用已减少,主要是单排星型活塞发动机,如图 1-4 所示。

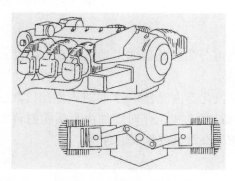
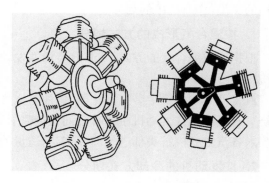

图 1-3　水平对置型发动机　　　　　　　　图 1-4　单排星型发动机

5. 按驱动螺旋桨的方式划分

根据发动机曲轴和螺旋桨之间是否装有减速器,航空活塞发动机可以分为直接驱动式和非直接驱动式发动机。直接驱动式发动机其螺旋桨由发动机曲轴直接驱动,非直接驱动式发动机其螺旋桨由发动机曲轴通过减速器驱动。

以上每一项对发动机的划分,都是只说明发动机的某一个侧面,对具体的发动机,应综合各种区别加以说明。例如,现在国内通航仍广泛使用的国产活塞五型(670型)航空活塞发动机,是九缸、单排星型、气冷式、汽化器式、非直接驱动式发动机并带有增压器;美国莱康明公司生产的 IO-360 航空活塞发动机是四缸、水平对置型、气冷式、直接喷射式、吸气式、直接驱动发动机。

1.1.2　航空活塞发动机的组成

装有活塞发动机的飞机,它向前飞行的拉力是由发动机带动的螺旋桨产生的,所以螺旋桨就成了飞机的推进器,活塞发动机加上螺旋桨就组成了飞机的动力装置。有关螺旋桨的知识本章不作阐述,下面分析活塞发动机的组成时不包括螺旋桨推进器。

航空活塞发动机的形式千差万别,构造繁简不一,但是它们的基本组成部分和基本工作原理都大体相同。航空活塞发动机由下列主要机件和一些附件工作系统组成。

1. 主要机件

航空活塞发动机的主要机件包括汽缸、活塞、连杆、曲轴、气门机构和机匣。这些机件的相互位置关系如图 1-5 所示。汽缸呈圆筒形,固定在机匣上;活塞装在汽缸里面,并通过连杆和曲轴相连,曲轴由机匣支承。曲轴与螺旋桨轴相连,有的发动机曲轴的轴头本身就是螺旋桨轴;气门机构是由进气门、排气门以及凸轮盘(或凸轮轴)、挺杆、推杆、摇臂等传动机件组成的,这些机件分别安装在汽缸和机匣上。

汽缸是混合气进行燃烧并将燃料燃烧释放出来的热能转换为机械能的地方。活塞在汽缸内作往复运动,燃气的压力作用在活塞的顶面上,活塞就被推动而做功。燃气所做的功,最终用来带动螺旋桨旋转,产生拉力,使飞机前进,但活塞在汽缸内只能作直线运动,因此,必须把活塞的直线运动转变为螺旋桨的旋转运动,这个任务即由连杆和曲轴来完成。如前所述,连杆的一端连接活塞,另一端与曲轴的曲颈相连。当活塞承受燃气的压力作直线运动时,经过连杆的传

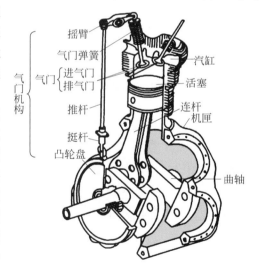

图 1-5　航空活塞发动机的组成

动,就能推动曲轴旋转,从而带动螺旋桨旋转。活塞、连杆和曲轴这三个在运动中密切关联的机件,通常又合称为曲拐机构。发动机运转时,汽缸内不断进行着气体的新陈代谢,气门机构的作用就是控制气门的开启和关闭,以保证新鲜混合气(或空气)在适当的时机进入汽缸,和保证燃烧做功后的废气适时地从汽缸排出。机匣是发动机的壳体,它除了用来安装汽

缸和支撑曲轴外,还将发动机的所有机件连接起来,构成一台完整的发动机。

大功率航空活塞发动机,在螺旋桨轴和曲轴之间一般都装有减速器,使螺旋桨轴的转速低于曲轴的转速。

2. 工作系统

航空活塞发动机不但要具备上面所述的主要机件,而且还必须有许多附件相配合,才能够进行工作。发动机的附件分属于几个工作系统,每个工作系统担负发动机工作中一个方面的任务。航空活塞发动机一般都具有燃油、点火、润滑、冷却和启动等工作系统。

1) 燃油系统

燃油系统的功用是不断地供给发动机适当数量的燃油,并将燃油雾化,同空气均匀混合形成可燃混合气。燃油系统的型式有汽化器式和直接喷射式两种。

2) 点火系统

点火系统的功用是在适当的时刻产生电火花,点燃汽缸内的混合气。电火花是由装在汽缸上的电嘴在高压电的作用下产生的,产生高压电的附件叫磁电机。

3) 滑油系统

滑油系统的功用是不断地将滑油送到各机件的摩擦面进行润滑,以减小摩擦阻力,减轻机件的磨损。滑油是在滑油泵的作用下,在滑油系统内部循环流动的。

4) 冷却系统

冷却系统的功用是把汽缸的一部分热量散发到大气中去,保证汽缸的温度正常。冷却系统的型式有气冷式和液冷式两种,目前在航空上多采用气冷式冷却系统。

5) 启动系统

启动系统的功用是发动机启动时,将曲轴转动起来,使发动机从静止状态转入正常工作。启动发动机的动力有气动力和电动力两种。

1.2 航空活塞发动机的基本工作原理

航空活塞发动机将热能转变为机械能,是由活塞运动的几个行程来完成的。活塞运动四个行程完成一个工作循环的发动机,叫四行程发动机;活塞运动两个行程完成一个工作循环的发动机,叫二行程发动机。现代航空活塞发动机都属于四行程发动机,本节只讨论四行程发动机的工作循环。

1.2.1 基本名词

发动机工作时,活塞在汽缸内作往复直线运动,通过连杆连接,使曲轴作旋转运动。为了描述活塞的运动,下面参照图1-6介绍活塞发动机工作的常用名词。

(1) 上死点:活塞顶距曲轴旋转中心的最远距离的位置,如图1-6(a)所示的位置。

(2) 下死点:活塞顶距曲轴旋转中心的最近距离的位置,如图1-6(b)所示的位置。

(3) 曲轴转角:曲臂中心线与汽缸中心线的夹角。

(4) 活塞行程 L:上死点与下死点间的距离。

(5) 曲臂半径 R:曲轴旋转中心与曲颈中心的距离。由图1-6可见,它与活塞行程的关系为

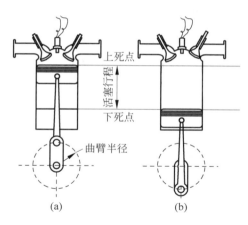

图 1-6　活塞发动机的基本名词

$$L = 2R$$

（6）燃烧室容积 $V_燃$：活塞在上死点时，活塞顶与汽缸头之间形成的容积。

（7）汽缸工作容积 $V_工$：上死点与下死点之间的汽缸容积。若汽缸直径为 D，则

$$V_工 = \frac{\pi}{4}D^2 L \tag{1-1}$$

（8）汽缸全容积 $V_全$：活塞在下死点时，活塞顶与汽缸头之间形成的容积。显然，汽缸全容积也等于燃烧室容积与汽缸工作容积之和，即

$$V_全 = V_工 + V_燃 \tag{1-2}$$

（9）压缩比 ε：汽缸全容积 $V_全$ 与燃烧室容积 $V_燃$ 的比值，即

$$\varepsilon = \frac{V_全}{V_燃} \tag{1-3}$$

1.2.2　四行程发动机的基本工作原理

目前飞机上采用的四行程活塞发动机，每完成一个循环，活塞在上死点与下死点之间往返两次，连续地移动了四个行程，它们分别叫做进气行程、压缩行程、膨胀行程（又称工作行程）和排气行程。图 1-7 画出了发动机四个行程的工作图，下面分别加以说明。

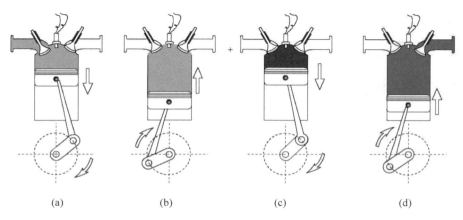

图 1-7　活塞发动机的工作循环

1. 进气行程

进气行程的作用是使汽缸内充满新鲜混合气。进气行程开始时,活塞位于上死点,进气门打开,排气门关闭。活塞在曲轴的带动下,由上死点向下死点运动,汽缸容积不断增大,新鲜混合气被吸入汽缸,如图 1-7(a)所示。曲轴转动半圈(180°),活塞到达下死点,进气门关闭,进气行程结束。

2. 压缩行程

压缩行程的作用是对汽缸内的新鲜混合气进行压缩,为混合气燃烧后膨胀做功创造条件。压缩行程开始时,活塞位于下死点,进、排气门关闭。活塞在曲轴的带动下,由下死点向上死点运动,汽缸容积不断缩小,混合气受到压缩,如图 1-7(b)所示,气体的温度和压力不断升高。当曲轴旋转半圈,活塞到达上死点时,压缩行程结束。在理论上当压缩行程结束的一瞬间,电火花将混合气点燃并完全燃烧,放出热能,气体的压力和温度急剧升高。

3. 膨胀行程

膨胀行程的作用是使燃料的热能转换为机械能。膨胀行程开始时,活塞位于上死点,进、排气门关闭着。燃烧后的高温高压燃气猛烈膨胀,推动活塞,使活塞从上死点向下死点运动,如图 1-7(c)所示。这样,燃气对活塞便做了功。在膨胀行程中,汽缸容积不断增大,燃气的压力、温度不断降低,热能不断地转换为机械能。当活塞到达下死点时,曲轴旋转了半圈,膨胀行程结束,燃气也变成了废气。

4. 排气行程

排气行程的作用是将废气排出汽缸,以便再次充入新鲜混合气。排气行程开始时,活塞位于下死点,排气门打开,进气门仍关闭着。活塞被曲轴带动,由下死点向上死点运动,废气被排出汽缸,如图 1-7(d)所示。当曲轴转了半圈,活塞到达上死点时,排气行程结束,排气门关闭。

排气行程结束后,又重复进行进气行程、压缩行程、膨胀行程和排气行程,航空活塞发动机就是这样周而复始的往复运动的。从进气行程开始到排气行程结束,活塞运动了四个行程,完成了一个工作循环。一个循环结束后又接着下一个循环,热能不断地转变为机械能,发动机连续不断地工作。因此,活塞发动机每完成一个工作循环,曲轴转动两圈(4×180°=720°),进、排气门各开关一次,点火一次,气体膨胀做功一次。

活塞在四个行程运动中,只有膨胀行程获得机械功,其余三个行程都要消耗一部分功,消耗的这部分功比膨胀得到的功小得多。因此从获得的功中扣除消耗的那部分功,所剩下的功仍然很大,用于带动附件和螺旋桨转动。

1.2.3   航空活塞发动机汽缸的点火次序

上面讨论了发动机里单个汽缸内活塞四个行程的工作情形,但航空活塞发动机往往不是只有一个汽缸,而是由多个汽缸组成的。不论发动机有多少个汽缸,每个汽缸内的活塞总是按四个行程的方式进行工作的。曲轴每旋转两圈,即完成一个循环,每个汽缸内的活塞都经过进气、压缩、膨胀和排气四个行程,混合气也都被点燃一次。但是,各个汽缸内同样的行程并非同时进行,而是按一定的次序均匀错开的。各个汽缸的点火也是一样,按相同的次序均匀错开。这样安排,可以保证活塞推动曲轴的力量比较均匀,发动机的运转较为平稳。

汽缸的工作次序与汽缸的排列型式有关,下面仅就单排星型和水平对置型汽缸的点火次序作一说明。

1. 单排星型发动机的汽缸点火次序

现以国产的九缸单排星型活塞五型发动机为例,说明汽缸的点火次序。如图1-8所示,每个汽缸的活塞都通过连杆连接到同一个曲轴的轴颈上,曲轴转动时,各汽缸内的活塞来回运动,组成一个协调运动的整体。

图中九个汽缸均匀地排列成星型,相邻两个汽缸之间的夹角为$360°/9=40°$。而发动机完成一个循环,曲轴旋转两圈(720°)时,九个汽缸都要点火一次,为了使九个汽缸内气体膨胀做功均匀错开,那么曲轴每转过$720°/9=80°$就要有一个汽缸点火。而1号与3号、3号与5号……汽缸之间的夹角恰好是

图1-8　单排星型发动机

80°。可见,曲轴按顺时针方向转动,当1号汽缸点火工作后,接着应该是3号汽缸点火工作,然后便是5号汽缸、7号汽缸……最后又轮到1号汽缸点火。于是,九缸星型排列的发动机的汽缸点火顺序是

$$1\rightarrow3\rightarrow5\rightarrow7\rightarrow9\rightarrow2\rightarrow4\rightarrow6\rightarrow8\rightarrow1$$

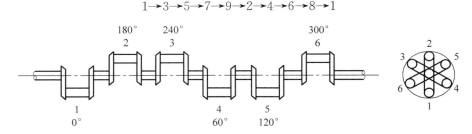

图1-9　六缸水平对置型发动机曲轴

2. 水平对置型发动机的汽缸点火次序

与星型发动机不同的是,水平对置型发动机的曲轴不在同一个旋转面内,如图1-9所示。确定该发动机的汽缸点火次序时,应满足三个原则:第一,各汽缸的点火间隔角应相等,对六缸发动机来说,点火间隔角为$720°/6=120°$;第二,曲柄的排列,除满足上述要求外,还应两两相对称,以达到惯性离心力的自身平衡;第三,应尽可能使连续点火的汽缸的曲柄不是相邻的曲柄,从而使机匣受力更为均匀。

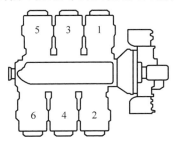

图1-10　水平对置型发动机

美国莱康明公司生产的六缸水平对置的IO-540-C4D5D航空活塞发动机的汽缸排列及编号如图1-10所示。根据上述三条原则可以看出,1号缸点完火以后,转120°应该是4号缸点火,4号缸点完火转120°应是5号缸点火;5号缸点完火转120°后从图1-10上看应该是6号缸,但2号缸和6号缸是同排,所以应安排2号缸点火,2号缸点完火转120°是3号缸,之后是6号缸。因此,该发动机的点火次序是$1\rightarrow4\rightarrow5\rightarrow2\rightarrow3\rightarrow6$。

1.3   航空活塞发动机的理想循环

当前使用的航空活塞发动机多属于四行程点燃式,这类发动机的理想循环就是工程热力学中介绍过的奥托循环,为了说明这一点,下面先介绍发动机的理想工作过程。

1.3.1   发动机的理想工作过程

四行程发动机每完成一个工作循环,活塞在汽缸内连续经过四个行程,工质则经历了进气、压缩、燃烧、膨胀和排气五个过程。

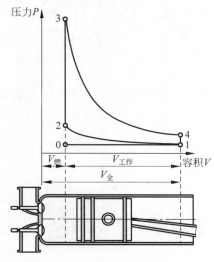

图 1-11   理想工作过程的压容图

在实际情况下,这些过程是相当复杂的,为了便于说明由各个实际过程所组成的实际循环的基本性质,这里先设想发动机的工作是在理想情况下进行的,这五个过程就叫做理想工作过程。所谓理想情况,是指过程进行中没有摩擦,气体同外界不发生热交换,燃烧和放热都不需要耗费时间。图 1-11 所示为把五个理想工作过程按进行的次序绘成的压容图,其纵坐标为压力,横坐标为汽缸容积。图上 0—1 表示进气过程,1—2 表示压缩过程,2—3 表示燃烧过程,3—4 表示膨胀过程,4—1—0 表示排气过程。

理想情况下的进气过程,因为没有流动损失,进入汽缸后的气体的压力始终与外界大气压相等,所以这个过程是等压进气过程。压容图上的进气过程线是一条平行于横轴的直线 0—1。

理想情况下的压缩过程,因为过程进行时气体不从外界吸热,也不向外界放热,并且没有摩擦,所以是理想绝热压缩过程。压容图上的压缩过程线是一条绝热过程线 1—2。

理想情况下的燃烧过程,因为没有热损失,混合气的燃烧不需要耗费时间,从燃烧开始直到结束,汽缸容积没有改变,所以是等容燃烧过程。压容图上的燃烧过程线是一条平行于纵轴的直线 2—3。

理想情况下的膨胀过程,因为过程进行时气体同外界没有热交换,也没有摩擦,所以是理想绝热膨胀过程。压容图上的膨胀过程线是一条绝热过程线 3—4。

理想情况下的排气过程可以分为两个阶段。活塞刚刚到达下死点的一瞬间,排气门开放,在汽缸容积保持不变的情况下,一部分废气排出汽缸,汽缸内的废气压力立刻下降到等于外界大气压力。这是排气过程的第一阶段。压容图上,第一阶段的排气过程线是一条等容过程线,即平行于纵轴的直线,即图中的 4—1。当活塞从下死点向上死点运动时,废气被活塞推出汽缸。这是排气过程的第二阶段。在理想情况下,排气过程的第二阶段没有流动损失,所以在这个阶段中,汽缸内气体的压力也始终等于外界大气压力。在压容图上,第二阶段的排气过程是一条等压过程线,即平行于横轴的直线,即图中的 1—0 线。

综上可知,四行程活塞发动机的五个理想工作过程是:等压进气过程、绝热压缩过程、等容燃烧过程、绝热膨胀过程和由等容排气与等压排气两个阶段组成的排气过程。

1.3.2　发动机的理想循环

由上述理想工作过程压容图可以看出,从压缩过程开始,经过燃烧过程和膨胀过程,到排气过程的第一阶段结束,压容图上就构成了一个封闭的曲线。如果假想汽缸内的工质不必排出,也无须重新引入,即略去理想工作过程中的进气过程和排气过程,同时,把等容燃烧过程看成是等容条件下工质从外界热源吸热的过程,把排气过程所放出的热看成是等容条件下工质向外界冷源放出的热。这样,就可以得出一个由可逆过程组成的封闭循环,这个循环叫做发动机汽缸内工质的理想循环,简称理想循环。

活塞发动机的理想循环叫做奥托循环,又叫做定容加热循环,由四个可逆的工作过程组成,即绝热压缩过程、等容加热过程、绝热膨胀过程和等容放热过程,如图 1-12 所示。

在奥托循环中,工质首先被活塞压缩,即图中的 1—2 线。在这个过程中工质获得外功,内能增加,温度和压力提高而比体积减小。接着进行定容加热过程,即图中的 2—3 线。在该过程中,热源对工质加热,由于工质不对外做功,全部加热量都转变为工质的内能,使工质的温度和压力升高,而比体积保持不变,为膨胀做功准备条件。所进行的绝热膨胀过程,即图中的 3—4 线。在这个过程中,工质推动活塞对外做功,致使本身的内能减小,温度和压力下降,比体积增大。为了使工质恢复到原来的状态,以便再度做功,最后进行了定容的放热过程,即图中的 4—1 线。这时工质放出热量,内能减

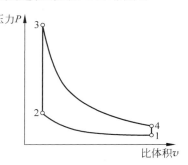

图 1-12　航空活塞发动机的理想循环

小,温度和压力降低,而比体积保持不变,直到恢复到原来的状态。这样,工质就完成了一个循环。

知道了航空活塞发动机的理想循环,就可以进而分析理想循环功和热效率。在工程热力学中已经阐明,1kg 工质完成一个理想循环所做的净功,叫做理想循环功,用 L 表示。转换为理想循环功的那部分热量与每一循环中加热量的比值,叫做热效率,用 $\eta_{热}$ 表示。

$$\eta_{热} = \frac{循环功}{加热量} = 1 - \frac{1}{\varepsilon^{\gamma-1}} \tag{1-4}$$

在定容加热循环中,热效率 $\eta_{热}$ 与压缩比 ε 和工质的绝热指数 γ 有关。当绝热指数一定时,热效率 $\eta_{热}$ 只与压缩比 ε 有关,其关系是:随着压缩比 ε 的增加,热效率 $\eta_{热}$ 也随之增加。

第2章

航空活塞发动机的构造

航空活塞发动机是内燃机的一种,主要机件包括汽缸、活塞、连杆、曲轴、气门机构和机匣。通常将活塞、连杆、曲轴组成的机构称为曲拐机构。大功率航空活塞发动机,在曲轴和螺旋桨轴之间一般还装有减速器。

发动机工作时,主要机件承受很大的负荷。特别是汽缸、活塞,不仅受力很大,而且还要受到高温燃气的作用,维护时应特别注意检查。本章主要介绍航空活塞发动机本体的主要构造,以及相应常见故障和维护措施。

2.1 汽缸

2.1.1 汽缸的工作条件

汽缸是混合气进行燃烧的地方,发动机工作时,汽缸内作用有很大的机械负荷和热负荷,下面从汽缸的受力情况和受热情况两个方面分析汽缸的工作条件。

1. 受力情况

发动机工作时,作用在汽缸活塞各机件上的力,主要是混合气燃烧后的燃气压力。首先,当活塞在上死点后 $10°\sim15°$ 时,燃气压力最大,可达 $65\sim70 kgf/cm^2$($1kgf/cm^2 = 9.8\times10^4 Pa$),使活塞顶上的总作用力高达 $14000 kgf$($1kgf = 9.806N$)。其次,这个力作用在汽缸内的频率相当大,最大转速时达 20 次/s,已具冲击特性。图 2-1 所示为活塞发动机的一个工作循环中,气体压力的展开图,横坐标代表曲轴转角,纵坐标代表气体压力的大小。由图中可见,做功行程之初压力最大,随着气体膨胀,压力逐渐减小,排气行程气体压力稍高于大气压力,进气行程气体压力稍低于大气压力,压缩行程时气体压力又升高。

考虑到活塞封闭汽缸并在汽缸内作往复直线运动,活塞将对汽缸壁产生侧压力。作用在活塞上的气体压力经活塞销及连杆传到曲轴上,这个力可分为两个分力:沿连杆方向的力 $P_{连}$ 及垂直于汽缸壁的侧压力 $P_{侧}$,如图 2-2 所示。从图 2-2 可知,侧压力只是当连杆中心线与汽缸中心线不在一条直线上时才产生,同时,它的大小和方向也在不断地变化着,侧压力时而使活塞向左压迫汽缸壁,时而使活塞向右压迫汽缸壁。它的大小和方向取决于作用在活塞上力的大小,同时,也取决于连杆的位置。试验得知,当发动机转速为 2200r/min 时,活塞位于上死点后 37° 时,侧压力最大,约为 900kgf。

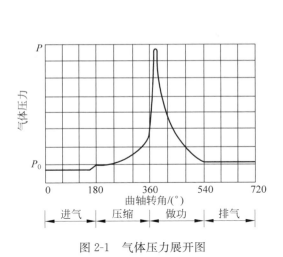

图 2-1　气体压力展开图

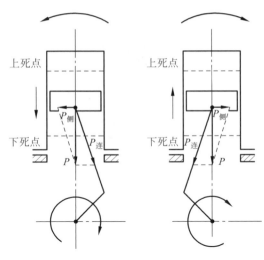

图 2-2　侧压力的产生

最后,汽缸的受力还包括活塞组件对汽缸内壁面的摩擦力。

2. 受热情况

当燃料在汽缸内燃烧时,放出大量的热,因而使汽缸、活塞等各机件受热。温度最高的部位是汽缸头部内表面,其燃气温度可达 2100～2500℃,而且还很不均匀,在靠近进气门的地方,由于新鲜混合气吸收了部分热量,其温度比排气门附近低;由于燃气膨胀做功,温度不断降低,汽缸身的温度比汽缸头低,汽缸身下部的温度又比上部的低。汽缸各部分的温差可达 200～220℃。

由于汽缸身上部比下部温度高,将使汽缸身上部膨胀比下部膨胀大而变成锥形。引起活塞与汽缸的间隙、涨圈的开口间隙在活塞靠近上死点位置时都将增大,造成活塞组件的工作条件变差。为了消除这种受热不均匀而使汽缸工作受到的不良影响,发动机在制造时,采用了收缩变形的汽缸。另外,由于汽缸各部受热不均匀,必然导致各部分膨胀不一致,容易引起汽缸头裂纹、翘曲等故障的发生。因此,在使用过程中要严防汽缸头温度过高和温度急剧变化。

2.1.2　汽缸的构造

汽缸是混合气燃烧,提高燃气温度和压力的地方。它由汽缸头和汽缸身两部分组成,如图 2-3 所示。

图 2-4 所示为国产活塞五型发动机的汽缸,图 2-5 所示为莱康明 IO-540 型发动机的汽缸。

1. 汽缸头

汽缸头由具有良好导热性的铝合金铸成。通常,星型发动机的汽缸头上部有两个摇臂室,分别为排气门摇臂室和进气门摇臂室。水平对置型发动机汽缸头上部有一个摇臂室,同时包容进气门摇臂和排气门摇臂。在摇臂室内装有气门导

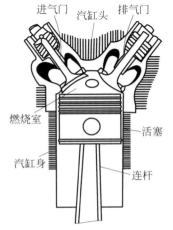

图 2-3　汽缸的组成

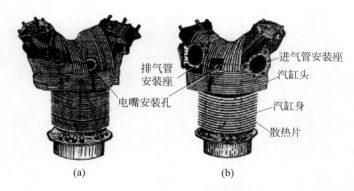

图 2-4　活塞五型发动机的汽缸
(a) 汽缸正面；(b) 汽缸背面

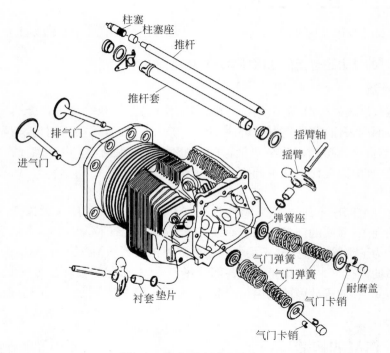

图 2-5　莱康明发动机的汽缸

套、进排气门、气门弹簧、摇臂、摇臂轴承等。汽缸头四周装有散热片，排气门周围的散热片比进气门周围的散热片面积大，可使汽缸头各部分的温差减小。汽缸头上有两个电嘴安装孔，前面的靠排气门，后面的靠进气门。汽缸头内部呈半圆形，在进排气口处分别压入进气门座和排气门座，如图 2-6 所示。如果是直接喷射式发动机，其汽缸头上靠近进气门附近还安装有一个喷油嘴。

2. 汽缸身

如图 2-7 所示，汽缸身由特种钢制成，中部有散热片，下边有安装边，安装边上有固定汽缸用的螺桩孔，螺桩孔为球面形，安装汽缸时，螺桩孔内放入球面形垫片，在汽缸安装边下面垫有橡皮密封圈。一般来讲,汽缸身内壁都经氮化处理,以提高其耐磨性和硬度。

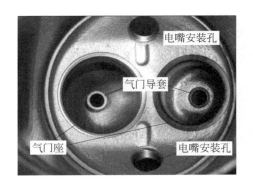

图 2-6 汽缸头上的气门导套、气门座

图 2-7 汽缸身

3. 汽缸头和汽缸身的连接

汽缸头和汽缸身是用螺纹连接的,为了增加结合紧度,汽缸头的螺纹直径比汽缸身的稍小,连接时将汽缸头加热到 300～320℃,使其膨胀后拧到汽缸身上,这样当汽缸头冷却后直径缩小,使汽缸头和汽缸身紧密结合在一起。同时,汽缸身上部被迫收缩成圆锥形,当发动机工作时,由于汽缸身上部受热比下部高,而且膨胀较多,汽缸身又变成圆柱形。

4. 燃烧室形状

当活塞位于上死点时,活塞顶面以上、汽缸头底面以下所形成的空间称为燃烧室。

半球形燃烧室(见图 2-8)结构最紧凑,燃烧室表面积与其容积之比(面容比)最小。进排、气门呈两列倾斜布置,气门直径较大,气道较平直,火焰传播距离较短,压缩行程终了时不能产生挤气涡流。

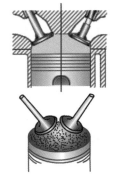

图 2-8 半球形燃烧室

2.2 曲拐机构和减速器

曲拐机构是活塞发动机的两大机构之一,由活塞组件、连杆组件、曲轴组成,如图 2-9 所示,其功用是将活塞的往复直线运动转变成曲轴的旋转运动。对于小功率的活塞发动机,曲轴直接驱动螺旋桨旋转;大功率的活塞发动机通过减速器带动螺旋桨旋转。

2.2.1 活塞组件

1. 活塞的工作条件

活塞的功用是承受汽缸内燃气的压力,并把这种力经连杆传给曲轴,使曲轴旋转做功,同时也用来密封汽缸。在工作中,活塞承受很大的热负荷和机械负荷。

由于活塞直接面对高温燃气,且活塞的冷却困难,它的工作温度要比汽缸高得多。热量

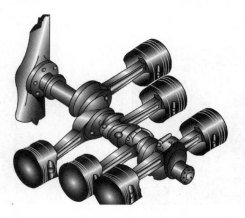

图 2-9　曲拐机构

从活塞传出有三条途径：一是经涨圈、活塞裙及活塞与汽缸壁间的滑油层传出；二是从活塞内表面传给机匣内的空气和泼溅的滑油；三是从活塞顶面传给进入汽缸的新鲜混合气。但总的散热效果都不好，活塞各部分受热不均，活塞内易产生热应力。

除了热负荷外，活塞还承受很大的气体力及往复运动机件的惯性力。任何物体作加速运动时，都会产生与运动方向相反的惯性力；物体作减速运动时，必然产生与运动方向相同的惯性力。活塞在汽缸内作往复运动时，它的运动方向和速度经常发生变化，因此，活塞在运动中也会产生很大的惯性力。

2. 活塞的构造

航空活塞发动机的活塞组件主要由活塞、涨圈和活塞销三部分组成，如图 2-10 所示。

活塞是由铝合金锻件加工制成的，其结构分为三部分的：活塞顶、活塞头和活塞裙，如图 2-11 所示。大多数的活塞顶为平顶，它具有易于加工，受力均匀，强度较高，顶部吸热面积小等特点。活塞顶因承受燃气压力，所以比较厚，在活塞顶上有两个凹槽，以防止与气门相碰撞。活塞头是活塞顶到活塞销孔的高度范围，在活塞头上有涨圈槽分别为封严涨圈槽和挡油涨圈槽，在挡油涨圈槽底钻有油孔。为加强活塞头部的强度，该处设计得较厚。活塞裙是指活塞头的下部区域，主要起导向作用，并将活塞的侧压力传给汽缸壁，裙部的长度由侧压力的大小决定。活塞裙上部有活塞销孔，为增强销孔的强度，在销孔的内端沿孔的周围有加强筋，以形成销座。

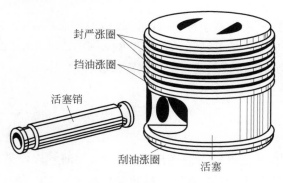

图 2-10　活塞组件

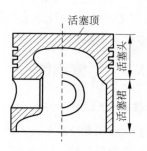

图 2-11　活塞的组成

因为活塞顶部到活塞裙的温度逐渐下降,其膨胀量是上大下小,所以,活塞制成上小下大的锥形。受热膨胀后,活塞上下直径接近一致。由于沿活塞销孔方向的金属多于垂直销孔方向,加之,在销孔方向受力较大,活塞在高温下工作时,就会变成椭圆形,其长轴在销孔方向。因此,将活塞预先制成椭圆形,其长轴垂直于活塞销孔,这样,工作时活塞就接近正圆形,以保证活塞周围间隙均匀。

3. 活塞销

如图 2-12 所示,活塞销连接活塞和连杆,它承受活塞往复运动时的惯性力和气体力,并传给连杆。活塞销由合金钢管材加工而成,表面进行了硬化和研磨。活塞销是全浮动式,它可以在活塞和连杆轴承中间自由转动,具有磨损均匀、构造简单、安装方便、使用寿命较长的特点。活塞销安装好后,两端用铝塞塞住,以避免销头划伤汽缸壁。活塞销采用泼溅润滑,活塞销堵头上有通气孔,用以防止活塞销内腔里压力增加。

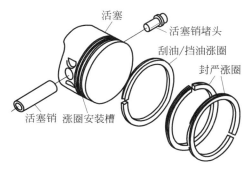

图 2-12　活塞销

4. 涨圈

1) 涨圈的功用和工作条件

涨圈装在活塞的涨圈槽内,借本身的弹力,紧压在汽缸壁上。活塞涨圈的作用是:防止混合气或者燃气漏入机匣,并阻止机匣内的滑油进入燃烧室。图 2-12 所示的活塞组件上有封严涨圈和刮油/挡油涨圈。封严涨圈装在活塞头的封严涨圈槽内(两道),用以防止高压气体从汽缸进入机匣,同时活塞顶吸收的热量通过它传给汽缸壁;刮油/挡油涨圈装在活塞头下部的刮油/挡油涨圈槽内,使滑油分布于汽缸壁,以减少活塞与汽缸壁的磨损,同时将多余的滑油刮下,流回机匣,避免滑油蹿入燃烧室过多。

涨圈在高温、高压下工作,润滑比较困难,由于气体力的原因,活塞的运动速度和方向处于急剧变化的状态,不仅涨圈的外表面容易受到严重磨损,而且端面还要受到冲击负荷。因此,涨圈要求有很高的强度和足够的耐磨性。大多数涨圈都是由高级铸铁铸造的,制成后,将其研磨到所设计的型面。有些发动机的活塞顶部涨圈是由低碳钢经表面镀铬制成,以提高其承受高温的能力。

2) 涨圈的泵作用

涨圈装在涨圈槽内上下有一定的间隙,它就使涨圈具有一定的泵的作用,不断地将滑油由汽缸壁抽到燃烧室,如图 2-13 所示。当活塞向下死点运动时,由于涨圈的惯性和摩擦力,涨圈即紧贴在槽的上壁,此时,滑油进入涨圈下面的涨圈槽空隙内,如图 2-13(a)所示。活塞向上死点运动时与上述情形相反,涨圈下移,紧贴于槽的下壁,原来涨圈下面空隙内的滑油,就到了涨圈槽的上部,如图 2-13(b)所示。活塞不停地运动,涨圈也就不断地上下移动,好像泵一样把滑油从涨圈下部压入涨圈上部而进入燃烧室。除此之外,滑油还能通过涨圈的开口间隙流入燃烧室,特别是在发动机慢车情况下,汽缸进气时的压力很小,进入汽缸的滑油最多。进入燃烧室的滑油量取决于涨圈的开口间隙与侧向间隙的大小,当间隙正常时,进入燃烧室的滑油量不多,影响不大。如果间隙过大,则进入燃烧室的滑油量增多,结果在涨圈槽内、活塞顶上、气门上、汽缸头内壁上都会产生积炭,使零件过热,从而降低发动机的功率。如粘到电嘴上,使电嘴不跳火,发动机则会产生振动。泵的作用也有好的一面,被带上去的滑油,可以润滑汽缸壁,减少活塞与汽缸壁的磨损,同时,还可帮助上面的涨圈散热。

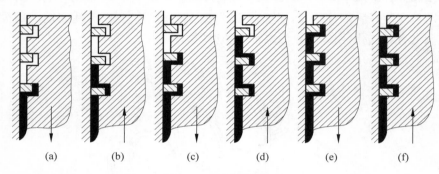

(a)　　(b)　　(c)　　(d)　　(e)　　(f)

图 2-13　涨圈的泵作用

3) 涨圈的组成和分类

通常涨圈采用合金铸铁制造,其硬度比汽缸壁要大。虽然具体发动机之间的涨圈数量和型式有所不同,但一般都分为三类,即封严涨圈、刮油涨圈和挡油涨圈,如图 2-14 所示。

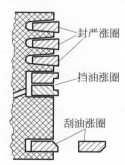

图 2-14　某批次活塞五型发动机的活塞涨圈

封严涨圈的功用是避免燃气通过活塞泄漏,它位于活塞的最上部,一般来讲每个活塞上安装有 2~3 道封严涨圈。封严涨圈的横截面多数是梯形,它可以提高抗积炭的能力,该涨圈的端面与涨圈槽的配合间隙随活塞在侧向力作用下作横向摆动而改变,能将槽中的积炭挤掉,防止涨圈胶结卡住,同时,在附加侧压力的作用下使涨圈靠紧汽缸壁。

在封严涨圈下面装的就是挡油涨圈,它的功用是控制汽缸壁上滑油油膜的厚度。如果进入燃烧室的滑油过多,一方面造成滑油消耗量过大;另一方面,滑油燃烧后,在燃烧室壁上、电嘴上及气门头上留下很厚的积炭层,这些积炭

如果进入到涨圈槽或气门导套内,就可以使活塞与涨圈或气门与气门导套粘住,此外,这些积炭还可以引起电嘴点火延迟,发动机早燃或爆震。挡油涨圈一般位于紧挨封严涨圈下面、活塞销铝塞的上面,大多数航空活塞发动机的每个活塞上都安装有 1~2 道挡油涨圈。在活塞的涨圈槽上开有很多小孔,用于使过剩的滑油流回到机匣。

当活塞上行时,刮油涨圈将多余的滑油留在涨圈的上面;活塞下行时,通过挡油涨圈将这些滑油压回到机匣中去。刮油涨圈安装在活塞裙的底部,大多数航空活塞发动机的每个

活塞上都安装有一个刮油涨圈,该涨圈表面有刮切刃口斜面。

例如,国产活塞五型发动机共有 6 道涨圈,其中第 1、2、3 道涨圈是封严涨圈,第 4、5 道是挡油涨圈(新活塞的 4、5 道涨圈均安装在活塞的第 4 道槽内),第 6 道是刮油涨圈。美国莱康明发动机公司生产的 IO-540-C4D5D 发动机共有 3 道涨圈,第 1、2 道涨圈为封严涨圈,第 3 道涨圈为刮油/挡油涨圈,该涨圈的断面为槽型弹簧涨圈,同其他挡油涨圈一样,其工作面都开有储藏滑油并起布油作用的凹槽,槽内有油孔,与活塞上涨圈槽底部的小孔相通。槽型涨圈加装螺旋弹簧后,能避免涨圈磨损后因弹力减弱而引起的刮油能力下降的问题。

2.2.2　连杆

连杆的作用是将活塞与曲轴连接起来,将活塞的往复直线运动转变为曲轴的旋转运动。连杆必须有足够的刚度,以便在承受负荷时,能保持刚性;它还必须特别轻,以便当连杆和活塞停止运动、改变方向以及从每个行程的死点再次开始运动时减小惯性力。

连杆分为普通连杆、叉片型连杆、主副连杆三种类型。

1. 普通连杆

普通连杆主要用在直列型和水平对置型发动机上,如莱康明 IO-540-C4D5D 发动机。普通连杆分为小头、杆身和大头三部分,如图 2-15 所示。小头绕活塞销摆动,大头绕曲轴曲颈转动,整个连杆又作往复运动。在直列型和水平对置型的汽缸中,各连杆的运动是一致的。

为了便于装配,连杆大头为分开式,能够分开的那个半圆叫连杆瓦盖,另一半在连杆大头上。它由两个强度大、紧度高的合金钢螺栓紧固。连杆大头的瓦盖内装有分开式的滑动轴承(叫轴瓦)。它是由片钢作瓦底,再覆盖软质合金耐磨层制成,具有保持油膜、减小摩擦阻力和易于磨合的作用。瓦片上钻有小孔,与曲轴曲颈上的油孔相通,以润滑曲颈和轴瓦。轴瓦的两头边缘有定位凸键,嵌入连杆瓦盖上的键槽中,使瓦片不能在瓦盖内相对移动。瓦片形状如图 2-16 所示。

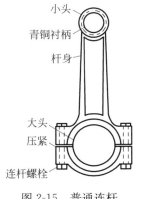

小头
青铜衬柄
杆身

大头
压紧
连杆螺栓

图 2-15　普通连杆

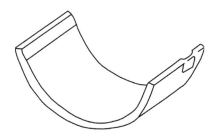

图 2-16　瓦片形状

2. 叉片型连杆

叉片型连杆用在 V 型发动机上。叉杆在曲颈端是分开的,以给片杆留出空间,使片杆安装在两个叉尖之间,如图 2-17 所示。叉杆大头采用分体式轴瓦。

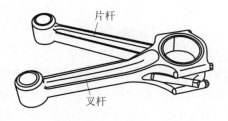

图 2-17   叉片型连杆

3. 主副连杆

星型发动机上通常使用主副连杆机构。每一排中有一个汽缸的活塞通过主连杆与曲轴曲颈连接,其他汽缸的活塞通过副连杆连接到主连杆上。

主连杆是活塞销与曲颈的连接杆件。曲颈端称为大端,容纳以及供副连杆连接用的凸缘,副连杆通过副连杆销连接到主连杆上。活塞销端称为活塞端,又叫小端,与 1 号汽缸中的活塞相连。装配时,副连杆销被压入主连杆的孔内,一个滑动轴承安装在主连杆的活塞端,以便装入活塞销。星型活塞发动机主副连杆如图 2-18 所示,星型活塞发动机连杆的组成如图 2-19 所示。

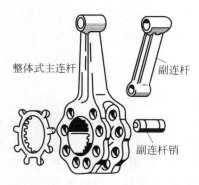

图 2-18   星型活塞发动机主副连杆

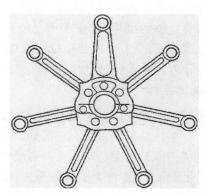

图 2-19   星型活塞发动机连杆的组成

2.2.3   曲轴

曲轴是发动机的主要部件,它是发动机受力最大的部件。因此曲轴的强度和刚度要求比较高,通常是用高强度合金钢锻造而成的,例如钴镍钼合金钢。曲轴的作用是将活塞和连杆的往复直线运动转变为旋转运动,使螺旋桨和附件转动。

1. 曲轴的组成

曲轴是一个包含有一个或多个曲柄的轴,这些曲柄沿着长度方向位于规定的位置。图 2-20 所示是国产活塞五型九缸星型发动机的单曲柄曲轴,主要由轴颈、曲臂和曲颈组成。轴颈被主轴承所支承,在主轴承中旋转。曲颈用来安装连杆,它与主轴颈偏心,两个曲臂和一个曲颈构成一个完整的曲柄。曲颈外表面用渗氮的方法进行了强化,增加了表面的抗磨损性。曲颈通常是空心的,这不但可以减轻曲轴的质量,而且为润滑油提供了通道。空心的曲颈也是一个收集淤泥、积炭和其他杂质的空腔。曲臂将曲颈和主轴颈连接起来。在一些发动机上,曲臂上钻有油路,如图 2-21 所示,使滑油能从空心的曲轴中传过来甩到汽缸壁上。有些发动机

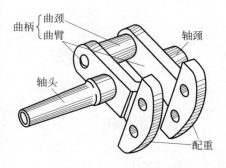

图 2-20   单曲柄曲轴

的曲臂伸过轴颈,而且装上配重来平衡曲轴。曲臂必须有很高的强度,以获得曲颈和主轴颈之间所需的刚度。

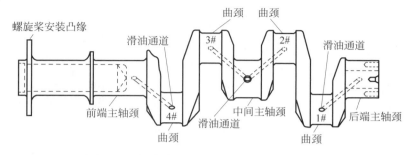

图 2-21　水平对置型四缸发动机的多曲柄曲轴

图 2-22 和图 2-23 所示为六缸水平对置型发动机 IO-540-C4D5D 发动机的多曲柄曲轴,它具有结构紧凑、质量轻和强度高的特点,它由主轴颈、曲颈、曲臂、轴头、轴尾和配重等部分组成。一个曲颈和它的两端曲臂构成一个曲柄,6 个汽缸共有 6 个曲柄。曲轴通过主轴颈支撑在机匣上,主轴颈表面经氮化处理。根据支承情况,多曲柄曲轴可分为全支承或非全支承两种。曲柄两端都连接主轴颈的叫全支承,其主轴承数多于曲柄数。主轴承数等于或少于曲柄数的叫非全支承。全支承式曲轴的刚性好,主轴承的平均负荷小,但结构复杂,长度增加。功率小的发动机多采用非全支承。IO-540-C4D5D 发动机有 4 个主轴承支承曲轴,主轴承为滑动轴承,其构造如连杆大头轴瓦,在主轴瓦上有油槽和油孔与主油道连通,以便润滑。

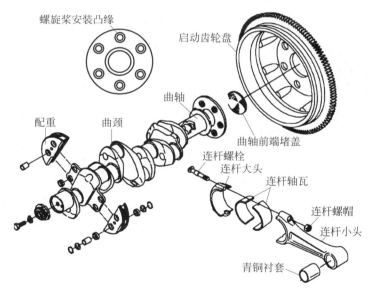

图 2-22　水平对置型六缸活塞发动机的曲轴

对水平对置型发动机的曲轴来讲,1 号和 2 号曲柄在一个角面上,互成相反方向。3 号和 4 号、5 号和 6 号也各在一个角面上,互成相反方向。三组曲柄互成 120°,每个曲柄之间刚好是 60°。发动机工作时,每对对置的活塞运动方向相反,使发动机保持良好的平衡,如图 2-24 所示。

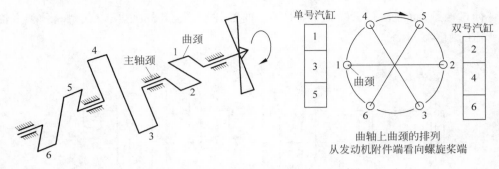

图 2-23   水平对置型六缸发动机曲轴和曲颈排列

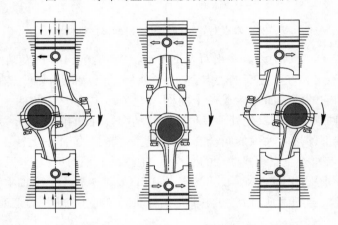

图 2-24   水平对置汽缸曲轴的运动情况

从上述分析可以看出,按点火次序,前后两个汽缸的做功行程有 60°是重叠的。因为各缸间做功行程的间隔是 120°(也是点火间隔角),而每个汽缸的做功行程本身都是 180°,就必然有 60°相互重叠。在这个 60°范围内,两个汽缸都在做功,前一个汽缸的做功未完,后一个汽缸的做功就已开始了。这种做功行程重叠的现象对发动机工作的平衡性是有利的。表 2-1 所示为发动机工作循环的进行情况。

表 2-1   水平对置型汽缸发动机的工作循环(点火次序: 1—4—5—2—3—6)

曲轴转角/(°)		1 号缸	2 号缸	3 号缸	4 号缸	5 号缸	6 号缸
0~180	0~60	进气	做功	压缩	排气	做功	进气
	60~120					排气	压缩
	120~180						
180~360	180~240	压缩	排气	做功	进气	进气	做功
	240~300						
	300~360						
360~540	360~420	做功	进气	排气	压缩	压缩	排气
	420~480						
	480~540						
540~720	540~600	排气	压缩	进气	做功	做功	进气
	600~660						
	660~720			压缩	排气		

2. 曲轴的平衡

发动机的振动超过规定的数值,不但会导致机件的疲劳裂纹,而且还会引起运动部件的迅速磨损。在有些情况下,振动过大是由于曲轴不平衡造成的,故在曲轴上安装有平衡块(配重)和阻尼器(减振器)。一般来说,平衡块用来保证曲轴的静平衡,阻尼器用来保证曲轴的动平衡,以减小发动机的振动。发动机曲轴配重如图 2-25 所示。

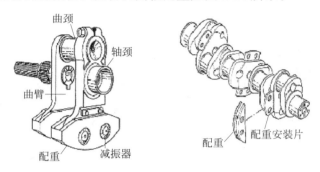

图 2-25　发动机曲轴配重

当曲颈、曲臂和配重的整个组件围绕转子轴线平衡时,曲轴就达到了静平衡。

检验曲轴是否达到静平衡的方法是:将曲轴架在两个刀刃上,看曲轴是否有向任何方向的转动趋势,如果有旋转的趋势,则说明曲轴没有达到静平衡。

当由曲轴转动所引起的全部力都达到平衡时,就说明曲轴达到了动平衡。

为了使发动机工作时的振动降到最小值,在曲轴上安装了减振器,减振器只不过是一个重摆,它被安装在配重上,减振器和配重组件结合在一起,在一个小的弧度范围内可以自由摆动。有些曲轴安装两个或多个这样的配重,每个分别安装到不同的曲臂上。配重摆动运动的距离、振动的频率与发动机振动的频率有关,当曲轴出现振动时,配重摆动与曲轴振动的不同步就会减弱曲轴的振动。

为了保证发动机的正常工作,在对发动机进行大修时应检查曲轴的径向跳动量,其方法是:在规定的部位用 V 形块将曲轴支好,使用平台和一个千分表来测定曲轴的径向跳动量,如果表的总读数超过厂家规定的极限值,则曲轴不能再使用。

在做某些维护工作时,需要转动曲轴角度,可用定时盘进行测量。

2.2.4　减速器

发动机的输出功率大小,一般来说取决于发动机的转速(或者说单位时间内的汽缸做功次数),转速越高,产生的功率越大。但是螺旋桨叶尖的速度不得接近或超过声速,如果叶尖速度接近或超过声速,则螺旋桨效率会大大下降,同时拉力也会迅速下降。因此,在功率较大的航空活塞发动机上,需要安装减速器来限制螺旋桨的转速,使螺旋桨可以有效工作。一般情况下,用减速器将螺旋桨的转速降到 2000r/min 左右。

常用的减速齿轮系有定轴齿轮系和游星齿轮系两种。图 2-26 所示为定轴齿轮系减速器,该减速器的优点是质量轻、结构简单,不足之处是扭矩传递小,多用在直列式和 V 型排列的小功率发动机上。图 2-27 所示为游星齿轮系减速器,该减速器的主动齿轮,与发动机曲轴相连,螺旋桨轴连接到与一组小的游星齿轮相连的行星架上,游星齿轮同时与主动齿轮和固定齿轮相啮合,固定齿轮用螺栓安装在前机匣内。当发动机工作时,在主动齿轮(曲轴)的带动下,游星齿轮同时绕固定齿轮公转和自转,行星架的转速(即螺旋桨的转速)就是游星齿轮公转的转速,比主动齿轮(即发动机曲轴)的转速小,从而达到减速的目的。游星齿轮系减速器的优点是扭矩传递大、可靠性高,缺点是结构复杂、自重大,一般用在大功率发动机上。

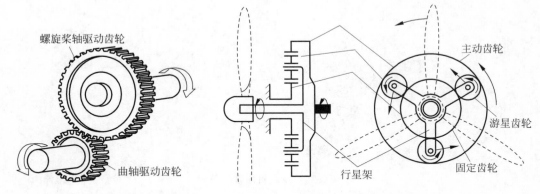

图 2-26 定轴齿轮系减速器   图 2-27 游星齿轮系减速器

2.3 气门机构

　　除曲拐机构外,气门机构是活塞发动机的另一大机构。

　　为了使活塞发动机正常工作,气门必须要在规定的时间打开,并且在规定的时间关闭。这样才能保证发动机工作正常,并且容积效率较高、汽缸温度较低。气门的定时开或者关的运动是由气门机构来控制的。因此,气门机构的作用就是按照一定的次序和准确的时间开启和关闭气门,使得新鲜的混合气准时从进气门进入汽缸,并且使燃烧过的废气准时从排气门排出。这样配合曲拐机构运转,以达到活塞发动机连续工作的目的。

2.3.1 气门机构的组成

　　不同发动机的气门机构有所不同,但主要的组成部分是一样的。

　　图 2-28 所示为典型的星型发动机的气门机构,从图中可以看出,气门机构由凸轮盘、挺杆、挺杆导套、推杆、推杆套管、锁紧螺钉、摇臂、气门、气门座、气门弹簧和气门导套等组成。

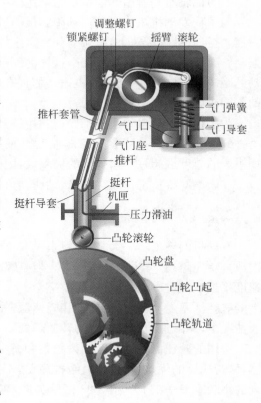

图 2-28 星型活塞发动机气门机构

气门机构的工作过程是：当凸轮盘转动时，凸起部分顶着一个凸轮滚轮或随动轮工作，凸轮滚轮依次推动挺杆和推杆，推杆又作用于摇臂，压缩气门弹簧使气门打开。当凸轮滚轮沿着凸轮盘较低的部分滚动时，气门在弹簧张力作用下关闭，摇臂和挺杆也恢复到原来的位置。

1. 凸轮盘

一般凸轮盘用于星型发动机上，凸轮盘是钢制的圆环。凸轮盘上凸起的型面的形状，决定了气门的升程（气门升离气门座的距离）和气门打开所持续的时间。典型的凸轮凸面如图 2-29 所示。使气门机构刚刚运动的凸起部分称为导坡，在凸起的每一侧都加工出导坡，这样就能使摇臂比较容易地与气门杆顶相接触，并能减小冲击力。星型发动机的气门机构是通过一个或两个凸轮盘操纵的，这取决于汽缸排的数目。

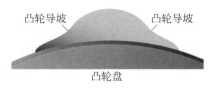

图 2-29　典型的凸轮凸面

在单排星型发动机上，使用一个带有两个凸轮轨道的凸轮盘，其中一个轨道操纵进气门，另一个轨道操纵排气门。在凸轮盘的每个轨道的外表面上可以有 4 个或 5 个凸起，凸起的个数取决于汽缸的数目、凸轮盘与曲轴的转动方向等因素。表 2-2 列出了星型发动机凸轮盘凸起的情况。

表 2-2　星型发动机凸轮盘的凸起数

五　缸		七　缸		九　缸		转向
凸起数	转速比	凸起数	转速比	凸起数	转速比	
3	1/6	4	1/8	5	1/10	同向
2	1/4	3	1/6	4	1/8	反向

气门的定时性取决于这些凸起的间隔，相对于曲轴转速和方向的凸轮盘的转速和方向。例如，九缸单排星型发动机汽缸的间隔角为 40°，点火次序是 1→3→5→7→9→2→4→6→8→1，这就是说，两次点火之间的间隔角为 80°，在四个凸起（一个轨道上有四个）的凸轮盘上，凸起的间隔角为 90°，即凸起的间隔角大于点火的间隔角。因此，为了得到气门操纵和点火次序之间的正确关系，曲轴必须反向带动凸轮盘旋转。反之，点火间隔角大于凸起间隔角，凸轮盘必须随曲轴同向转动。另外，凸轮盘与曲轴的转速比应等于 1/(2×一个凸轮盘轨道上的凸起数目)。

下面以七缸单排星型发动机，使用四个凸起的凸轮盘进气门轨道为例，分析计算曲轴和凸轮盘轨道转动方向的关系和转速比，如图 2-30 所示。

以进气门的开启为例，按照七缸单排星型发动机的点火顺序 1→3→5→7→2→4→6→1，曲轴的旋转方向为顺时针方向。在 A 凸起打开 1 号汽缸的进气门后，凸轮盘下一次应该打开 3 号汽缸的进气门。此时离 3 号汽缸最近的是 B 凸起，B 凸起要打开 3 号汽缸的进气门，必须顺时针旋转，因此凸轮盘的旋转方向与曲轴的旋转方向相同。

当曲轴从 1 号汽缸旋转到 3 号汽缸，转过 $4\pi/7$ 弧度时，要使 B 凸起转到 3 号汽缸下，凸轮盘只需要转动 $4\pi/7-\pi/2$ 弧度，因此，得到凸轮盘和曲轴的转速比为

$$\frac{4\pi/7-\pi/2}{4\pi/7}=\frac{1}{8}$$

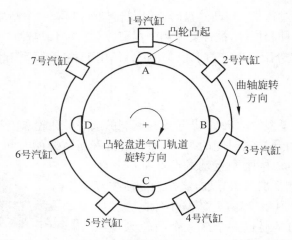

图 2-30   七缸单排星型发动机曲轴与凸轮盘转速比计算

凸轮盘安装在螺旋桨减速器与动力机匣前端之间,和曲轴同心地装在一起,曲轴通过中继传动齿轮组件带动凸轮盘旋转。

当凸轮盘运行时,凸起部分通过滚轮抬起挺杆,通过推杆和摇臂传递的力将气门打开。

2. 凸轮轴

对于直列型和水平对置型发动机来说,气门的操作机构是由凸轮轴来作动的,图 2-31所示为典型的对置式活塞发动机的气门机构,凸轮轴的轴向视图如图 2-32 所示,主视图如图 2-33 所示。

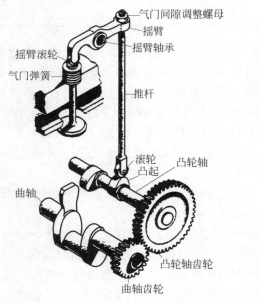

图 2-31   水平对置型发动机的气门机构

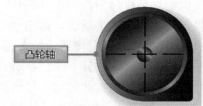

图 2-32   凸轮轴的轴向视图

凸轮轴由曲轴通过减速齿轮带动,由于曲轴每转两圈完成一个工作循环,各汽缸的进排气门开关一次,因此凸轮轴的转速为曲轴转速的一半。当凸轮转动时,凸起的部位就可以将

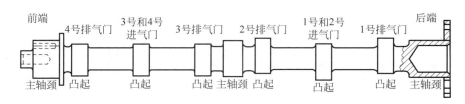

图 2-33　凸轮轴主视图

挺杆、推杆、摇臂作动使进气门或者排气门打开。

对于某水平对置型四缸发动机,由于左、右排汽缸的安装位置前后有一点错位,因而凸轮轴上的凸起有的是控制两个气门,有的是控制一个气门。控制两个气门的有:1 号缸和 2 号缸的进气门;3 号缸和 4 号缸的进气门。排气门都各由一个凸起控制,因而该凸轮轴上共有 6 个凸起,如图 2-33 所示。

3. 挺杆

挺杆是圆筒形的,它在挺杆导套内滑进滑出,其作用是将凸轮凸起的旋转运动转变为往复直线运动,然后将这个运动再传给推杆、摇臂,最后传给气门杆端,按时打开气门。

有些现代航空活塞发动机,如莱康明 IO-540-C4D5D 发动机上安装有液压式挺杆。液压挺杆的最大好处是能自动地使摇臂前端在发动机的任何受热程度和工作情况下都紧密地贴附于气门杆顶,即它在工作时能够自动地保持气门的间隙为零,不需要安装任何气门间隙的调整机构。液压挺杆的组成如图 2-34 所示。

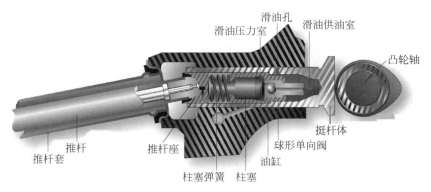

图 2-34　液压式挺杆

当气门关闭时,挺杆体底面靠在凸轮上,柱塞弹簧伸张,柱塞左移,使它的外端与推杆座接触,施加轻微的压力顶住推杆座,从而消除了气门机构中的间隙。当柱塞向左移动时,柱塞右边的油压室容积变大,球形单向活门离开活门座而打开,滑油流入并注满油压室。当凸轮轴转动,凸起顶住时,球形活门关闭,油液室的滑油液锁推动柱塞和推杆使气门打开。当液压挺杆的油压消失时,气门间隙为 $0.028 \sim 0.08\,\mathrm{in}(0.7 \sim 2.0\,\mathrm{mm}, 1\,\mathrm{in}=25.4\,\mathrm{mm})$,此间隙一般在大修时检查调整。

4. 推杆

推杆是管形的,其作用是将挺杆传递来的力再传递给摇臂。管形的推杆不但轻,而且强度高,它可以使发动机滑油在压力的作用下,穿过空心推杆去润滑摇臂等机件。推杆安装在推杆套内。

5. 气门摇臂

摇臂将凸轮经过挺杆、推杆传递过来的提升力传递给气门。摇臂分为进气门摇臂和排气门摇臂,均由优质钢制成,分别安装在汽缸头的摇臂室内,进、排气门摇臂的构造基本相似,只是摇臂的弯扭方向不一致。摇臂的一端制成长臂,另一端制成短臂,如图 2-35 所示。长臂端与气门杆顶端接触,短臂端与推杆接触,因此,摇臂轴到摇臂两端的距离是不等的。摇臂由滚珠轴承、滑动轴承或者滚针轴承支承。摇臂可以有一个调节螺钉,用来调整摇臂和气门杆顶端之间的间隙。将螺钉调整到特定的间隙,以确保气门关严。

6. 气门弹簧

气门弹簧(见图 2-36)的功用是关闭气门,使其紧贴在气门座上。每个气门上安装有两个或三个气门弹簧,其目的是防止在某转速下发生振动或颤振。如果安装一个弹簧,那么在一定转速下,就会发生振动或颤振,所以在每个汽缸上都安装两个或三个气门弹簧,每个弹簧将在不同的发动机转速上振动,因此,就能很快地衰减掉由发动机转动而产生的弹簧颤动带来的振动。另外,两个或三个弹簧也能减小弹性不足造成的危险,以及防止由于受热和材料疲劳断裂产生的故障。

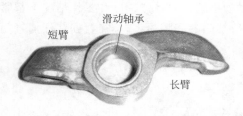

图 2-35　气门摇臂

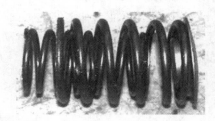

图 2-36　气门弹簧

7. 气门

气门分为进气门和排气门。从形状上看,气门分为蘑菇式和喇叭式两种,如图 2-37 所示。通常喇叭式气门用作进气门,而蘑菇式气门用作排气门。气门由气门头、气门颈、气门杆、气门顶组成。由于气门要承受高温、高压和腐蚀,所以必须用合金钢来制造。

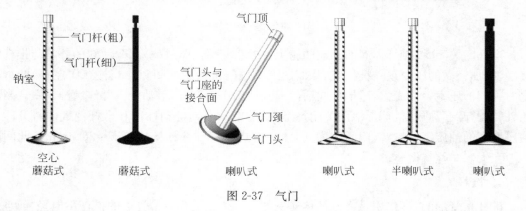

图 2-37　气门

1）气门头

气门头有一个研磨过的表面，当气门关闭时，这个表面紧靠在研磨过的气门座上，形成气门密封面。气门头经研磨的表面，通常是用很坚固的司太利合金（钨铬钴硬质合金）制造的，这种合金焊接在气门表面上，其厚度约为 1.6mm，并磨成正确的角度。司太利合金能承受高温、腐蚀，也能承受气门工作时的撞击和磨损。

2）气门杆

气门杆起引导气门头的作用，为此，气门杆安装在汽缸头内的气门导套内并上、下运动。为了耐磨，气门杆表面进行了硬化处理。

一般气门杆是实心的，但是许多发动机上的排气门杆是空心的，在空心处充有金属钠，金属钠是极佳的热导体，钠的熔点约为 97℃，气门的往复运动使液态钠流动，将气门头的热量传给气门杆，再通过气门导套将热量传到汽缸头和散热片上，这样可以使气门的温度降低到 150～200℃。

注意：在任何情况下，都不得将充有金属钠的气门杆割开或进行可能导致气门损坏的加工，因为，气门里的金属钠暴露在大气中，会引起燃烧或产生爆炸，造成人员的伤害。

3）气门颈和气门顶

气门颈是连接气门头和气门杆的部分。气门顶是硬化过的，在一些气门杆的顶端，焊有一块特殊的合金钢，使这个部位的耐磨性得到大大加强，还能承受当摇臂打开气门时摇臂产生的冲击。在气门顶附近，气门杆上开有安装气门弹簧锁扣的环形槽，这些气门锁扣形成一个锁环，卡住气门弹簧盘。

4）气门座

气门座是安装在汽缸头上，与气门头上的斜面形成良好的密封部位，如图 2-38 所示。由于发动机的气门是工作在热的环境之中，并且是连续不断地在开或者关的转换过程中，因而要求气门座必须有持久的耐热性和抗冲击性，因此一般气门座是由铝合金、铜合金或者合金钢等材料制成的。气门座与汽缸头的安装方法是：气门座的安装边一般比汽缸头的安装边大 0.25～0.37mm，先将汽缸头加热，同时将气门座冷却，将气门座再安装进汽缸头，等温度恢复正常后汽缸头与气门座之间就形成了紧配合，同时，要注意保证气门座的中心线与气门杆的中心线一致。

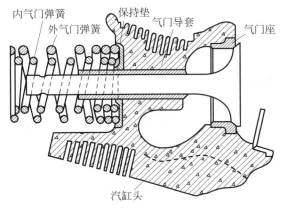

图 2-38 气门的组成

2.3.2　气门间隙

1. 气门间隙的定义

当气门处于全关位置时摇臂和气门杆顶端之间的间隙定义为气门间隙。气门间隙将影响气门开关的定时性、气门的升程和气门打开所延续的时间。气门间隙的作用,是保障气门在关闭时与气门座贴合严密。如果没有这个间隙,则气门可能因为制造零件时尺寸上的误差,或者因为气门与气门座磨损等原因而使气门关闭不严,影响发动机的正常工作。冷发动机时的气门间隙叫冷间隙,发动机工作时的气门间隙叫热间隙。对有气门间隙的航空活塞发动机如国产活塞五型来讲,气门间隙的大小对发动机的工作影响较大,气门间隙过大或过小都不好。

2. 气门间隙不正确的危害

1) 气门间隙过大

气门间隙过大会使气门晚开早关。这是由于凸轮盘上的凸起开始在滚轮下通过时,需要凸轮盘上凸起导坡的更多部分来抵消气门间隙,结果使气门比它应开的时间晚些打开,也就是说,气门在到了凸起导坡处仍没打开,过了凸起导坡处一段距离后才打开。同理,气门在未到凸起导坡处之前就关闭。这就使气门开启角变小,从而使开启时间比应有的短,同时也缩短了气门的升程。

进气门间隙过大,会使进气门晚开早关,造成进入汽缸的空气量比正常值小。排气门间隙过大,会使排气门晚开早关,造成排出的废气比正常值小。这都会减少充填量,减少发动机的输出功率,同时也不利于汽缸头的冷却。

气门间隙过大还影响混合比,使慢车时的混合比趋于过分富油。

2) 气门间隙过小

气门间隙过小使气门早开晚关。造成气门开启角变大,开启延续的时间变长,增加气门的升程。

进气门早开会使进入汽缸的新鲜混合气从排气门直接排入大气,使发动机的经济性变差;进气门关得过晚,使已进入汽缸的新鲜混合气又通过进气门被压回进气管,减少了汽缸的充填量,减小了发动机的输出功率。

排气门早开,缩短了膨胀做功的过程,造成功率损失。排气门晚关使进入汽缸的新鲜混合气通过排气门直接排入大气,也使发动机的经济性变差。

气门间隙过小影响混合比,使慢车时混合比趋于过分贫油。在小功率时,会造成回火。

3. 气门间隙的检查与调整

气门间隙不当,不可能所有的气门都在同一方向错调,而是某些汽缸的气门间隙过大,另一些汽缸的气门间隙过小,这就造成汽缸与汽缸之间的工作情况不同,输出功率不相等。为此,发动机制造厂家规定了气门检查的周期,而且还规定,任何时候发生发动机抖动、回火、压缩不足或难以启动,就应检查和调整气门间隙。下面以国产活塞五型发动机为例,具体阐明气门间隙的检查和调整方法。

1) 气门间隙的检查方法

(1) 拆下摇臂室盖,清洗检查有无裂纹、变形和损伤。拆下前排电嘴(应当在拆下摇臂室盖之后进行,以免垫片、弹簧片掉入汽缸内)。

(2) 顺扳螺旋桨转动曲轴,找到任意一个汽缸的压缩行程上死点,使进、排气门都在关闭位置。

(3) 按下气门摇臂带调节螺钉的一端,用塞尺检查气门间隙,此时气门杆顶端与滑轮之间的间隙应为 0.5mm。如果间隙小于或大于规定数值,应进行调整。

(4) 在检查气门间隙的同时,还应检查气门弹簧有无折断、摇臂滚轮有无磨损等。

2) 气门间隙的调整方法

(1) 松开夹紧螺钉,拧动调节螺钉,顺时针转动间隙减小,逆时针转动间隙增大。

(2) 调整好后,拧紧夹紧螺钉,并复查间隙调整情况。如果间隙不符合规定,应再次进行调整。

(3) 安装好摇臂室盖。

3) 注意事项

(1) 调整时,调节螺钉不得高出摇臂 5mm,同时也不能低于摇臂的上平面,否则从推杆来的滑油就不能进入摇臂轴承进行润滑。

(2) 调节螺钉上的三条刻线,不得对准摇臂上的缺口。如果无法错开时,可将间隙调整在 0.4～0.6mm 范围内,使刻线不对准缺口为止。

(3) 风沙、雨雪天气,在外场一般不进行此项工作,如必须进行时,应当采取妥善的防护措施。

(4) 防止气门杆、气门摇臂因缺少滑油润滑而磨损、烧伤和卡死。调整气门间隙后,装摇臂室盖之前,应向发动机水平线以下的汽缸摇臂室内添加一定量的新鲜滑油。

由于发动机设计方面的不同,调整气门间隙所采取的方法也不同。在所有的情况下,遵守发动机制造厂家的规定是最重要的。

2.4　机匣和附件传动

2.4.1　机匣的功用

机匣是发动机的主要受力部件,主要有以下功用:用来安装汽缸,支承曲轴;各附件和传动装置装在机匣上;其本身是一个滑油的储油器,为存储滑油提供了严密的密封装置;整台发动机通过机匣固定在发动机安装架上,螺旋桨拉力通过机匣传至发动机安装架。

机匣要承受各种力,特别是作用在机匣上面的由振动等引起的周期性应力。

因为汽缸固定在机匣上,而发动机工作时汽缸内燃气压力的趋势是将汽缸从机匣上拔出,因此机匣必须要将汽缸牢固地固定在机匣上面。

另外曲轴在进行旋转时,主要作用是平衡活塞产生的力,如果有一些未被曲轴平衡的离心力和惯性力,它们必然作用在机匣上面。而这些力基本上是以弯矩的形式作用在机匣上的,同时这些弯矩的大小和方向又都在连续变化,所以机匣要有足够的刚度来承受这些弯矩。

如果发动机前面装有减速器,则机匣还要承受由减速器传递来的力和扭矩。同时螺旋桨产生的拉力也是通过机匣传递到飞机上面的。所有这些力和由这些力所产生的附加力也是作用在机匣上面的。

机匣必须有足够的刚度和强度以防止曲轴和轴承偏心,故通常使用铸铝或者锻铝合金材料制造,因为铝合金材料具有一定的刚度和强度的同时,还比较轻。但是对于大功率活塞发动机而言,机匣材料使用钢制锻件较多。

2.4.2 星型发动机的机匣

下面以国产活塞五型发动机为例说明各个机匣的特点。如图 2-39 所示,这是一种单排九缸的星型发动机。机匣分别由前机匣(减速器机匣)、中机匣(曲轴机匣或者动力机匣)、增压机匣(扩散机匣)和附件机匣组成。

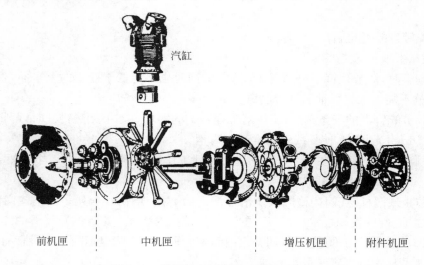

汽缸

前机匣　　　　中机匣　　　　增压机匣　　附件机匣

图 2-39　单排星型活塞发动机机匣组成

1. 前机匣

前机匣的形状变化很大,通常把它做成锥形或者是半球形,目的是使材料受拉或受压,而不承受切变应力。锥形的前机匣通常用在直接驱动的小功率发动机上,因为发动机和螺旋桨之间不需要安装减速器,因而前机匣一般用铝或者镁合金铸成。因为功率小,螺旋桨质量又不大,所以不需要昂贵的锻压机匣部件。对于功率在 1000～2000 马力(1 米制马力＝0.735kW)之间的发动机前机匣,通常做成半球形或者采用加强筋的方式增大强度。铝合金是常选用的材料,因为它的铸造性能较好,并且具有良好的减振性能。

前机匣的设计和构造是很重要的,因为它要承受振动和变化很大的多种作用力。例如,如果气门机构装在前机匣上,则作用在挺杆和导套组件的力和振动就会传到附近的机匣安装边上;由螺旋桨减速器产生的力则作用在整个机匣上。

因为前机匣要把许多变化的力传到中机匣,因此前机匣必须固定牢固,以便有效地传递载荷。此外,它还必须有良好的接触面,以便迅速而均匀地传热;而且油封要紧密有效,以防止漏油,这可用螺桩或螺栓、螺母等紧固件以及密封件做到。

许多螺旋桨调速器都安装在前机匣上,目的是缩短油路的长度。在一些比较大的发动机上,通常在前机匣的底部安装一个小容器,以便收集滑油,这叫做前机匣的收油池。

2. 中机匣

发动机的这部分也被称为动力机匣,因为在这个地方,活塞的往复运动转化为曲轴的旋转运动。

在装有可拆卸的主连杆和整体锻造曲轴的发动机上,中机匣一般是铝合金整体铸造的。当隔板盖(主轴承装在里面)拆开时,主轴承的前端盖就打开了,通过这个开口用合适的接头插销拔具就可以将接头插销拆下来。通过拆掉可分解端头,杆体穿过主连杆汽缸孔就可将主连杆拆掉。也有一种装有这种主连杆和曲轴的发动机,采用螺栓连接在一起的可分解的中机匣。当使用整体式主连杆和可拆卸式曲轴时,通常要用可分解的中机匣。可分解的中机匣(铝或者镁合金)可能比较昂贵,但是它们在铸、锻加工时,比较容易修整。

由于要承受巨大的载荷和来自于曲轴组件的力以及汽缸推开中机匣的作用力,特别是在大功率发动机爆震燃烧的极端状态,所以机匣必须是精心设计和制造的。最好使用铝合金锻造以获得材料的均质以及最大的强度。在大发动机上一般采用锻造合金钢的机匣,尽管比较重但是具有较高的强度和刚度。锻造部件的设计通常是将两半机匣放在同一个模具里锻造,这样可以降低成本。在机械加工操作时,要注意防止任何形式的超差。可以通过合适的高强度螺栓将两半机匣在汽缸的中心线上连接在一起。安装汽缸的加工表面称为汽缸座,它提供了将汽缸安装在或固定到中机匣上的结合面。通常用安装在机匣螺栓孔内的双头螺桩将汽缸安装边连接在汽缸座上。

在钢制中机匣的发动机上,通常使用固定螺栓。因为螺纹可以在机匣上直接攻螺纹加工,而且不容易在拆装时产生螺纹表面剥离脱落。汽缸安装边的内侧一般要加工倒角或者一定的锥度,以便在汽缸裙周围安装密封圈,目的是有效地密封汽缸与机匣之间的结合面,防止漏油。由于滑油被甩到机匣上,特别是对于星型发动机的倒置汽缸,汽缸裙深入机匣里相当一段距离,这样可减少滑油流进倒置汽缸的量。另外,最好能将活塞和涨圈组件合理安排,使它们能将喷入汽缸内的滑油刮出。

前机匣与中机匣是安装在一起的,而中机匣的另一端则与增压机匣安装在一起(如果有的话)。

3. 增压机匣

增压机匣一般是由铝合金铸造的,个别是由镁合金铸造的。一般该机匣分前、后两部分,用螺栓连接在一起,它用来安装增压器、进气管和汽化器等,同时,通过增压机匣将发动机固定在发动机架上。

增压机匣前部周围有九个安装进气管的凸起,在每个凸起旁有固定发动机的凸耳。凸耳可以和增压机匣做成一体,也可以做成可拆卸式,这取决于发动机安装架的刚度和空间等情况。安装架要支撑或承担整个动力装置的各种负荷,其中还包括螺旋桨部分,所以必须要有足够的强度和刚度,以承受发动机在飞机飞行过程中产生的各种负荷。

由于汽缸热胀冷缩,所以从增压器向汽缸进气门输送混合气的进气管必须采用密封的滑动接头。对于无增压器的发动机机匣,外部的大气压要比汽缸进气时内部的高,尤其是在慢车状态时。如果滑动接头的连接有轻微的漏气,则发动机由于混合气稍微变贫而会使慢车转速增大。如果漏气严重,那就根本不可能在慢车稳定工作了。在发动机工作节气门打开(不是慢车)时,小的漏气可能不会引起注意,但是却会导致混合气变贫,会导致气门、气门座的损伤,严重时会导致发动机的爆震发生。

增压机匣后部上方装有汽化器安装座,左边有滑油滤的安装孔,右边装有汽油泵及转速表发电机软轴的安装座,左上方装有蘑菇形通气接头,下方有收油池的后回油管接头和机匣漏油活门安装孔。

漏油活门用来漏除增压机匣内积存的汽油,以防止发动机启动时发生液锁或进气管回火时发生火灾。漏油活门由壳体、喷嘴、管子、活动片和管嘴等组成,如图 2-40 所示。壳体固定在增压机匣后部右下方,漏油导管的一端与管嘴相连,管嘴伸出在发动机整流罩的右下方,管嘴斜口应对正飞行方向,否则会影响活门的正常工作。当发动机不工作时,活动片由本身的重量和增压机匣内汽油的压力而处在下面打开位置,增压机匣内积油便从活门座上周围小孔流出。当发动机工作时,由于叶轮进口处形成低压区,活动片在上下压力差的作用下被吸起,紧贴在壳体的下端,关闭其斜孔,此时注入发动机的多余燃油,因喷嘴中心产生的吸力将燃油成雾状吸入增压叶轮。

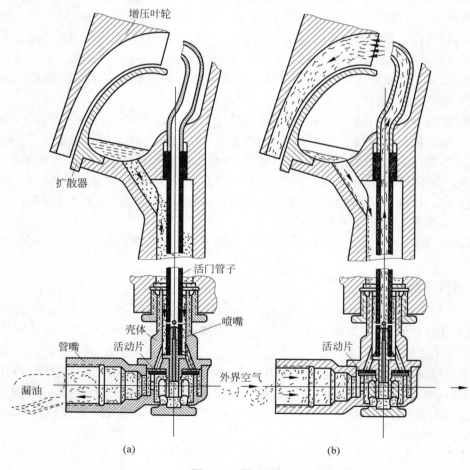

图 2-40　漏油活门

(a) 发动机不工作时;(b) 发动机工作时

4. 附件机匣

附件机匣一般都位于发动机的后部,发动机前部一般为螺旋桨减速器和螺旋桨驱动轴。所有发动机的附件基本上都安装在附件机匣上,例如磁电机、发电机、转速传感器发电机、启动机、燃油和滑油泵、滑油箱等,这些附件分别安装在附件机匣不同的位置以便于维护。附件机匣一般是铸造的,用得比较广泛的是铝合金,也有使用镁合金的。另外有的发动机还会有其他一些铝合金铸件作为相关零部件的接口安装在附件机匣上,一些附件安装口的盖板是镁合金铸件。

现代的附件机匣的附件接口设计已经向着标准化方向发展,以便同一个系列的发动机在附件的安装和使用上具有良好的互换性。例如,由于飞机设备的增加需要增大发电机的功率时,如果没有良好的接口互换性,那就势必要重新设计制造附件机匣的发电机接口以适应发电机功率的增大。

附件驱动轴一般被安装到适当的青铜轴瓦上,而轴瓦则安装在增压机匣的后半部分上,通过齿轮的传递以不同的转速驱动不同的部件。

2.4.3 水平对置型发动机的机匣

对于直列型和水平对置型发动机的机匣,一般是整体式、水平分半式或者垂直分半式。发动机的缸体安装在机匣的上部、下部或者两边。如图 2-41 所示为水平分半式,左、右两半

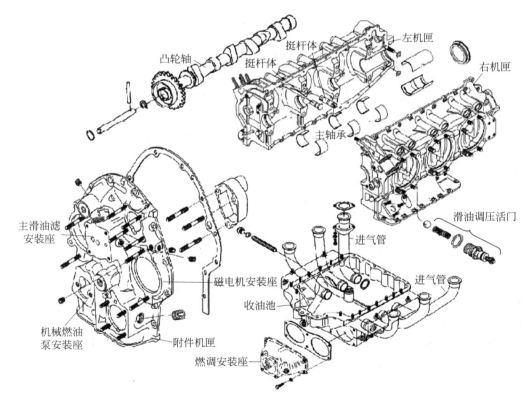

图 2-41 水平对置型六缸活塞发动机机匣

机匣分别称为左机匣和右机匣,发动机的六个汽缸均匀地安排在左、右两边,安装在左、右机匣的机匣安装座上;在左、右机匣的末端还有一个附件机匣,为发动机的各个附件提供安装表面;在左、右机匣下方还有一个滑油收油池,在发动机内部润滑的滑油最终会由于重力的作用落到收油池中,对于有些发动机,去各个汽缸的进气管也会穿过这个收油池。

1. 左、右机匣

左、右机匣是发动机的基础,用铝合金制成,支撑着曲轴、凸轮轴、各种各样的齿轮附件、汽缸和各种各样的支架,并为润滑提供了一个密封的壳体和滑油通道。要求左、右机匣有足够的刚度和强度,防止曲轴、凸轮轴和轴承偏移。

两块铝合金铸件沿着竖直居中的平面组合到一起,以形成一个完整的机匣腔体。单个铸件被称为左机匣或右机匣。在机匣铸件内浇铸出凸缘,当左右机匣组合后,就可形成直线排列的内孔,形成安放凸轮轴的轴承以及精确安放曲轴主轴承轴瓦的安装座。钻孔穿过侧面的凸起,为液压挺杆形成导套。

图 2-42 所示为某水平对置四缸活塞发动机的左机匣。左机匣上的汽缸安装基座比右机匣上对应的安装基座更靠近发动机前端(螺旋桨端),以容许相邻连杆作用在相邻的曲颈上。汽缸安装基座有六个螺柱和两个贯穿螺栓,用来固定连接汽缸基座法兰。

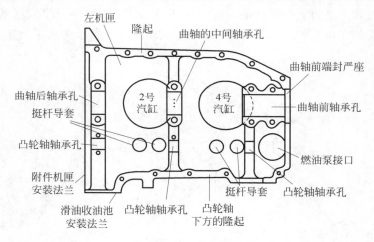

图 2-42   左机匣

2. 附件机匣

图 2-43 和图 2-44 所示为某水平对置型四缸活塞发动机的附件机匣。

附件机匣后表面的附件安装基座被机械加工成平面,并且,此平面与机加工出的位于附件机匣前表面的分离安装法兰相互平行。分离安装法兰与左右机匣组件的后端面配合,组成一个完整的水平对置型发动机的机匣。附件机匣后表面安装基座上安装有磁电机、交流发电机、启动机等发动机附件。

附件机匣是铝合金铸件,其上方有两个孔,并且在用来将启动机和传动组件连接到附件机匣上的、机械加工出的开口下面有三个螺柱。在开口下面是两个机械加工的安装法兰和四个螺柱,用来固定安装左右磁电机。位于附件机匣的右边下侧的一个机械加工的、带螺纹的凸起,用来安装固定一个滑油压力释压活门。在磁电机安装口下方,是用来安装固定转速

表传动外壳、交流发电机、滑油滤外壳或者滑油滤转接管的法兰和螺柱。附件机匣的正面被
机械加工成平面，以与左右机匣组件相互配合。在附件机匣内部机械加工出滑油泵齿轮室。
机械加工出的滑油泵传动齿轮轴孔，与凸轮轴成一条直线，并且从动齿轮轴孔直接位于上
方。在附件机匣底部机械加工出一个半圆形的开口并打上螺柱，用来安装滑油收油池。在
滑油收油池法兰的左边，机械加工出螺纹孔，用来安装滑油吸管。附件机匣中铸有滑油通
道，从而使滑油可以从吸管流向滑油泵齿轮、压力释压活门和滑油主油道。

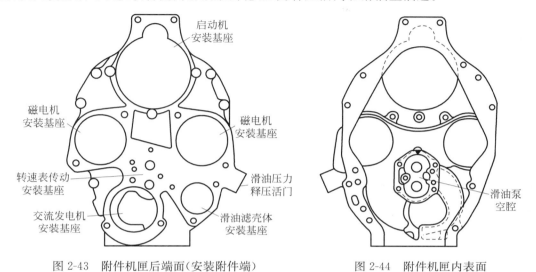

图 2-43　附件机匣后端面（安装附件端）　　　　图 2-44　附件机匣内表面

3. 收油池

某水平对置型四缸活塞发动机收油池基体是一个焊接件，如图 2-45 所示，由压制的薄
钢板制成的前、后两半组成。一个厚的安装法兰环，一个加油管颈和放油塞凸缘被焊接在基
体上组成此组件。收油池放油塞的凸缘，提供了为确保安全而给放油塞打上保险的装置。

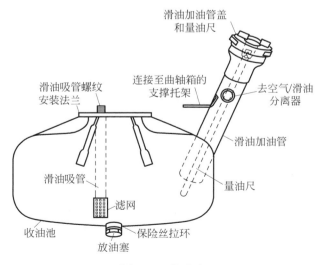

图 2-45　收油池

一个托架焊接在加油管颈上,将收油池连接至左右机匣组件下部的发动机安装腿的螺柱上。量油尺的刻度为夸脱,并标注到最大刻度。

也有的航空活塞发动机的收油池是铝合金铸造件,如图 2-41 和图 2-46 所示,主要用来收集滑油,铸件上铸有进气通道,流动的空气可以冷却收油池内的滑油。

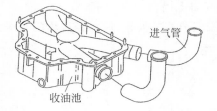

图 2-46　某发动机进气管道从中穿过的收油池

2.4.4　附件传动

附件传动装置利用曲轴带动发动机的所有附件运转,以配合发动机工作。航空活塞发动机的大多数附件(例如磁电机、滑油泵、燃油泵等)的传动均是齿轮传动,发电机为皮带传动,当曲轴转动时,它通过各传动齿轮按一定的转速比带动各附件工作。某水平对置型六缸活塞发动机的附件传动齿轮与曲轴的位置关系如图 2-47 所示。

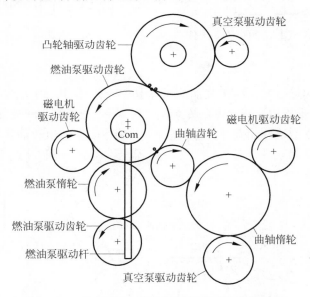

图 2-47　某水平对置型六缸活塞发动机附件传动

附件之中的齿轮系包括正齿轮和伞齿轮,被用于不同类型的发动机驱动发动机的附件。正齿轮一般用于驱动负荷较重的附件或那些要求在齿轮系中游隙或者间隙最小的地方。伞齿轮能够在较短的轴上以不同的角度将扭矩传到安装座上的附件。在机械增压的发动机上,增压器一般也是由附件的齿轮系传递的扭矩驱动的。在附件的轮系和轴系的传动过程中,为了减小在加速时和减速时产生的冲击力,许多发动机附件的动力传递中,齿轮中或轴上装有一些缓冲的装置,例如弹簧、橡胶垫等。对于单独的启动机,一般都装有离合器,用来在完成启动任务后与附件驱动轴的脱离。

2.4.5 活塞发动机用轴承

好的轴承应由具有足够强度的材料制成，能承受强加在轴承上的压力，工作中产生的摩擦和磨损越小越好。轴承零件采用小公差装配，使轴承转动起来既安静又有效率。为了实现这一点，并能减小运动部件的摩擦，不至功率损耗过多，活塞发动机经常采用各种类型的润滑轴承。有的轴承要求能承受径向载荷，有的轴承要求能承受轴向载荷，有的要求既能承受径向载荷又能承受轴向载荷，如图 2-48 所示。

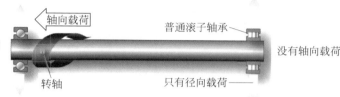

图 2-48 深沟球轴承和滚子轴承的区别

常用的轴承类型有滑动轴承（滑动摩擦）、滚棒轴承（滚动摩擦）、滚珠轴承（滚动摩擦），如图 2-49 所示。

1）滑动轴承

滑动轴承经常用在曲轴、凸轮轴、连杆和附件传动齿轮系的轴承上，此种轴承只能承受径向载荷，当然也有专门设计用来承受轴向载荷的滑动轴承。滑动轴承通常采用不含铁的金属来制造，比如银、青铜、铝，还有其他各种铜、锡或铅的合金。一些发动机上的主连杆或曲颈的轴承，采用钢制滑动轴承，但在轴承内、外表面都镀上一层银，并在轴承内表面银镀层的外面再镀上一层铅锡合金。较小的滑动轴承，比如在发动机附件端支撑各种各样轴的滑动轴承，可以称为衬套。这种情况下，多孔石墨青铜合金衬套用得最为广泛。

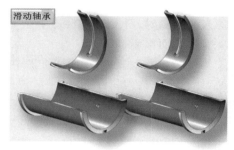

2）滚棒轴承

滚棒轴承有很多类型和形状，但是有两种类型在航空发动机中用得最为广泛：普通滚子轴承和圆锥滚子轴承。普通滚子轴承用在只承受径向载荷的地方。但在圆锥滚子轴承中，轴承的内滚道和外滚道都是锥形的，故这种轴承既能承受径向载荷又能承受轴向载荷。普通滚子轴承用在大功率的航空活塞发动机上作为曲轴的主轴承，也

图 2-49 各种类型的轴承

用在燃气涡轮发动机中径向载荷较大的地方。通常情况下,燃气涡轮发动机中转轴的一端靠深沟球轴承支撑(同时承受径向载荷和轴向载荷),另外一端靠普通滚子轴承支撑(只承受径向载荷)。

3) 滚珠轴承

滚珠轴承由带沟槽的外滚道、内滚道、若干个滚珠和保持架组成。在一些活塞发动机中,滚珠轴承主要用在曲轴主轴颈轴承和摇臂轴承上。特别是深沟球轴承,用在星型发动机前机匣中传递螺旋桨拉力和径向载荷。由于这种轴承既能承受轴向载荷又能承受径向载荷,因此在燃气涡轮发动机中得到了广泛应用。

2.5 主要机件的常遇故障和维护

2.5.1 液锁

在星型发动机的下部汽缸内,如果流入滑油或汽油,当发动机启动时,活塞向上死点运动,由于这些油液占据了一部分燃烧室的容积,因油液不易压缩,所以汽缸内气体压力的升高大大超过了正常情况下的压力,阻止活塞继续向上死点运动,迫使曲轴停止转动,这种现象称为液锁。

发生液锁时,对发动机的损害很大,会使发动机的汽缸和连杆损坏,甚至造成整台发动机完全损坏而报废。

为了防止发生液锁,在使用维护中必须做到:每次启动发动机之前,必须按规定扳转螺旋桨,以排出汽缸内积存的汽油、滑油;发动机停放超过三天或用手扳螺旋桨感到很重时,应拆下下部汽缸后排电嘴和进气管的放油堵塞,然后再扳转螺旋桨,排出汽缸和进气管内积存的汽油、滑油;启动发动机前应确实判明增压机匣的漏油活门是否畅通;启动注油量要适当,用加速泵的次数不宜太多,并及时关闭注油唧筒;在启封发动机时,必须按规定将汽缸或进气管内的油封油彻底排干净后,才能启动发动机。

2.5.2 汽缸漏气

汽缸漏气将会降低发动机的输出功率,甚至使发动机不能工作,为此必须检查气门、活塞和活塞涨圈对燃烧室的密封情况。

1. 气门漏气

检查气门有无漏气的方法是:在启动发动机前,用手扳动螺旋桨,若听到有嘶嘶声或口哨声时,就说明气门漏气。排气门漏气可以从排气门处听到,进气门漏气则通过汽化器传出来。

检查气门或活塞和活塞涨圈对燃烧室的密封情况还可以用汽缸的压缩性试验来确定。

2. 汽缸的压缩性试验

汽缸的压缩性试验的目的是检查气门、活塞和活塞涨圈对燃烧室的密封情况,以确定是否需要更换汽缸。

汽缸压缩性试验有两种方法,即用压缩试验器或压差试验器来完成。

1）压缩试验器

压缩试验器指示汽缸内的实际压力,其汽缸压缩性试验的具体步骤如下。

（1）暖车至发动机工作温度,在停车后尽快进行试验。

（2）从每个汽缸上拆下最易接近的电嘴。

（3）用启动机转动发动机以排出汽缸内过多的滑油。

（4）若有整套的压缩试验器,则在每个汽缸上安装一个试验器;若只用一个试验器,则依次进行每个汽缸的试验。

（5）使用发动机启动机,至少转动三整圈并记录下压缩器读数。

（6）重复试验并与其他汽缸相比,显示异常的汽缸及比其他汽缸的压力读数低15lbf/in²(约为1kgf/cm²)的汽缸,应被怀疑是有故障的汽缸。

2）压差试验器

压差试验器指示汽缸压力的变化。

试验设备的组成有压缩空气气源、调压器、关断活门、压力表及待查汽缸。在发动机停车后,趁汽缸壁与涨圈还有均匀的润滑时,应尽快进行压缩试验。

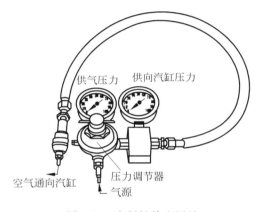

供气压力　供向汽缸压力

空气通向汽缸

压力调节器

气源

图2-50　密封性检查用具

使试验汽缸中的活塞处于压缩行程的上死点,因为此时进气门、排气门均关闭,这样可以使试验所用的气量最少,从汽缸上拆下最易接近的电嘴,并在电嘴孔内安装一个电嘴管接头。

压差试验器连接到一个100～150lbf/in²的压缩空气气源上,如图2-50所示。在压差试验器上的关断活门关闭的情况下,调节压差试验器的调压器,使调压器上的压力表指示在80lbf/in²。

打开关断活门前将快接接头与电嘴管接头连接。当关断活门打开时,汽缸内的压力自动保持在15～20lbf/in²。保持10～15min,观察压力的变化,若压力的变化在要求的范围内,则密封良好。

2.5.3 排气门卡阻

1. 故障现象

故障初期比较隐蔽,一般在冷发动机启动时容易发生,活塞五型发动机的转速在1800r/min以上时,发动机有轻微瞬间抖动(与电嘴挂油现象相似)。故障后期比较明显,瞬间抖动的次数频繁,转速和进气压力下降,排气管放炮、冒黑烟。如果故障出现在空中,驾驶员会感到飞机下沉,失去拉力,约2～3s后,发动机又自动恢复正常工作。图2-51所示为某活塞发动机排气门卡阻在开位。

图2-51　某发动机排气门卡阻在开位

2. 故障原因

故障的原因主要有两方面：一方面是由于排气门杆过热"发胖"，图 2-52 所示为排气门附近的热量传导路径；另一方面是由于气门杆和气门导套润滑不良或有积炭。因此，使气门杆和气门导套的配合间隙变小，发动机工作时，气门产生瞬间卡阻。

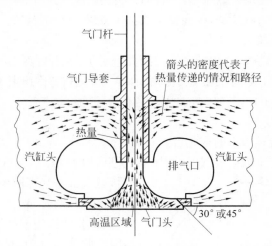

图 2-52 排气门附近热量传递的情况

由于个别汽缸的排气门卡阻，致使排气门不能适时地打开或关闭，造成发动机工作不正常而出现瞬间抖动，使功率下降。

此故障一般多出现在使用到后期的发动机，或刚做过气门间隙检查和调整的发动机上；而且，对星型排列的发动机来说，大部分出现在水平线以上的汽缸排气门。

3. 预防措施和排除故障

在结构上的改变是在汽缸排气门导套上增加两个油孔和一条油槽，减小排气门内腔的灌钠量；在外场检查气门间隙时，水平线以上气门摇臂的调整螺钉的三条刻线不能与摇臂缺口对齐；调整螺钉伸出摇臂的高度要符合规定；对水平线以下汽缸的摇臂室内还应注入新鲜滑油，以保证气门机构润滑正常。

在使用过程中，如果发动机出现瞬间抖动并判断属于排气门卡阻故障时，可将排气门摇臂室盖拆下，查看哪个排气摇臂室内积炭最多，即拆下该汽缸，检查排气门有无"发胖"、积炭和变形。对有积炭的气门杆、气门导套用 000 号砂纸或细金刚砂打磨以清除积炭。若气门"发胖"、变形则应更换。

2.5.4 活塞和汽缸壁的早期磨损

汽缸活塞磨损后，活塞与汽缸之间的间隙就会增大，这样使润滑汽缸活塞的滑油大量地进入燃烧室而烧掉，从排气管排出白烟，使滑油消耗量增大；另外，由于大量滑油进入燃烧室，使电嘴挂滑油，电火花减弱而引起发动机振动；同时，由于汽缸活塞磨损，发动机还会出现大量的金属末。

1. 故障原因

故障主要是由维护不当引起的。如果进入汽缸内的空气、汽油和滑油中带有尘土，汽缸内壁锈蚀,或者活塞与汽缸壁的摩擦面间润滑不良,当发动机工作时,活塞在汽缸内高速运动,在尘土和杂质的作用下会加速汽缸活塞的磨损。

2. 维护注意事项

(1)防止尘土进入发动机内部。飞机停放时,应盖好发动机布罩;拆装发动机附件时,应将通向发动机内部的空洞和导管口盖好;不在其他飞机的气流内试车和滑行;有大风沙时,在外场不进行拆装、分解机件的工作(如调整气门间隙、更换汽缸、电嘴等)。

(2)防止机件干摩擦。按规定正确使用发动机,保证滑油系统的工作正常,使汽缸和活塞之间得到良好的润滑。在启动发动机之前向机匣注汽油不要太多,以免汽油把汽缸壁上的滑油层洗掉;试车时应按规定暖机,以免因滑油温度低而黏度过大,润滑不良;停车时不使滑油因发动机温度过高而黏度变小,滑油从汽缸壁上流掉,造成润滑不良。

(3)防止机件锈蚀。在湿度较大的机场,阴雨季节和飞机长期停放的情况下,做好发动机的油封、防潮、停放期内的周期运转和雨后检查、晾晒工作。

2.5.5　活塞烧坏和汽缸头裂纹

活塞烧坏,燃气容易漏入机匣,当汽缸头裂纹后,燃气容易外漏,这样均使汽缸内的燃气压力降低,而引起发动机周期性的振动。当汽缸头裂纹时,在裂纹处有黑色油烟的痕迹。

这种故障主要是由于汽缸活塞组温度过高或温度急剧变化造成的。温度过高或急剧变化,会使活塞、汽缸头材料强度降低,当材料强度降低到不能承受燃气高压时就会损坏。活塞烧坏通常发生在活塞顶靠排气门处,汽缸头裂纹通常发生在电嘴孔与排气门之间。

为预防这种故障发生,在维护使用中,应经常保持汽缸导风板与散热片之间的间隙符合规定,并保证汽缸散热片的清洁,使发动机得到良好的散热;在发动机停车后,不要很快就打开发动机整流罩,防止发动机温度急剧降低;拆装电嘴时力矩不宜过大,并禁止敲打。

2.5.6　涨圈卡死或折断

1. 故障现象

故障现象主要有以下几种:滑油消耗量增大;电嘴经常挂滑油或积炭,甚至电极损坏;发动机工作振动;在滑油滤上出现金属屑。

2. 故障原因

当发动机工作时,由于活塞的第1、2道涨圈的工作条件较差,故容易折断;涨圈与汽缸壁严重磨损,使大量滑油进入燃烧室,形成大量积炭和胶质,容易造成涨圈卡死或折断;涨圈的开口间隙、侧向间隙不符合规定数值和汽缸活塞润滑不良等原因,亦会造成涨圈卡死或折断。

3. 预防措施

(1)为保持滑油系统的清洁,应定期清洗滑油滤。

(2)为保持进入汽缸的混合气清洁,应定期清洗进气滤网并涂以汽油、滑油混合液。

(3)更换涨圈时,应使涨圈的开口间隙和侧向间隙符合规定。

（4）严格按照条例和维护规程正确地使用发动机。

（5）避免发动机经常在过热的情况下工作。

2.5.7　主要机件的检查与维修

1. 汽缸头

汽缸头的检查一般是先将内外清洁干净，特别是内部的积炭。可以利用目视或者利用渗透方式检查内外部是否有裂纹，如图 2-53 所示。对于外部的散热片，一般出现在中部、外部的裂纹可以采取磨削去掉的方式修理，去掉后必须进行倒圆处理。修理散热片的数量必须遵从厂家的规定。如果在散热片根部出现裂纹，则报废汽缸头。

2. 汽缸筒

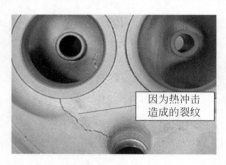

因为热冲击造成的裂纹

图 2-53　汽缸头内部裂纹

汽缸筒的检查可以利用目视、无损磁粉检查方式检查汽缸是否有裂纹。检查汽缸内部是否有磨损、刻痕、刮伤等损伤，如图 2-54 所示。利用模板和塞规检查汽缸安装面的不平度，如图 2-55 所示。如果汽缸内部的损伤没有超过厂家的规定，可以用磨削（见图 2-56）或者镗缸（见图 2-57）的加工方式进行修理。注意：修理后的汽缸，在活塞安装时要用大一号的涨圈。

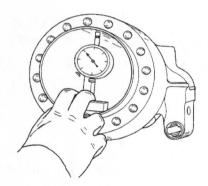

图 2-54　汽缸内部磨损检查

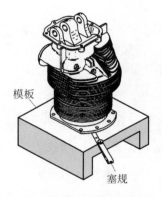

模板

塞规

图 2-55　汽缸安装面检查

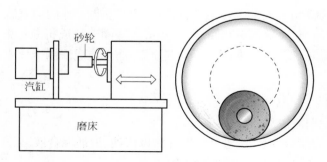

砂轮

汽缸

磨床

图 2-56　汽缸的研磨

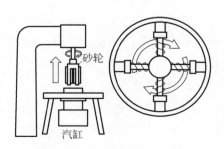

砂轮

汽缸

图 2-57　汽缸的镗缸

由于活塞侧压力的作用,使汽缸内壁逐渐磨成椭圆形,所以,在翻修发动机时,可对汽缸内壁进行镗磨修理,凡修理后汽缸内径加大量超过 0.15mm 的汽缸,称为加大汽缸。凡是加大汽缸,在汽缸安装边的前面都打有"＋0.15"的钢印。当汽缸内壁磨损超过最大允许范围时,为了使汽缸不报废,用镀铬方法修复汽缸,这种汽缸称为镀铬汽缸,在汽缸安装边上,打有"X"的钢印。

3. 活塞

首先将活塞各个部分清洁干净,特别是积炭。用目视或者无损渗透方式检查活塞是否有裂纹、刻痕、刮伤,用目视或者无损磁粉方式检查活塞销是否有裂纹,用量规和塞尺检查活塞的头部是否有下陷。用 V 形支架将活塞销放上,检查是否有变形和不圆度是否合格,如图 2-58 所示,使用伸缩尺检查活塞销孔径,如图 2-59 所示。用塞尺检查涨圈安装到活塞以后的侧向间隙和开口间隙是否合格。注意:安装时镀铬涨圈不允许和镀铬汽缸安装在一起使用。

图 2-58　活塞销变形检查

图 2-59　活塞销孔径检查

4. 涨圈的安装

涨圈装入汽缸后,开口处所留的间隙,叫开口间隙。涨圈在活塞的涨圈槽中留下的上下间隙叫侧向间隙,如图 2-60 所示。涨圈安装时,应注意开口间隙和侧向间隙应符合规定。

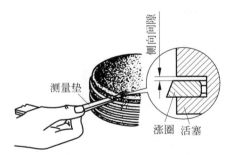

图 2-60　涨圈侧向间隙及其测量

安装涨圈之前,首先应选择好正确的涨圈,特别注意那些有特殊要求的涨圈,如国产活塞五型发动机的梯形封严涨圈和锥形刮油涨圈上标有"向上"字样的一面朝向活塞顶,而挡油涨圈则应将标有"向上"字样的一面向下。

为了防止电嘴挂滑油或燃气漏入机匣后影响发动机的正常工作,在安装涨圈时,各道涨圈的开口应互相错开。国产活塞五型发动机的要求是:第一道涨圈的开口不应对着电嘴和进排气门;第 2、3 道涨圈的开口与第一道涨圈的开口应互成 120°夹角;第 4 与第 3、第 5 与第 1、第 6 与第 2 道涨圈的开口互成 180°夹角,如图 2-61 所示。美国莱康明发动机公司生产的 IO-540-C4D5D 发动机的要求是:最上面的一道涨圈的开口对正 12 点钟位置,第二道涨圈的开口对正 4 点钟位置,最下面一道涨圈开口对正 8 点钟位置,如图 2-62 所示。

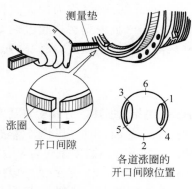

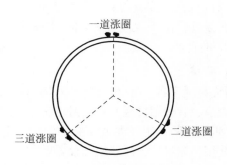

图 2-61　涨圈缺口的位置　　　　　　　图 2-62　涨圈缺口的位置

5. 连杆

连杆的检查可以利用目视或者磁粉检查方式,检查连杆是否有裂纹、腐蚀、点蚀、擦伤等损伤,检查连杆是否有弯曲(见图 2-63)、扭转损伤(见图 2-64)。

6. 曲轴

曲轴是发动机在工作中承受应力最大的部件。常用的检查方法是磁粉检查,特别注意检查是否有裂纹出现。每个与轴承的安装位置处要检查是否有磨损、划痕等损伤。用 V 形支架将曲轴支撑起来,用百分表检查曲轴是否有弯曲和不圆度超标的问题,如图 2-65 所示。对于有滑油通道的曲轴要仔细检查、清洁通道内的油泥等杂物。一般曲轴出现裂纹或者其他损伤超标现象,很少进行修理。如果需要修理,一定要遵从厂家的规定。

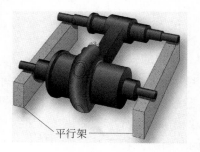

图 2-64　连杆的扭转变形检查

图 2-63　弯曲变形的连杆　　　　　　　图 2-65　曲轴检查

7. 气门和气门弹簧

从汽缸头拆下气门后,应加以清洗,并去掉软化的炭层,目视检查气门有无机械损伤或由燃烧或锈蚀造成的损伤,有这类损伤的气门不能重复使用。检查气门杆上是否有刻痕、刮伤,若在靠近弹簧保持片附近出现,则报废气门。检查气门的头部和斜面,如果斜面出现磨损、刻痕、划伤等缺陷,只要在厂家的允许范围内,可以利用磨削加工的方式恢复原来的形状。

可用千分尺和平台测量气门头部边缘的厚度,如图 2-66 中的尺寸 A。如气门头部表面经研磨修整后,边缘的厚度小于厂家规定的极限数值,则此气门也不能再重复使用。用千分表或圆角规(又称为模样板)来检查气门杆的伸长量与磨损。用模样板检查气门杆伸长量的方法,如图 2-67 所示。用千分表测量气门杆靠近气门颈处的直径,如果测量的数值小于厂家规定的数值,说明气门杆伸长。在维修过程中,气门之间不能进行互换。

用如图 2-68 的压缩测试设备测试气门弹簧的压缩性,将气门弹簧压缩到制造商指定的高度,测试设备的盘面会给出压力大小,且必须位于制造商给定的压力大小范围内。

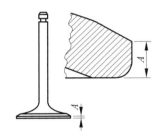

图 2-66　气门检查

图 2-67　气门杆伸长量的检查

图 2-68　气门弹簧的压力测试

8. 摇臂

检查气门摇臂有无裂纹、磨损、刻痕、刮伤等缺陷,检查轴承是否有磨损、刮伤、刻痕等缺陷,检查滑油通道是否通畅,用千分尺检查摇臂轴的直径是否正确。由于摇臂在汽缸头中的过多转动,在摇臂轴上经常发现刻痕和烧蚀。也有可能在钢制摇臂轴上发现从摇臂轴承上转移过来的青铜碎屑,通常情况下,过热以及摇臂轴和轴承之间间隙过小会造成这种情况,因而摇臂轴和轴承之间的间隙特别重要。

9. 气门座

检查气门座与气门的接触表面是否有磨损不均、刻痕、划伤等缺陷。如果存在缺陷,只要在厂家的允许范围之内,可以用专用的磨削工具进行加工,恢复原有的精度,如图 2-69 所示。

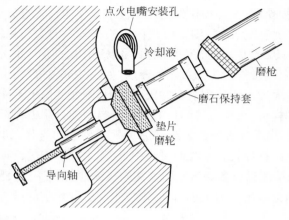

图 2-69　气门座修理

10. 机匣

由于机匣在发动机的工作中要求承受较高的各种应力,因此产生一些裂纹是在所难免的事情。所以在维护过程中要注意检查,常用的检查方法是渗透检查。由于机匣的价值比较高,因此对于产生的裂纹只要在厂家规定的范围之内是可以修理的,常用的修理方法是焊接后再机加工修理,要注意的是修理工艺必须是厂家或者修理站批准的。

焊接一般采用惰性气体弧焊,在裂纹上和裂纹周围焊上焊接材料。焊接的焊缝高度要高于裂纹平面一定的尺寸,然后再用机加工的方法将多余的焊接材料去除,恢复原来的尺寸形状。机匣上的轴承座出现裂纹也可以采用此种方法进行修理,如图 2-70 所示。

对于机匣上的螺桩和螺纹孔也要进行检查。螺桩若出现变形,应更换。螺桩若出现松动现象,如果在厂家允许的范围内,则加大螺桩安装进机匣部分的螺纹,同时也将机匣上的螺桩孔的螺纹加大。一般第一次更换,将原始尺寸增加 0.003in;第二次更换,将原始尺寸增加 0.006in;第三次更换,将原始尺寸增加 0.009in;第四次则更换机匣。对于螺纹孔出现损伤,如果在厂家允许的范围内,先将螺纹孔按规定的尺寸扩孔,然后用丝锥攻螺纹,再安装上螺纹圈(helicoil),提供和原来尺寸一样大的螺纹孔。这种螺纹孔修理方法不会降低螺纹孔的原有连接强度。

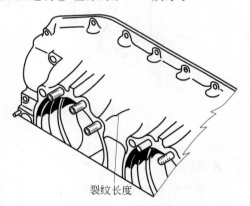

图 2-70　水平对置型发动机机匣上的裂纹

第3章

航空活塞发动机的工作过程

四行程点燃式活塞发动机完成一个工作循环,活塞在汽缸内要经过四个行程,作为工质的混合气则要经过进气、压缩、燃烧、膨胀和排气五个热力变化过程。工质经过五个工作过程的变化,促成了发动机中热能向机械能的转化。

在这五个工作过程中,每一个过程进行得好坏,如进气量的多少、压缩程度的大小、燃烧是否完全、膨胀是否充分以及排气是否干净等都直接影响热能向机械能的转化,影响发动机的功率和经济性。

对于定型的发动机,从使用角度来说,进气和燃烧两个工作过程对发动机的性能起决定性的作用,因此,本章在介绍五个工作过程时,着重讲解进气过程与燃烧过程。

3.1 进气过程

3.1.1 进气过程的功用及进气情形

进气过程是指新鲜混合气充填汽缸的过程。进气过程的作用是使发动机得到工作时所需要的新鲜混合气。进入汽缸的新鲜气体的数量多少对于发动机是否能正常而连续地工作具有极重要的意义。只有新鲜气体正常地进入汽缸,发动机才能正常地工作。如果哪怕有一个汽缸没有获得其应有的混合气,发动机仍不能正常工作,因此,每个汽缸都应在进气过程中充填入适当的新鲜气体。

进气过程从进气门打开时开始,到进气门关闭时结束。在分析四行程发动机的工作时,认为进气门是当活塞到达上死点时突然打开的,活塞运动到下死点时突然关闭,曲轴在进气行程的转角是180°。实际上,为了增加进入汽缸的气体量,进气门在尚未达到上死点前(即在上一循环的排气行程的末期)就提前打开了,到活塞通过下死点后(即压缩行程的初期)才完全关闭。所以进气门是早开晚关的,在整个进气过程中曲轴转角是大于180°的,如图 3-1 所示。

对于吸气式发动机,空气(或者混合气)经过节气门调节后,进入分气室分配,最后直接进入各汽缸,如图 3-2 所示。这时进入汽缸的气体压力比大气压力稍小。

对于增压式发动机,外界空气(或者混合气)经过节气门调节后,在进入汽缸之前,先流经增压器,增压器将空气(或混合气)的压力提高,再由分气室分配后进入汽缸,如图 3-3 所示。这时进入汽缸的气体压力大于外界大气压力。

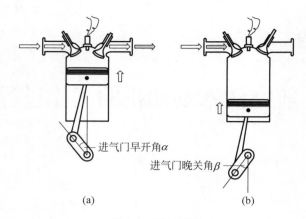

图 3-1 进气过程

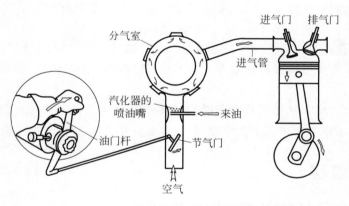

图 3-2 吸气式发动机的进气情形

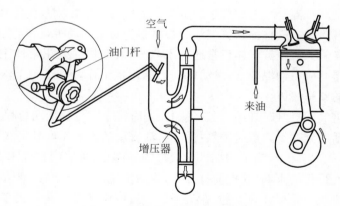

图 3-3 增压式发动机的进气情形

　　进气通道中的节气门与驾驶舱内的油门杆相连接。油门杆向后拉,节气门关小,进入汽缸的气体量减少;油门杆向前推,节气门开大,进入汽缸的充填量增多。因此,操纵油门杆可以改变进入汽缸的充填量,从而改变发动机的功率。

　　气体从外界进入汽缸后,温度有所提高,压力降低。气体温度之所以升高,是因为流入汽缸的气体与汽缸头、进气门、排气门和活塞等灼热的机件相接触,吸收热量的结果,一般情况下,气体的温度会升高 30～60℃。气体压力之所以降低,是因为气体在进气流动过程中有流动损失的缘故,如图 3-4 所示。气体在进气过程中的速度较大,可达 80m/s 左右,使气流在管道弯曲处和进气门处不可避免地产生撞击损失,由于气体有黏性,气体与管道壁面的相对运动会产生摩擦损失,而且气体在管道弯曲处要产生附面层分离损失,所有这些损失都使气体的压力减小。实验和理论证明,压力降低的多少与发动机转速的平方成正比,与进气门流通截面积的平方成反比。当发动机的转速增大时,进入汽缸的气体速度增加,流动损失增大,因而压力下降得多。进气门流通截面积减小,流动损失也增大,压力下降也增大。

图 3-4　进气时的流动损失

3.1.2　进气门的早开和晚关

进气门早开是指进气门在活塞尚未到达上死点时就提前打开。进气门开始打开时,曲臂中心线与汽缸中心线的夹角 α,叫进气门早开角,如图 3-1(a)所示。进气门晚关是指进气门延迟到活塞通过下死点以后才完全关闭。进气门关闭时,曲臂中心线与汽缸中心线的夹角 β,叫进气门晚关角,如图 3-1(b)所示。进气门早开和晚关的目的是为了增加在进气过程中进入汽缸的空气量,以提高发动机功率。

1. 进气门早开

由于进气门是逐渐开大的,如果等活塞运动到上死点时,进气门才开始打开,那么在进气行程初期,进气门的开度必然很小。而这时汽缸内气体压力较小,汽缸内外的压差很大,气体将高速地进入汽缸,会产生很大的流体阻力,形成强烈的涡流,此时气体的部分动能将转换成热能,使气流温度升高,密度减小,结果使进气量减小。若使进气门提早打开,则活塞到达上死点时,气门开度已经很大,这样就可以减小进气行程初期气体进入汽缸时的流体阻力,使进气量增加。

对于增压式发动机,在节气门开度较大的情况下,进气管内的气体压力比汽缸内的废气压力大。进气门的早开可以使新鲜气体立即冲入汽缸将汽缸内的废气吹除得比较多,可以增加进入汽缸的新鲜气体量。

进气门早开有增大进气量的好处,但也不是进气门开得越早越好。进气门开启过早,在进气压力较大的情况下,新鲜气体过早进入汽缸并随废气一同从排气门排出,会浪费发动机的功率和燃料;在进气压力较小的情况下,废气可能倒流入进气管,有造成回火的危险。因此,进气门早开的时机必须适当,现代航空活塞发动机的进气门早开角一般在 15°～35°范围内。

2. 进气门晚关

由于进气门也是逐渐关闭的,如果活塞运动到下死点时,进气门就完全关闭,那么在进气行程末期,进气门的开度已经减到很小,进气量就会显然减小。为了增加进气量,进气门延迟到活塞通过下死点以后再关闭,即进气门晚关。这是因为在活塞达到下死点时,进气流的速度和压力都还比较大,若进气门晚一点关,可以充分利用进气流的惯性和压力差,使一部分气体继续进入汽缸,尽可能增加进入汽缸的气体量。

进气门的晚关时机也应恰当,如果进气门关得过晚,会使一部分已经进入汽缸的新鲜混合气被活塞压回进气管内,使进入汽缸的新鲜混合气充填量减小。如果进气门关得过早,也会使新鲜混合气充填量减小。一般来说,转速越大的发动机,进气门的晚关角越大。现代航空活塞发动机的进气门晚关角一般在 $40°\sim80°$ 范围内。

进气门的早开晚关,一方面可增大进入汽缸的气体量,另一方面避免了气门的突然开启和关闭,减小了气门运动的加速度,从而减轻了气门运动的惯性力。

吸气式发动机,进气行程的平均压力低于大气压力,故进气行程功为负,这就是说,在进气行程中活塞要消耗功,即活塞对气体做功。

增压式发动机,在节气门的开度较大时,进气行程的平均压力高于大气压力,故进气行程功为正,这就是说,在进气行程中气体对活塞做功。

3.1.3 充填量及其影响因素

1. 充填量

在每一次进气过程中,进入一个汽缸的空气(或混合气)的质量叫充填量,用 G 表示。显然,在混合气余气系数不变的情况下,充填量越大,燃料含量越多,混合气燃烧后产生的热量越多,发动机发出的功率也越大;反之,充填量越小,发动机的功率也越小。

充填量 G,等于进入汽缸气体的密度 γ 和汽缸工作容积 $V_\text{工}$ 之乘积,即

$$G = \gamma \cdot V_\text{工} \tag{3-1}$$

对于已经制成的发动机,汽缸的工作容积也是一个固定的值。因此,充填量 G 的大小与进入汽缸的气体密度 γ 成正比。气体密度越大,充填量越大;气体密度越小,充填量越小。因此充填量的大小,受与气体密度有关的因素影响。

2. 影响充填量的因素

影响汽缸充填量的大小的因素有很多,对已制成的发动机来说,从使用的角度出发,主要有如下几个因素对充填量的影响较大。

1) 进气压力

气体进入汽缸前在进气管处的压力叫进气压力,常用 $P_\text{进}$ 表示。对增压式发动机来说,进气压力是指增压器出口处的气体压力。进气压力高,进入汽缸的气体的密度就大,进入汽缸气体的质量就多,充填量增大;反之,进气压力小,充填量就小。

进气压力的大小由节气门控制。飞行员操纵座舱中的油门杆,改变节气门的开度,来控制进气压力的大小,从而达到增大或减小充填量的目的。例如,前推油门杆,节气门开大,进气压力增高,充填量增大;后拉油门杆,进气压力下降,充填量减小。

当外界大气压力降低时,发动机的进气压力也随着降低,因而充填量减小;外界大气压力升高时,进气压力也升高,充填量也增大。例如,同一台发动机在高原机场工作比它在海拔高度低的机场工作时(在油门杆位置相同的情况下)发出的功率小,这是由于高原机场大气压力低,使进气压力下降而充填量减小的缘故。

2) 进气温度

气体进入汽缸前在进气管处的温度叫进气温度。进气温度越低,气体的密度越大,充填

量也就越大;反过来,进气温度越高,充填量就越小。

进气温度是受大气温度影响的。由于季节或地区不同,大气温度发生变化,充填量也会发生变化。例如,发动机在冬季或低温区的充填量就比夏季或高温区的充填量大,早晨的充填量就比中午的充填量大。

3) 气体(或混合气)的受热程度

发动机工作时,机件受热温度升高。例如,汽缸头的温度可达 200～250℃,活塞温度可达 250～350℃,进气门可达 350～400℃,排气温度可达 800℃。新鲜气体在进入汽缸的同时,和这些灼热的机件相接触。因而使本身受热。气体受热越厉害,则其密度越小,故充填量减小;反之,气体受热程度小,则充填量可以增大。因此,发动机冷却散热不良,发动机温度升高,会引起充填量减小。

4) 流体损失

气体在进气过程的流动中,有撞击、摩擦及气流分离损失,因此,产生了流体阻力。流体阻力会使进入汽缸气体的压力减低,密度减小,因而充填量减小。为了减小进气的流体阻力,要尽量注意保持进气道内壁的清洁,防止灰尘、油泥沾污管道,并防止进气导管受压变形。

5) 曲轴转速

在节气门开度保持一定的条件下,充填量随着转速变化的情形如图 3-5 所示。从图上可以看出,发动机只在某一转速 n_2 工作时,充填量才能达到最大,转速偏离这个数值,充填量都要减小。

充填量之所以随转速这样变化,这是因为当转速增大时,活塞运动速度也增大,进气管内气流速度也随着增大,由于气流速度增大,引起流动阻力加大,使进入汽缸的气体压力减小得多,因此,充填量随发动机转速增高(高于 n_2)而减小。那么为什么当转速小于 n_2 时,充填量反而随着转速的降低而减小呢? 这主要是因为当转速降低时,进气管内气流速度减慢,使整个进气过程延续时间增长了,气体和汽缸壁、活塞及气门接触时间较

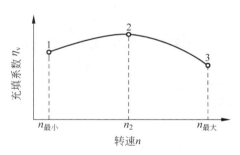

图 3-5　充填系数随转速变化的情况

久,致使气体吸收的热量多,气体密度减小,使充填量减小。另一方面,我们从前面知道,进气门的晚关,是为了充分利用进气流的惯性,以便多进一些气。而进气门晚关角的大小决定于进气流的大小,当转速降低,进气速度减小时,进气门晚关角应小一些;在转速较大时,进气门晚关角应大些。但发动机的晚关角并不随转速的改变而改变,而是一个固定的值,并且这个值是适应大转速工作的需要而确定的。因此,在小转速工作时,由于活塞速度较慢,气体运动速度较小,这时气门晚关角就嫌过大。当活塞由下死点向上死点移动时,会发生气体倒流回进气管的现象,使充填量减小。转速越小,倒流现象越严重,充填量越减小。

发动机进气门的晚关角的确定,是根据实验得出的。综合各种条件,使发动机在设计转速下能获得最大充填量时而确定晚关角的大小。

6) 气门同开角

气门同开角越大,充填量也越大。这是因为同开角大,汽缸中废气的吹除量大,进入汽

缸的新鲜混合气多。

上述各个因素对充填量的影响程度是不同的。因此,必须结合实际,对于具体情况作具体分析,来确定影响充填量的主要因素。

3.1.4 进气过程的压容图和进气功

进气过程中汽缸内的气体压力随汽缸容积变化的特性,可用压容图来表示。下面分析吸气式和增压式发动机进气过程的压容图。

1. 吸气式发动机进气过程的压容图

对于吸气式发动机进气过程的压容图,见图3-6。整个进气过程由曲线 $1—e—s—a—2$ 来表示。P_0 表示大气压力,当活塞在上死点时,气体容积为燃烧室容积 $V_燃$;当活塞在下死点时,气体容积为汽缸的全容积 $V_全$。

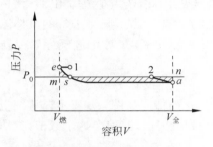

图3-6 吸气式发动机进气过程压容图

图3-6中,点1表示进气门开始打开的时刻,曲线 $1—e$ 表示进气门早开阶段。在这个阶段内,汽缸内的气体还是上一个工作循环残留下来的废气,废气压力比外界大气压力稍高。当活塞到达上死点(图上 e 点时),汽缸内气体的压力和温度分别为

$$P_e = (1.05 - 1.1)P_0$$
$$T_e = 1000 \sim 1100K$$

曲线 $e—s—a$ 段,表示进气行程阶段。在这个阶段中活塞由上死点向下死点运动,汽缸的容积逐渐加大,压力逐渐减小,新鲜气体不断被吸入汽缸,到达某一点(s点)时,汽缸内压力等于大气压力。随着活塞继续运动,由于有流动损失的存在,汽缸内气体压力继续降低,当活塞达到下死点(a点)时,汽缸内气体压力和温度分别大概为 $P_a = (0.9 \sim 0.95)P_0$,$T_a = 340 \sim 360K$。

曲线 $a—2$ 段表示进气门的晚关阶段。图上,点2表示进气门完全关闭时刻,在这个阶段内新鲜气体依靠惯性和压力差继续流入汽缸。由于活塞已经向上死点运动,气体已经开始被压缩因此气体的压力和温度会逐渐升高。

吸气式发动机的进气行程功在压容图上可用曲线 $e—s—a$ 与大气压力线所包围的面积来表示。在进气行程开始的一段行程内,汽缸内的气体压力大于作用在活塞底面的大气压力,气体对活塞做功,大小以面积 $esme$ 表示。然后汽缸内气体的压力小于作用在活塞底面的大气压力,活塞对气体做功大小以面积 $sans$ 表示。面积 $esme$ 和面积 $sans$ 之差是进气行程活塞所消耗的功,即所谓进气行程功。

2. 增压式发动机进气过程的压容图

增压式发动机的压容图,如图3-7所示。曲线 $1—e—a—2$ 表示增压式发动机的进气过程,增压式发动机的进气压力比大气压力高。

在 $1—e$ 阶段,活塞向上死点运动,汽缸内废气

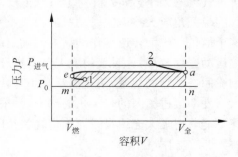

图3-7 增压式发动机进气过程的压容图

压力比大气压力高,比进气压力低。当活塞到达上死点(e点)时,气体的压力和温度值分别为 $P_e=(1.05\sim1.1)P_0$,$T_e=1100\sim1200\text{K}$。

在 e—a 阶段,活塞从上死点向下死点运动,由于存在流动损失,汽缸内气体的压力小于进气压力,但是仍然比大气压力高。因此曲线 e—a 高于大气压力线,低于进气压力线。当活塞到达下死点(a点)时,气体的压力和温度值分别为 $P_a=(0.9\sim0.95)P_{进}$,$T_a=380\sim420\text{K}$。

在 a—2 阶段,活塞从下死点向上死点运动,气体受到压缩,压力逐渐增大。在此阶段由于进气压力仍高于汽缸内气体压力,新鲜气体继续进入汽缸。当活塞到达 2 点时,进气门完全关闭,汽缸内气体压力略高于进气压力。

由于气体增压作用,进气过程中,活塞顶面的压力大于活塞下面的压力,故活塞向下死点运动时,进气帮助推动活塞做功,即进气过程可获得有益功,这个功的大小可由压容图上曲线 e—a 与大气压力线所包围的面积 $eanme$ 表示。

3.2 压缩过程

3.2.1 压缩过程的功用及进行情况

压缩过程是指混合气在汽缸内被活塞压缩的过程。混合气受到活塞的压缩,最明显的效果是混合气的温度、压力升高。混合气经过压缩后的好处如下。

(1)有利于混合气着火。压缩后混合气温度升高,更接近于混合气的着火温度,只需要较小的点火能量就能方便可靠地点燃混合气。

(2)有利于混合气的燃烧。混合气压缩后的温度升高使活性分子增多,压力提高使活性分子的浓度增大,这样可以加速化学反应速度和提高火焰传播速度,所以压缩过程为混合气燃烧创造了良好条件。

(3)可以提高发动机的功率和改善经济性能。由于压缩后的混合气着火容易,燃烧加快,因而燃烧后的压力、温度更高,膨胀做功多,使发动机的功率增大;燃烧在小容积内快速进行,热损失减少,经济性好。

总之,压缩过程的作用是为混合气着火燃烧创造良好条件,可提高发动机的功率和经济性。

压缩过程从活塞在下死点时开始,到活塞行至上死点时结束,如图 3-8 所示。在压缩过程中曲轴旋转 180°。在压缩过程开始的时候,进气门还开着,汽缸仍然在进气,但是由于此时活塞已经向上死点运动,汽缸的容积在逐渐减小,所以混合气已开始受到压缩,这一阶段也是进气过程和压缩过程相重叠的阶段。这个阶段曲轴的旋转角度一般为 40°~80°,活塞在这个阶段所走的距离是整个行程的 1/6~1/3。当进气门关闭以后,活塞继续向上死点运动,混合气受到进一步的压缩,直到活塞到达上死点为止,压缩过程结束。混合气在经过压缩以后,其压力增大、温度升高。在压缩过程的末期,点火电嘴跳火,点燃混合气,燃烧开始。

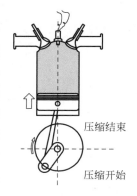

图 3-8 压缩过程

压缩过程所消耗的功与压缩比、进气温度有关。当进气温度保持不变的情况下,压缩比越大,压缩过程所消耗的功越多;当压缩比不变时,进气温度越高,压缩过程所消耗的功越多。压缩过程活塞所消耗的功,一小部分以热的形式经过汽缸壁传导到外界,大部分则用来提高混合气的内能,使混合气的温度升高、压力增大。

3.2.2　压缩比

压缩比就是汽缸全容积与燃烧室容积之比,压缩比是决定活塞发动机性能极其重要的因素之一,发动机的功率和经济性都与它有着紧密的关系。压缩比增大时,发动机的功率变大,经济性提高。在充填量相同的情况下,压缩比增大,则混合气在汽缸内被压缩的程度就增加,因此温度和压力就会升高得比较多,混合气的燃烧就会加快,燃烧后的压力和温度就会升高得更多一些。由于压缩比高则燃烧室的容积就会相应地减少一些,因此经过汽缸壁传出的热量就会减少,热损失小,经济性好。例如,当压缩比为4.5时,有30%的热能可以转变为机械能;当压缩比增大为6时,则可以利用的热能增至35%;当压缩比为7时,可利用的热能则增至37.5%。

但是压缩比也不能无限制地增大。因为压缩比进一步提高,虽然可以提高热能的利用程度,但随着压缩比的进一步加大,热能利用程度的提高已不明显,同时还会带来不良后果:首先压缩后混合气的压力、温度过高,容易出现早燃和爆震等不正常燃烧现象,破坏发动机的正常工作;其次,对于过大的压缩比,即使能正常燃烧,也会使燃烧后的温度、压力过高,从而发动机机件负荷过大,容易损坏。因此,采用过大的压缩比是不适宜的。目前,航空活塞发动机的压缩比在5~9的范围内。

对于使用中的发动机而言,汽缸的压缩比基本上是一个定值。但若使用、维护不当,引起发动机汽缸严重磨损、积炭、气门关闭不严、活塞涨圈密封不严等情况,将使实际的汽缸压缩比发生变化,可能增大或减小,影响发动机性能,甚至导致发动机严重故障。

3.2.3　压缩过程的压容图

1. 吸气式发动机压缩过程的压容图

吸气式发动机压缩过程的压容图如图3-9所示,曲线a—2—3—b为压缩过程线。从图上可以看出,当活塞位于下死点时,汽缸内气体的压力低于大气压力(见图上a点)。当活塞向上死点运动时,气体的容积减小,压力逐渐增大,活塞到达上死点时,压力达到最大值(见图上b点),压缩过程结束。

图中点3表示电嘴点火时刻,即在压缩过程末期,活塞到达上死点前某个时刻,电嘴点火,混合气开始燃烧。3—b段是混合气压缩过程与燃烧过程的重叠阶段。

压缩行程功,在压容图上用压缩过程曲线和大气压力线所围成的面积(图中阴影部分面积)来表示。在压缩过程点2之前,由于汽缸内压力小于大气压力,这部分压缩功是有益的,是正功,由面积a2na表示。2点以后到活塞在上死点的压缩功是

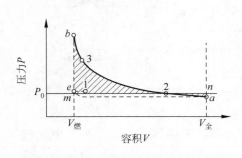

图3-9　吸气式发动机压缩过程压容图

消耗功,是负功,用面积 2bm2 表示。所以总的压缩行程功可用上述两个面积之差来表示。

2. 增压式发动机的压容图

增压式发动机压缩过程的压容图如图 3-10 所示,曲线 a—2—b 为压缩过程线。由于气体增压,所以整个压缩过程,混合气压力都高于大气压力 P_0,当活塞运动到上死点时,混合气容积最小,气体压力最高(b 点)。

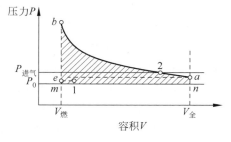

图 3-10 增压式发动机压缩过程压容图

增压式发动机压缩行程功都是活塞对气体做的消耗功,是负功,其大小由图中阴影部分的面积表示,即面积 nabmn。

3.3 燃烧过程

航空发动机是热机,是由热能转变为机械能的机器,所以燃烧是航空发动机能量的来源。实际燃烧过程的好坏,关系到有多少热量被利用,直接影响每个循环的做功量,进而影响发动机的功率和经济性能;燃烧过程的好坏,还关系到发动机能否正常工作,影响发动机的可靠性。本节主要介绍与发动机实际工作有关的燃烧方面的知识。

3.3.1 燃烧过程的功用和进行情形

燃烧过程是指混合气在汽缸内燃烧放热过程。混合气燃烧的作用是使燃料放出所含的热能,提高燃气的温度和压力,以便气体膨胀推动活塞做功。

在讨论四行程发动机的工作循环时,认为混合气的燃烧是在压缩行程结束、膨胀行程开始前的一瞬间完成的,即是在等容(燃烧室容积)的条件下完成的。实际上,燃烧时间虽然很短,但仍有一个过程。即燃烧是在压缩行程末期开始,到膨胀行程初期结束的,所以燃烧行程是介于压缩行程和膨胀行程之间,不可能是在等容条件下进行的。

活塞发动机汽缸中混合气的燃烧有如下特点:第一,混合气是在密闭容器(汽缸)中燃烧的,它的火焰传播速度比较快。因为汽缸内火焰传播除了火焰前锋本身向新鲜混合气推进外,还由于已燃气体温度升高、压力增大、体积膨胀,压缩新鲜混合气,未燃混合气受到压缩,温度、压力越来越高,化学反应速度越来越快,使火焰传播速度越来越快。第二,汽缸中混合气的燃烧是在紊流情况下进行的,这是由于新鲜混合气进入汽缸产生涡流的缘故。

随着汽缸内混合气燃烧后,气体压力升高的程度不同,可将汽缸混合气的燃烧分为三个阶段,图 3-11 示出了燃烧后压力随曲轴转角变化的三个阶段。

(1) 燃烧过程第一阶段(隐燃期):从电嘴点火时开始到气体压力显著增大时的阶段,即图中 3—3′ 段。这一阶段主要是混合气着火到火源的形成,汽缸内气体的温度和压力还不够高,燃烧后气体的压力变化与

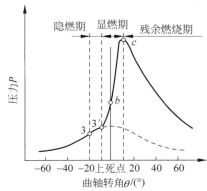

图 3-11 燃烧的三个阶段

气体受压缩后的压力变化大致相同(图中虚线表示的是混合气不燃烧而只受压缩时的压力随曲轴转角的变化情形)。

(2) 燃烧过程第二阶段(显燃期):从汽缸内气体压力开始显著增大时开始,到气体压力达到最大时结束,即图中 $3'-b-c$ 段。通常在活塞到达上死点后,曲轴转角在 $10°\sim15°$ 时,汽缸内燃气压力和温度达到最大值。

一般来讲,第一和第二阶段燃烧的时间总和约为 $0.002\sim0.005\mathrm{s}$。

(3) 燃烧过程第三阶段(残余燃烧期):从气体压力达到最大时开始,到混合气全部烧完时结束,即图中 c 点以后的一段曲线。从图中可见,这一阶段是在膨胀过程中进行的,由于膨胀容积变大,燃气压力和温度逐渐降低,这段时间的长短主要取决于混合气的余气系数。残余燃烧期的燃料应控制在整个燃烧过程中燃料的 $6\%\sim8\%$,否则,该燃烧不经济。

为了能最大限度地利用汽缸中燃料所含的热能,对混合气的燃烧过程有如下要求:

第一,燃烧速度要快。如果燃烧很迅速,燃烧过程进行得快,可以使高温燃气与汽缸壁接触面积最小,接触时间最短,热量损失小,经济性可以提高。同时燃气压力迅速到达最高点,燃气在比较小的容积下膨胀,可提高发动机的功率。如果燃烧缓慢,则燃烧过程延长到差不多全部膨胀过程才结束,会使发动机功率减小,经济性变差。

第二,燃烧要完全。为了最大限度地利用燃烧所含的热能,燃烧尽量要完全,使所有参与燃烧的燃料的热能尽可能全部地释放出来。

第三,燃烧要适时。混合气燃烧的时机要适当,即指混合气点燃的时刻要恰当。实践证明,点火时刻过早或过晚,对发动机的功率和经济性影响很大,只有在某一恰当的时刻点燃混合气,发动机工作才最有利。

3.3.2　燃烧完全程度分析

发动机是将热能转变为机械能,热能越多,转变的机械能就越大。因此,应把燃料的热能最大限度地利用起来,把燃料的热能全部地释放出来。实际上全部释放燃料的热能是不可能的,但要求释放得越多越好,也就是说要求燃料燃烧越完全越好。发动机中燃料燃烧的完全程度取决于两个因素。

1. 混合气的余气系数

1) 混合气中油气比例的表示方法

航空活塞发动机中,燃料首先与空气均匀混合,形成混合气,然后才进行燃烧。要使混合气中的燃料完全燃烧,混合气中汽油(气态)和空气的比例必须适当。因为一定量的燃料只有与适量的空气混合,才能从空气中获得完全燃烧所需要的氧气。描述混合气中油和空气成分的参数有余气系数和油气比。

$1\mathrm{kg}$ 燃料完全燃烧所需要的最少空气量,叫做理论空气量,用 $L_{理}$ 表示,单位是 kg(空气)/kg(燃料)。燃料的种类不同,理论空气量的数值也就不同。任何一种燃料的理论空气量都可由燃烧的化学反应式计算出来。常规大气条件下,氧在空气中的质量含量约为 23.2%,经计算,航空汽油的理论空气量为 $15.1\mathrm{kg}$(空气)/kg(汽油),航空煤油的理论空气量为 $14.7\mathrm{kg}$(空气)/kg(煤油)。所以近似地讲,在常规大气条件下完全燃烧 $1\mathrm{kg}$ 汽油或煤油所需要的最少空气量为 $15\mathrm{kg}$。

发动机实际燃烧时,混合气中的空气量和燃油量都可能变化。实际同 $1\mathrm{kg}$ 燃料混合燃烧的空气量叫做实际空气量,用 $L_实$ 表示。实际空气量不一定等于理论空气量。余气系数就是混合气中实际空气量与理论空气量的比值,用 α 表示,即

$$\alpha = \frac{L_实}{L_理} \tag{3-2}$$

如果混合气中实际空气量小于理论空气量,则余气系数小于1。混合气燃烧时,由于氧气不足,燃料富裕,燃料不能完全燃烧,这种混合气叫做富油混合气。余气系数比1小得越多,表示混合气越富油。

如果混合气中实际空气量大于理论空气量,则余气系数大于1。混合气燃烧时,由于氧气有剩余,燃料能够完全燃烧,这种混合气叫做贫油混合气。余气系数比1大得越多,表示混合气越贫油。

如果混合气中实际空气量等于理论空气量,则余气系数等于1。混合气燃烧时,燃料能够完全燃烧,氧气也没有剩余。混合气既不贫油也不富油,这种混合气叫做理论混合气。

由此可见,余气系数的大小可以较为直观地反映混合气贫油、富油的程度,是影响发动机燃烧的重要物理参数。

油气比也可以描述混合气的成分,它是混合气中燃料的质量与空气质量的比值。油气比用 C 表示,即

$$C = \frac{G_燃油}{G_空气} \tag{3-3}$$

式中,$G_燃油$ 为混合气中燃油的质量;$G_空气$ 为混合气中空气的质量。

对于航空活塞发动机,如果设每秒流经文氏管的空气量为 $G_空气$,每秒喷入文氏管的油量为 $G_燃油$,则混合气的余气系数可用下式计算:

$$\alpha = \frac{G_空气}{G_燃油 L_理}$$

则余气系数与油气比的关系为

$$\alpha = \frac{1}{CL_理} \tag{3-4}$$

油气比可以直接反映混合气中燃料与空气的比例,但不能直观反映混合气的贫油、富油程度。当余气系数 $\alpha = 1$ 时,相应的油气比 $C = 0.0662$。

2) 余气系数对燃烧完全程度的影响

混合气的余气系数不同,燃烧的完全程度不同。当混合气的余气系数 $\alpha \geqslant 1$ 时(在贫油极限以内),燃料燃烧比较完全。因为这时有充足的氧气保证燃料完全燃烧,最后生成不可燃物质——二氧化碳和水蒸气,使燃料的热能全部释放出来。

当混合气余气系数 $\alpha < 1$(但大于富油极限时),即富油混合气,燃烧时燃料多余,氧气不足,有一部分燃料未被燃烧,燃烧不完全。余气系数比1小得越多,混合气越富油,燃料剩余越多,燃烧就越不完全,热能的释放就越差。因此,要使燃料燃烧的完全程度高,应使混合气的余气系数接近或大于1。

2. 燃烧产物的离解

无论是完全燃烧还是不完全燃烧,燃烧后的各种物质统称为燃烧产物。发动机的燃料是碳氢化合物,它完全燃烧后的物质是二氧化碳和水蒸气,即

$$C + O_2 \longrightarrow CO_2$$
$$2H_2 + O_2 \longrightarrow 2H_2O$$

因此,发动机燃料完全燃烧后的燃烧产物是二氧化碳和水。燃烧中产生的燃烧产物,在一定条件下,会产生明显的离解作用。例如,水会离解为氢气和氧气,二氧化碳会离解为一氧化碳和氧气,即

$$2H_2O \longrightarrow 2H_2 + O_2$$
$$2CO_2 \longrightarrow 2CO + O_2$$

这样一来,燃烧产物的物质种类就增多了,有二氧化碳、氧气、氢气和一氧化碳等。其中,有的物质还是可燃物质(如一氧化碳和氢气),它们重新燃烧后还可以释放热量。由此可见,由于离解作用,使燃烧产物中所含的可燃物质增多,燃料所含的热能不能充分地释放出来,结果是燃料不能完全燃烧。若燃烧产物的离解越多,燃料燃烧就越不完全。

　　燃烧产物的离解与燃烧产物的温度有很大的关系,与燃烧产物的压力也有一定的关系。

　　(1) 温度升高,燃烧产物的离解作用增强,燃烧完全程度降低。燃烧后的生产物的离解反应也是需要能量的。例如水的离解,一方面要具备使水分子破裂的能量,另外还要补偿生成水时所放出的能量。当燃烧产物的温度升高时,增加了燃烧产物离解的能量,促成离解作用增强,因而燃料完全燃烧的程度降低。反之燃烧产物的温度低,离解作用减弱,燃料完全燃烧程度增大。这里还应指出,由于离解反应需要的能量较大,当温度不太高时,燃烧过程的离解现象不很明显,只有当温度很高时,离解作用才比较明显。例如,碳氢燃料在一个工程大气压条件下燃烧时,通常要达到1500K的高温,燃烧产物的离解才明显起来。

　　(2) 燃烧产物的离解程度,在一定程度上也受压力的影响。根据实验,碳氢燃烧的燃烧产物的离解程度随压力的升高而减小。压力升高,离解程度降低,燃料完全燃烧程度提高;压力降低,离解程度增大,燃料完全燃烧程度降低。

　　由以上分析可知,燃烧产物的温度越高和压力越小,离解程度越大,燃料燃烧越不完全。实验证明,压力在25～100at(1at=98066.5Pa),如果温度高于2800K,碳氢燃料的燃烧产物将发生强烈的离解;温度在2000～2800K范围内,离解程度比较小;温度低于2000K则基本上不发生离解现象。但在温度略低于2000K时,如果压力减小,仍然会出现明显的离解现象。实际上,航空活塞发动机的汽缸中燃料燃烧后的压力一般是100at以内,所以其温度最后在2800K以内,否则,燃烧产物的离解程度严重,燃料完全燃烧程度变差。

3.3.3　燃烧快慢分析

　　由前面分析可知,汽缸中燃料燃烧越快,发动机的功率越大,经济性越好。在航空活塞发动机中,燃烧过程的快慢,决定于汽缸中混合气燃烧的第Ⅰ、Ⅱ阶段时间的长短,即决定于隐燃期和显燃期的时间长短。而且,这个时间的长短与下列因素有较大关系。

1. 混合气的成分

　　混合气的余气系数的大小与火焰的传播速度有着密切的关系。实践证明,在密闭容器中,汽油与空气混合燃烧时,火焰传播速度与混合气的余气系数关系如图3-12所示。从图上可以看出,混合气余气系数等于0.8～0.9(一般为0.85)时,火焰传播速度最大,余气系数偏离这个数值,不论向富油方向还是向贫油方向变化,火焰传播速度都要减小。余气系数小

于 0.4 或大于 1.3 混合气便不能燃烧。因此,为了缩短燃烧过程进行的时间,混合气的余气系数应在 0.8～0.9 之间。

2. 发动机转速

根据燃烧理论,混合气的紊流强度越大,火焰传播速度越大;紊流强度越小,火焰传播速度越小。实验证明,混合气在没有紊流时,或紊流强度很弱时,汽缸中的火焰传播速度只有 2～3m/s,当混合气处于强烈涡流下,即紊流强度很大时,汽缸中的火焰传播速度可达 30m/s 以上。因此,为了使燃烧过程的时间缩短,应增大汽缸中混合气的紊流强度。

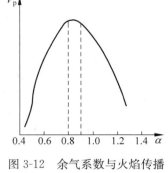

图 3-12　余气系数与火焰传播速度的关系

混合气的紊流强度与转速有直接关系。转速增大,新鲜气体进入汽缸的流速增大,在进气门凹面的作用下,涡流运动加剧,紊流强度增大。因此,增大发动机转速,可以提高汽缸中火焰传播速度。图 3-13 所示为某发动机汽缸内火焰传播速度随转速的变化情形。由图 3-13 可见,转速增至 1500r/min,火焰传播速度就达 30m/s。

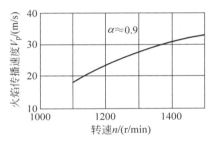

图 3-13　火焰传播速度与转速的关系

3. 残余废气量

经过上一循环的排气后,汽缸中的废气大部分被清除,但不能全部清除。这种残余下来的废气如果越多,对新鲜混合气的冲淡作用越大,使氧气与燃料分子接触机会减少,并降低了燃烧过程的温度,因而火焰传播速度减慢。因此,应将废气排出得越多越好。

4. 压缩比

发动机的压缩比增大时,混合气压缩后的压力和温度升高,混合气容易被点燃,火源向四周混合气散失的热量也少,火源容易稳定;同时,火焰传播速度也快。因此,增大压缩比使隐燃期的延续时间缩短。

5. 电火花的能量

电火花的能量大小决定起始火焰的强度。当电火花能量不足时,混合气不易点燃,即使点燃了,火焰也很不稳定,隐燃期的时间增长。在电火花能量足够大,保证混合气点燃的情况下,再增大电火花能量,对隐燃期长短无明显影响。

上述几个因素都影响燃烧过程进行的快慢,但对已制成的发动机来讲,混合气成分及发动机转速两个因素对燃烧的快慢影响最大。

3.3.4　点火时刻分析

前面我们已分析过,燃烧过程是介于压缩行程与膨胀行程之间,并不是压缩行程终了活塞到达上死点时才点燃混合气的,而是在压缩行程的末期,活塞尚未到达上死点时,电嘴就跳火点燃混合气,这就叫提前点火。

1. 提前点火的原因

发动机汽缸中混合气的燃烧是相当快的,但总还是有一个过程,从点燃混合气开始到最大压力出现(即燃烧的第Ⅰ、Ⅱ阶段)所需的时间约为 2‰～5‰s。如果活塞到达上死点时才点火燃烧,在大转速情况下,混合气经过千分之几秒的燃烧,到最大压力出现时,曲轴转过上死点后的角度已超过 30°。这时活塞已经离开上死点较远,汽缸容积已经变得很大,燃气最大压力出现较晚,且最大压力值也较小,使得燃气膨胀做功的能量减小,发动机功率下降。实验证明,如果燃烧过程第二阶段在活塞到达上死点后,曲轴再转 10°～15°结束,发动机功率可以到达最大值。也就是曲轴在上死点后 10°～15°时,燃气压力值最大。为了保证曲轴转过上死点后 10°～15°出现最大燃气压力,必须使发动机提前点火,如图 3-14 所示。

从电嘴跳火花开始到活塞运动到上死点为止,曲轴所转过的角度叫做提前点火角,用 θ 表示。提前点火角的大小表明了混合气点火燃烧时机的早晚,所以应适当选择提前点火角的值。

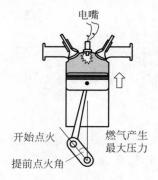

电嘴

开始点火

燃气产生
最大压力

提前点火角

图 3-14　提前点火

2. 提前点火角的选择

提前点火角不能过大也不能过小。

提前点火角过大,即点火时刻提前得过早,会引起不良后果。

若提前点火角过大,大部分混合气的燃烧在压缩过程末期进行。这时,汽缸内的混合气一方面在进行燃烧,一方面受到压缩,其压力、温度增加过早,因而活塞压缩气体消耗的功增多;同时高温高压燃气得不到及时的膨胀做功,热量将强烈向外散失,等到进入膨胀行程时,气体压力、温度已有所下降,使燃气的膨胀能力减小,使发动机获得的膨胀功减小。总的结果,发动机功率减小,经济性变差。提前点火角过大,气体压力、温度上升过早,压缩后气体的压力、温度过高,容易引起不正常的爆震燃烧,甚至使发动机倒转或停车。

因此,提前点火角不能选择过大。另外,提前点火角也不能选择过小,若提前点火角过小,燃烧过晚,则混合气燃烧完毕时,活塞已在膨胀行程运动了相当大的一段距离,曲轴转角超过了上死点后 10°～15°才出现最大压力,且最大压力值由于容积的增大而减小,发动机功率降低。

提前点火角过小,使得燃烧完毕时,活塞离开上死点已经很远,燃气膨胀能力下降,燃气得不到充分膨胀,燃气温度降低得不多,结果使大量的热量随废气一起排出,热损失增加,经济性变差,同时还会引起发动机过热。

可见,活塞发动机只有用某个提前点火角工作,发动机功率才最大,经济性最好。这个提前点火角叫有利提前点火角,用符号 $\theta_{有利}$ 表示,如图 3-15 所示。

3. 影响有利提前点火角的因素

发动机要求的有利提前点火角的大小不是一个固定的值,而是随发动机转速和火焰传播速度的变化而改变的。

(1) 当发动机转速增加时,单位时间内曲轴转过的角度增大,若火焰传播速度不变,则燃烧所需时间也不变,在燃烧第Ⅰ、Ⅱ阶段时间内曲轴所转过的角度却要增大。因此,为了保证汽缸内气体仍在压缩行程上死点后 10°～15°发出最大压力,就必须增大提前点火角。然而由于转速的增加,混合气紊流强度增加,火焰传播速度也要增大,使燃气的燃烧时间缩短,又要求最有利提前点火角小一些。但转速增加的影响比火焰传播速度的影响大,因此,

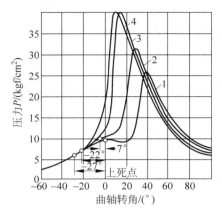

图 3-15　最大压力值与提前点火角的关系

有利提前点火角总的来说是随转速的增加而增大的。为了保证不同转速时,发动机都处于有利提前点火角下工作,现代有些航空发动机在点火装置内装有自动提前点火装置。

（2）火焰传播速度的影响。当发动机转速一定时,如果混合气燃烧的火焰传播速度快,则燃烧时间短,有利提前点火角必须减小;反之,火焰传播速度慢,有利提前点火角必须增大。

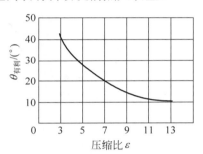

图 3-16　有利提前点火角随压缩比的变化

所有增大火焰传播速度的因素,都要求有利提前点火角减小。例如采用大压缩比时,必须相应减小提前点火角。图 3-16 示出了有利提前点火角随发动机压缩比的变化曲线。从图中可以看出,压缩比增大,有利提前点火角是减小的。在目前航空发动机压缩比等于 5～7 的范围内,有利提前点火角的变化并不很大。因此,影响有利提前点火角的主要因素是转速。

3.3.5　发动机实际使用的混合气成分

为了说明发动机实际上所使用的混合气成分,我们先综合叙述混合气成分对发动机工作的影响。

1. 混合气成分对发动机工作的影响

1）对发动机功率的影响

前面已经分析过,当混合气的余气系数约等于 0.85 时,火焰传播速度最快,混合气燃烧后压力、温度迅速上升到最大值,活塞膨胀做功增大,发动机可以获得大的功率。当混合气余气系数小于或大于 0.85 时,因火焰传播速度均减小,所以发动机功率也减小。因此,要使发动机发出大的功率,混合气余气系数应等于 0.85,这个余气系数称为最大功率余气系数。

2）对燃油消耗率的影响

当分析燃烧完全程度时,我们认为,当混合气余气系数等于 1 时,燃烧最完全,燃烧后燃料和氧气都无剩余,这时发动机的燃油消耗率应该最小,最经济。但实际上,混合气不可能混合得如此均匀,有的地方可能富油一些而使燃料不能完全燃烧。为了克服混合不均匀而应使混合气余气系数 $\alpha=1.05\sim1.10$(即多加一点空气),使氧气充足一点将燃料烧完。虽然加更多的空气也能将燃料烧完,但剩余空气太多会使燃气温度下降。因此,得出结论,当混合气余气系数 $\alpha=1.05\sim1.10$(一般为 1.05)时,混合气中燃料能完全燃烧,离解作用也最小,热能的利用最充分,燃料消耗率最小。

3) 对发动机温度的影响

由燃烧理论可知,当余气系数稍小于 1 时,混合气燃烧放热量最大,这样传给汽缸的热量也最多,所以使汽缸温度最高。图 3-17 所示为某型发动机汽缸头温度随余气系数的变化图。从图中可以看出,当余气系数 $\alpha=0.97$ 时,汽缸头温度最高。混合气余气系数小于或大于这个值时,汽缸头温度都要降低,这是由于混合气放热量减小的缘故。所以为了防止发动机过热,混合气余气系数应离开 $\alpha=0.97$ 这个值。选择适当的余气系数,可获得正常的汽缸头温度。

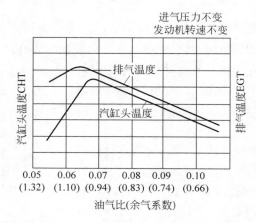

图 3-17   汽缸头温度与余气系数的关系

2. 发动机在不同转速下实际使用的余气系数

要使发动机功率最大,应使混合气余气系数等于最大功率余气系数,但满足不了发动机经济性的要求;要使发动机经济性好,燃油消耗率低,又满足不了最大功率的要求,同时发动机汽缸头温度较高,这就出现了矛盾。那么发动机的混合气究竟选择多大的余气系数合适呢?不同性质的矛盾,只有用不同的方法来解决。那就是在发动机不同转速情况下,根据发动机不同的要求,抓主要矛盾来加以解决。

1) 发动机在大转速工作时

发动机在大转速工作时,要求发动机的功率最大,而且要防止发动机的温度过高,因此,这时采用接近最大功率余气系数的富油混合气,即 $\alpha=0.85$ 左右。此时发动机的功率最大,而且多余的燃料蒸发可以吸收一部分热量,使汽缸头温度不至于过高,保证大转速条件下发动机的正常工作。

2) 发动机在中转速工作时

中转速是发动机使用时间最长的一种工作状态,在保持发动机一定功率(比最大功率小)的情况下,提高发动机的经济性成了主要矛盾。因此,发动机在中转速工作时,使混合气的余气系数尽量接近最经济的余气系数值即 $\alpha=1.05$,此时,燃油消耗率最小,发动机工作稳定。

3）发动机在小转速工作时

发动机在小转速工作时,油门关得很小,充填量小,但此时汽缸内的残余废气还与中转速时差不多,这时废气占的比重增大,占新鲜混合气的30%～40%左右,废气冲淡作用特别厉害,混合气不易稳定燃烧。这种情况下,为了克服废气的冲淡作用,必须提供充足的燃料与空气混合。因此,发动机在小转速工作时应采用更为富油的混合气。一般余气系数选择在 $\alpha=0.7\sim0.8$。

综合发动机各转速下使用的混合气余气系数,可绘制出混合气随发动机转速的变化关系图,如图 3-18 所示。

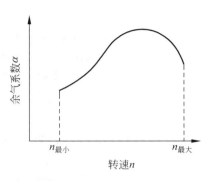

图 3-18　余气系数随发动机转速的变化关系

3.3.6　混合气的不正常燃烧

混合气的不正常燃烧是指破坏发动机正常工作的一些燃烧现象,如过贫油、过富油燃烧、早燃和爆震等。这些不正常的燃烧现象的发生,不但降低发动机功率和经济性,严重时还会损坏机件,甚至造成事故。因此,我们必须了解这些不正常燃烧的现象、原因和预防方法。

1. 混合气过贫油和过富油燃烧

过贫油燃烧是指混合气 $\alpha>1.1$ 的燃烧现象,过富油燃烧是指混合气 $\alpha<0.6$ 的燃烧现象。这两种混合气的燃烧都会使发动机的工作不正常,出现一些特征现象。

1）混合气过贫油燃烧时对发动机工作的影响

（1）发动机功率减小,经济性变差

混合气过分贫油燃烧时,每千克混合气燃烧后发出的热量少,燃气最大压力减小;而且火焰传播速度小,燃气最大压力出现得晚。所以燃气膨胀所做的功减少,发动机功率减小,经济性也变差。

（2）排气管发出短促而尖锐的声音

由于火焰传播速度小,燃烧过程延续的时间就长,一部分混合气在排气过程中尚在燃烧,流过排气管时便会发出短促而尖锐的声音。如果在夜间,还可看到在排气管口冒出脉动的淡红色（或淡黄色）的火舌,这表示混合气流出排气管时还在燃烧。

（3）汽缸头温度降低

我们知道,混合气余气系数 $\alpha=0.97$ 时,汽缸头温度最高,余气系数大于或小于这个数值,汽缸头温度都会降低,见图 3-17。所以混合气过贫油即 $\alpha>1.1$ 时,汽缸头温度是降低的。

（4）汽化器回火

汽化器式发动机,混合气过分贫油燃烧时,火焰传播速度十分缓慢,燃烧过程延续时间增长,在整个膨胀过程和排气过程中一直进行着燃烧,在排气过程后期,进气门已经打开时,燃烧还在继续进行,下一工作循环进入汽缸的新鲜混合气就会被残余的火焰点燃,如果这时的火焰传播速度大于进气管内气体流速,火焰就窜入进气管,沿管路一直烧到汽化器,这种现象叫做汽化器回火。

回火会损坏汽化器或进气系统的其他机件,造成汽缸头的温度过高。回火的根本原因是混合气过分贫油,具体原因是燃油系统有故障或气门间隙调整不当。值得强调的是,回火极少涉及整台发动机,因此,回火很少是汽化器的故障。实际上在所有的情况下,回火仅限于发生在一个或两个汽缸中,通常是由于这些汽缸的气门间隙调整不当,喷油嘴有故障或其他原因,导致这些汽缸比整台发动机混合气较贫油。这时应用冷缸检查的方法排除这些汽缸的缺陷。

发动机在低温条件下启动时,由于大气温度低,汽油不易汽化,混合气容易过分贫油,此时转速小,进气管内气体流速也小。在这种情况下,火焰传播速度容易大于气体流速,发生汽化器回火。为了防止这种现象的发生,启动时应注意不使混合气过分贫油。

在某些情况下,一台发动机在慢车范围回火,而在中转速和高转速时工作正常,这种情况,最大的可能是:慢车混合器有故障,造成慢车混合气过分贫油。适当调整慢车混合比,一般就可以排除该故障。当发动机在工作过程中出现汽化器回火时,可立即前推油门杆开大节气门,使发动机转速增加,将火焰吸入汽缸,使回火现象消除。

（5）发动机振动

发动机在混合气过贫油的条件下工作时,会发生振动,这是由于每个汽缸的各个工作循环中,油气混合不均匀,燃气压力大小悬殊的原因。

2）混合气过富油时对发动机工作的影响

混合气过富油时,燃油不能完全燃烧,燃料汽化吸收的热量增多,每公斤混合气燃烧后发出的热量少,火焰传播速度小,燃气最大压力减小,而且燃气最大压力出现得晚。所以燃气膨胀所做的功减少,发动机功率减小,经济性变差,汽缸头温度降低。同时,由于各个工作循环中,靠近电嘴的混合气的富油程度不完全一致,产生的燃气压力大小不等,发动机也会发生振动。

但过富油燃烧与过贫油燃烧比较,过富油燃烧也有其不同的现象。

（1）汽缸内部积炭

混合气过富油时,汽油中的碳不能烧尽,一部分残余的碳就会积聚在活塞顶、汽缸壁、电嘴和气门等处,这种现象叫做积炭。活塞顶和汽缸壁上积炭的地方,导热性变差,散热不良,会造成这些机件局部过热。电嘴上积炭,还会使其产生的电火花的能量减弱,甚至使电嘴不能跳火。气门上积炭,则可能使气门关闭不严,以致漏气,甚至引起燃气烧坏气门。所有这些,都会使发动机功率减小,经济性变差,严重时还会发生故障。

（2）排气总管冒黑烟和"放炮"

过富油的混合气燃烧不完全,废气中含有大量未燃的或正在燃烧的碳,所以从排气管排出的废气中带有浓密的黑烟,在夜间还可以看到排气管口排出长而红的火舌。废气中剩余的可燃物质,在排气管口与外界空气相遇,还会复燃,产生一种类似放火炮的声音,这种现象叫做排气管"放炮"。

猛拉油门杆,关小节气门时,空气量骤然减少,而供油量却来不及立刻随之相应地减少,因而容易使混合气暂时过富油,而发生排气管"放炮"的现象。如果柔和地收油门,就可防止这种现象的发生。

2. 早燃

所谓早燃是电嘴还没跳火,混合气就燃烧的现象。

早燃发生后,类似提前点火角过大,气体压力升高过早,压缩行程消耗的功增大,同时燃气散热量增大,最大压力出现过早,因此,燃气膨胀做功减小,发动机功率减小,经济性变差。多汽缸发动机,如果少数汽缸发生早燃,由于曲拐机构受力不均匀,发动机会发生强烈的震动。若发动机在小转速工作时发生早燃,压缩行程后期燃气作用在活塞上的压力过大,而曲轴旋转的惯性又较小,还会引起曲轴倒转,损坏机件。因此,必须防止发动机产生早燃。

引起早燃的原因主要是汽缸头温度过高或压缩比过大。如汽缸头温度过高,电嘴、排气门等高温机件以及高温积炭,都能使混合气早燃。使用含铅汽油能在燃烧室表面沉积而形成赤热点,造成早燃。赤热点还可能是由于汽缸内的某一缺陷造成的。

压缩比过大时,混合气受压缩后,温度就会过高,容易达到着火温度而发生早燃,故压缩比不能过大。对于定型的发动机,压缩比的大小是不变的,所以引起早燃的原因就是汽缸头温度过高。

为了防止发生早燃,必须正确地使用和维护发动机,确保发动机汽缸头温度正常,同时要防止汽缸内积炭。

在维修发动机时,当发现电嘴等机件发生积炭,应将它们卸下,并浸泡在规定的溶液中,当炭层软化后用鬃毛刷子将已软化的炭层刷掉。特别要指出的是,不准用刮刀、锉等金属工具刮掉机件上的炭层,以避免损坏机件。

显而易见,早燃的排除方法就是降低汽缸温度,所以,当早燃发生在发动机大功率工作时,可以收回油门杆几秒钟,这就可以提供足够的冷却,以清除燃烧室中的一些铅或其他沉积物。这些被清除下来的沉积物就从排气管排出,在夜晚,这些碎粒可看得见,好像喷出一阵火花。如果对不间断的正常功率运转的发动机,在不允许拉回油门时,可以用骤然冷却冲击的方法来清除沉积物,如喷水、喷酒精、完全冷却的汽化器空气等,使汽缸燃烧室骤然冷却。

3. 爆震

在一定的条件下,汽缸内混合气的正常燃烧遭到破坏,在未燃混合气的局部地区,出现了具有爆炸性的燃烧现象,叫做爆震燃烧,简称爆震。爆震燃烧瞬间的火焰传播速度比正常燃烧时大几十倍到一百倍以上,达 $1000\sim4000\text{m/s}$。由于燃烧速度极快,发生爆震的那部分混合气的燃烧具有瞬时性,也就相当于爆炸。爆震时局部燃气压力可达 $100\sim120\text{kgf/cm}^2$,局部燃气温度可达 3000K 以上,远远超过正常燃烧的数值。但这些数量的增加,只限于发生爆震的局部地区,并不引起整个汽缸的压力、温度增加。

1) 爆震发生时的现象和后果

(1) 发动机内发生不规则的金属撞击声,这是由于爆震燃烧产生的爆震波(冲击波)猛烈撞击汽缸壁和活塞顶发出的声音,但这个声音往往被发动机噪声所掩盖。

(2) 汽缸局部温度急剧升高,活塞、气门及电嘴等机件过热或者烧损。

(3) 排气总管周期性冒黑烟。这是由于爆震产生的高温,使燃烧产物离解,游离出净碳。随后在膨胀过程中温度和压力很快降低,游离的净碳不能再燃烧,而随废气排出发动机外,形成缕缕黑烟。

（4）局部燃气以很高的压力突然作用在活塞上,使曲拐机构受冲击负荷,发动机振动,机件易于损坏,如图 3-19 所示。

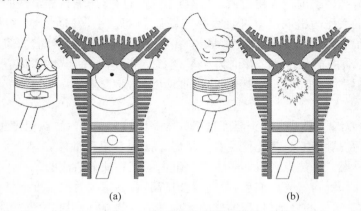

(a)　　　　　　　　　　　　　(b)

图 3-19　正常燃烧与爆震燃烧
(a) 正常燃烧；(b) 爆震燃烧

（5）发动机转速下降,功率减小,经济性变差。由于燃烧产物高温离解出大量游离碳,燃料燃烧不完全,燃料的热能没有充分释放和利用,同时经过汽缸壁和活塞顶的热损失增大,所以转速下降,功率和经济性降低。

2）爆震产生的原因

目前关于爆震的理论都还不十分成熟,因为对爆震波内部结构及其稳定性还没有了解得很清楚。现在解释爆震比较完善的理论是过氧化物论,其基本论点认为爆震的产生是由于汽缸内局部未燃混合气在火焰前锋到达以前,已经形成了大量的、化学性质活泼的过氧化物的缘故。下面根据这个理论简要介绍一下爆震的形成。

我们知道,发动机中燃料的燃烧就是碳氢化合物与氧进行的连锁反应。混合气经活塞压缩后,压力和温度升高,燃料的氧化已经开始。作为连锁反应所必需的活性中心——过氧化物,已按一定的速度生成,随着混合气压力和温度的升高,过氧化物生成速度也越来越快,其浓度也越来越大。

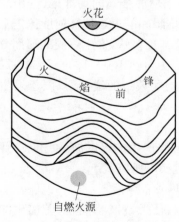

图 3-20　爆震示意图

燃烧开始后,已燃区内的燃气热量增多,压力、温度升高。由于燃气压力的升高,产生一系列的压缩波,压缩波以音速前进,超过火焰前锋移动的速度;而压缩未燃区的混合气,由于燃气温度的升高,热量向未燃区混合气传热,这样未燃混合气由于压缩和传热的作用,压力和温度升高很多,过氧化物大量生成和积累。

当过氧化物生成速度不很大,浓度还在一定值以内时,汽缸内燃烧仍能正常进行,火焰前锋正常移动,汽缸内压力、温度均匀。但是,当未燃区混合气中的过氧化物生成的速度很快,浓度积累到一定值的时候,在火焰前锋未到达之前,未燃区中受挤压得特别厉害的那部分混合气,发生剧烈的化学反应而自行着火(见图 3-20)。这个自燃火焰的传播速度极快,局部燃气的压力和温度急剧上升到很高的值,形成爆炸性燃烧,这就是爆震。

3)燃料的抗爆性

发动机工作时会不会发生爆震,与所采用的燃料性质有密切关系。发动机使用某种燃料会发生爆震,而使用另一种燃料就不易发生爆震。说明燃料具有抵抗、阻止爆震发生的性能,燃料的这种性能叫抗爆性。

燃料的抗爆性与混合气的成分有很大的关系。同一种燃料,混合气的余气系数不同,抗爆性不同。通常,混合气余气系数 $\alpha=1$ 时,燃料的抗爆性用辛烷值表示,辛烷值越大,抗爆性越好;混合气余气系数 $\alpha=0.6$ 时,燃料的抗爆性用级数表示,级数越高,抗爆性越强。因此,发动机燃料的抗爆性,应同时满足余气系数不同时的抗爆要求,既要有足够的辛烷值,又要具备一定的级数。

(1)辛烷值的意义及测定

燃料中,有一种抗爆性很强的燃料,叫做异辛烷(C_8H_{18}),将它的辛烷值规定为 100;还有一种抗爆性很弱的燃料,叫做正庚烷(C_7H_{16}),将它的辛烷值定为 0。将这两种燃料按不同的容积比例混合,就可得到各种不同辛烷值的燃料,这些燃料就具有不同的抗爆性。例如,将 70% 容积的异辛烷和 30% 容积的正庚烷混合,得到的混合燃料的辛烷值就是 70。因此,辛烷值就是混合燃料中异辛烷所占容积的百分数。

然而,航空活塞发动机使用的燃料是汽油,并不是直接使用上述的混合燃料。那么汽油的辛烷值如何确定呢?汽油的辛烷值是由试验比较法确定的。实验时,将被测定的汽油和上述按某种比例混合的混合燃料的余气系数都调整到 1,如果它们都使用同一台发动机在相同的压缩比下发生爆震,说明两种燃料的抗爆性相同,那么,混合燃料的辛烷值就被定为被测汽油的辛烷值。例如,试验后,混合燃料中有 78% 容积的异辛烷,22% 容积的正庚烷,那么被测定汽油的辛烷值定为 78,用符号 RH-78 表示。

由于辛烷值是在余气系数 $\alpha=1$ 时测定的,它代表的是汽油理论混合气的抗爆性。但 $\alpha=1$ 的混合气相对于发动机所使用的混合气来说,是在比较贫油的范围,因此,辛烷值可以表示发动机贫油抗爆性。

提高抗爆性的方法有三种:一是在燃料中加入各种高辛烷成分,二是在燃料中加入抗爆剂(四乙铅),三是在燃料中同时加入高辛烷成分和抗爆剂。现代航空燃料对辛烷值的要求很高,因此,单独加高辛烷成分或抗爆剂还不能满足要求,必须同时加入高辛烷成分和抗爆剂。所以现代航空燃料是由基本燃料、高辛烷成分燃料和抗爆剂三者组成的。通常的抗爆剂是四乙铅和溴化物或氯化物的合成物。燃烧时,四乙铅与氧化合成为氧化铅,能阻止混合气中过氧化物的大量生成,故能提高燃油的抗爆性,但生成的氧化铅呈固体状态,会粘附在气门和电嘴等地方,形成积铅,使气门不密封,电嘴不跳火。所以在燃料中加入四乙铅时,还必须加入溴化物或氯化物。溴化物或氯化物与氧化铅发生化学变化,生成气体状态的溴化铅或氯化铅,可随废气一起排出,消除了固态氧化铅给发动机带来的不利影响。在辛烷值一定的条件下,高辛烷成分加得多,抗爆剂就加得少;反之,抗爆剂就加得多。但是,加抗爆剂也有一定的限度。

四乙铅是一种无色的毒性物质,能破坏人的神经系统和血液,并能在人体中沉积下来。为了识别,在铅水中加入一些颜料,使含铅汽油带上颜色,如黄色、绿色或浅橘黄色等,以引起人们的注意。

（2）级数的意义及测定

辛烷值表示的是 $\alpha=1$ 时燃料的抗爆性，也就是代表发动机的混合气在贫油时的抗爆性。发动机在大功率时采用的是富油混合气，富油时燃料的抗爆性是用级数来表示的。

在确定汽油级数时，将被测定汽油和纯异辛烷分别作为同一台增压发动机的燃料。将两种燃料的混合气都调到 $\alpha=0.6$，增大进气压力直到发动机刚发生爆震，此时记下汽缸的平均指示压力（开始爆震时汽缸内的平均压力）。若发动机用纯异辛烷工作时所得的平均指示压力为 20kgf/cm^2，而用被测汽油工作时所得的平均指示压力为 26kgf/cm^2，那么该汽油的级数为

$$\frac{26}{20}\times100=130$$

可见，汽油的级数就是在不发生爆震的条件下，发动机使用该汽油时所能得到的最大平均指示压力与使用异辛烷工作时所能得到的最大平均指示压力的百分比。

汽油辛烷值和级数同时表示汽油的抗爆性时，用分子表示其辛烷值，分母表示其级数。例如，辛烷值为95、级数为130的汽油表示为RH-95/130。

通常汽油的辛烷值在95以上，才标明其级数。RH-70汽油是没有抗爆性的纯汽油。辛烷值大于70的才加入抗爆铅水。

（3）四乙基铅汽油使用中的注意事项

加入了四乙基铅液体后的汽油便是四乙基铅汽油，其在使用中应注意以下几点。

① 用四乙基铅汽油工作时，会有铅沉积物生成，四乙基铅汽油中尽管有引出剂的存在，但是不可能将铅化物全部从发动机中清除出去（排出的铅量一般只能达到98%左右）。因此，发动机铅沉积物的数量是随着四乙基铅汽油工作时间的增加而增加的。并且汽油中含有四乙基铅液量越多则铅的沉淀也越多。积铅的危害前面已经叙述，当发动机零件上沉积有铅化物时，在发动机长期停放或储存时会引起机件的腐蚀，这样的腐蚀称为冷腐蚀。冷腐蚀通常发生在活塞表面、气门和气门杆上。与冷腐蚀相区别的还有热腐蚀。所谓热腐蚀，就是当四乙基铅汽油燃烧时由于溴乙烷和二溴乙烷的分解生成溴化氢而引起的腐蚀。在气门座、排气门及电嘴上均会遭受溴化氢的腐蚀。

② 四乙基铅汽油中的乙基液成分不能均匀地分布在各个汽缸内。这在汽化器式发动机中比较明显，由于混合气分配的不均匀，进入每个汽缸的液滴多少不同。汽缸中四乙基铅少的容易产生爆震，汽缸中四乙铅多的容易发生积铅现象。

③ 四乙基铅汽油是不稳定的，它有氧化和分解的倾向。由于长期储存，四乙基铅汽油中的乙基液的氧化分解，一方面减少了燃料中的乙基液含量，使燃料的抗爆性变差；另一方面从汽油中出来的沉淀物，不会引起油滤和供油系统堵塞。在四乙基铅汽油中加入安全剂后可大大增加乙基汽油的安全性，但其作用也只能缓和氧化的进行，而不能阻止氧化的进行。因此，其作用是有时间性的。

④ 四乙基铅汽油遇水后便具有腐蚀性。不含水的四乙基铅汽油对金属没有腐蚀作用，但有水存在时对金属便有很强的腐蚀作用。这是因为乙基液中的溴化烷从汽油中扩散到水里，起水解作用而形成溴化氢，使水带酸性，从而引起对金属的腐蚀。

⑤ 四乙基铅汽油有毒性。由于四乙基铅液有剧毒，因此乙基汽油也有毒。虽然汽油中含的乙基液很少，但其毒性仍然很高。由于四乙铅的沸点较高，在常温下不容易挥发，故乙

基汽油的蒸气没有什么毒性,与无乙基液的汽油蒸气没有什么差别。四乙基铅汽油落在皮肤上能够渗入皮肤,引起中毒,不过进入人体数量甚少时,中毒现象不会立即显示出来。由于四乙铅中毒有累积性,因此要特别注意预防。在工作中要注意不要使它落在皮肤和衣服上,不允许用乙基汽油洗机件和洗手,并绝对禁止用口来吸(吹)乙基汽油。当乙基汽油漏出来时,必须用锯末屑和沙子掩盖,然后把沙子和锯末屑收起并烧掉,再把洒过油的地方用煤油擦净。当乙基汽油滴在皮肤和衣服上时,应用纯煤油或纯汽油洗除,然后用肥皂和热水洗手,衣服也应洗干净。

4) 发动机工作状况对爆震的影响

发动机工作状况方面的因素,是指与发动机工作有关的进气压力、进气温度、汽缸头温度、发动机转速和提前点火角等。这些因素的变化,会改变混合气中过氧化物活性中心浓度的大小,因而与爆震有直接关系。

(1) 进气压力和进气温度的影响

进气压力和进气温度过高,混合气被压缩后的压力和温度也就过高,燃烧较晚的那部分混合气产生的过氧化物也会增加得过多,容易发生爆震。因此,应防止进气压力和温度过高。

(2) 汽缸头温度的影响

汽缸头温度过高,汽缸中混合气受热程度大,温度升高得越多,产生的过氧化物的浓度越大,越容易发生爆震。因此,必须保持汽缸的散热良好,防止发动机温度过高。

(3) 发动机转速的影响

在一定的进气压力下,发动机转速增大,汽缸内紊流强度增强,火焰传播速度增大,燃烧时间缩短,燃烧较晚的那部分混合气的过氧化物还来不及增加到某一定值,便被烧掉,发动机不容易发生爆震。相反,在同一条件下,减小发动机转速,则比较容易发生爆震。

(4) 提前点火角的影响

提前点火角过大,混合气边压缩边燃烧,混合气压力和温度升高得快,过氧化物生成积累得多,发动机容易发生爆震。

5) 防止爆震的方法

了解爆震的危害、原因及影响因素,为的是防止爆震的发生。从发动机方面来看,防止发生爆震可从下述几个方面着手。

(1) 按照手册规定使用燃油,切忌使用辛烷数和级数低于规定数值的燃油。向油箱加油时必须检查所加燃油是否符合规定。

(2) 发动机用小转速工作时,不得使用大进气压力,以免汽缸内压力和温度过高,发生爆震。

(3) 使用发动机时,注意发动机温度不能超过规定。发动机在大功率状态的工作时间不宜过久,以免发动机过热。维护冷却系统时,要注意保持发动机散热良好。

(4) 防止汽缸内部积炭。汽缸壁和活塞顶部积炭时,这些机件便会因散热不良而局部过热,容易引起爆震。积炭过多,还会使燃烧室容积减小,压缩比增大,发动机也容易发生爆震。

切实按照上述要求使用发动机,发动机爆震是可以防止的。如果在地面试车或飞行中,一旦发生了爆震,则可采取以下措施:把变距杆向前推,减轻螺旋桨负荷,加大发动机转速,再关小节气门,以减小进气压力,并加强发动机的散热。这样就可以减弱或消除爆震。

3.3.7　燃烧过程压容图

燃烧过程中,汽缸中气体的压力随容积的变化情形,可用压容图来表示。图 3-21 和图 3-22 所示分别为吸气式发动机和增压式发动机燃烧过程的压容图。图中,点 3 表示电嘴开始跳火,3—3′表示燃烧第一阶段,这是活塞在压缩行程中进行的。曲线 3′—b—c 表示燃烧过程的第二阶段,燃气压力上升到 c 点为最大值。c 点过后是燃烧过程的第三阶段。

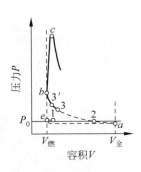

图 3-21　吸气式发动机燃烧过程压容图　　图 3-22　增压式发动机燃烧过程压容图

吸气式发动机燃烧过程中燃气最大压力和最高温度为

$$P_c: 30 \sim 50 \text{kgf/cm}^2$$
$$T_c: 2500 \sim 2700 \text{K}$$

增压式发动机燃烧过程的燃气最大压力和最高温度为

$$P_c: 50 \sim 100 \text{kgf/cm}^2$$
$$T_c: 2600 \sim 3000 \text{K}$$

3.4　膨胀过程

3.4.1　膨胀过程的功用和进行情况

膨胀过程是燃气膨胀推动活塞做功的过程。在这个过程中,高温、高压的燃气膨胀,推动活塞,使曲轴旋转,产生动力,所以膨胀过程是使热能转换为机械能的过程。

膨胀过程从活塞运动到上死点时开始,到活塞行至下死点时结束。在这个过程中,曲轴旋转 180°,如图 3-23 所示。

活塞从上死点开始,曲轴转过 10°～15°时,燃气最大压力出现,汽缸内的混合气是在边燃烧边膨胀阶段。尽管气体已开始膨胀,但因放热很迅速,从汽缸壁散失的热量很少,所以气体的压力、温度都在急剧增高,燃气的膨胀能力很大。当最大压力出现后,随着膨胀过程的进行,虽然燃烧的第三阶段还在进行,但放热量很少,而从汽缸壁向外散热增多,再加上容积变大,因此,燃气压力很快下降。尤其在膨胀过程后期,排气门是提前打开的,废气开始排出,因此,汽缸内燃气压力减小得更快。活塞运动到下死点,膨胀过程结束。

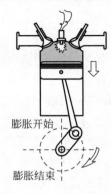

图 3-23　膨胀过程

膨胀过程所输出的功与压缩比、最高温度有关。当最高温度保持不变的情况下,压缩比越大,膨胀过程所输出的功越多;当压缩比不变时,最高温度越高,膨胀过程所输出的功越多。

3.4.2　残余燃烧

在膨胀过程中,在燃气最高压力出现后,燃烧过程进入第三阶段,残余的混合气第三阶段所进行的燃烧叫残余燃烧。残余燃烧一般在膨胀过程中结束,但在某种情况下,可能延续到整个排气过程还在燃烧。如果残余燃烧延续时间过长,会引起一些不良后果。

残余燃烧时间增长,一部分混合气放热时间推迟,会使燃气最大压力值降低,膨胀功减小;另一方面残余燃烧放热时间长,从汽缸壁散失的热量多,排出的废气温度较高,使发动机的功率减小,经济性变差。如果长期严重的残余燃烧,会使发动机过热,甚至烧坏汽缸、活塞或气门;也会发生早燃爆震;还会使滑油变稀润滑不良,从而加剧汽缸活塞磨损,甚至损坏发动机。所以发动机正常工作时,残余燃烧的燃油量,不应超过全部燃烧的 $3\% \sim 8\%$,要尽量缩短残余燃烧时间。

混合气过贫油或提前点火角过小,都会使残余燃烧时间增长。混合气过贫油,火焰传播速度减慢,火焰不能在短时间内传遍到整个燃烧室,之后,汽缸容积变大,火焰传播的路程更长,这样使混合气残余燃烧进行得慢,时间增长。提前点火角过小,燃烧过程推迟,则大部分混合气燃烧是在较大容积下进行的,残余燃烧的混合气数量增多,燃烧时间也增长。因此,为了缩短残余燃烧时间,要保证供给发动机的混合气成分适当,并且点火时刻要准确。

3.4.3　膨胀过程的压容图

在膨胀过程中,汽缸内气体的压力随汽缸容积变化的情形,可用压容图表示。图 3-24 和图 3-25 所示分别为吸气式发动机和增压式发动机膨胀过程的压容图。图中,曲线 b—c—d 表示气体膨胀过程线,b 点是膨胀开始,c 点是压力最大点,d 点是膨胀结束。膨胀结束时,燃气的压力和温度值为

吸气式发动机

$$P_a = 3 \sim 5 \mathrm{kgf/cm^2}$$
$$T_a = 1500 \sim 1700 \mathrm{K}$$

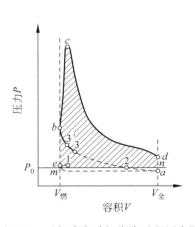

图 3-24　吸气式发动机膨胀过程压容图

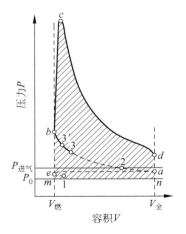

图 3-25　增压式发动机膨胀过程压容图

增压式发动机

$$P_a = 4 \sim 6 \text{kgf/cm}^2$$
$$T_a = 1600 \sim 1800\text{K}$$

膨胀行程功可用压容图上膨胀线与大气压力线所围的面积来表示,如图中的阴影部分。

3.5　排气过程

3.5.1　排气过程的功用和进行情况

排气过程是指膨胀做功后的废气从汽缸排出的过程。排气过程的作用是清除汽缸中的废气,以便使新鲜的混合气进入汽缸,汽缸中的废气排除得越多,充填量就越大,发动机的功率就越高。因此,应使排气过程尽可能多地排出废气。

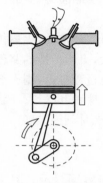

图 3-26　排气过程

排气过程从排气门打开时开始,到排气门关闭时结束。在分析四行程工作时,认为排气门是当活塞运动到下死点时突然打开,活塞运动到上死点时突然关闭的,曲轴转了180°。实际上,为了增加废气的排出量,排气门是早开晚关的,即排气门在活塞到达膨胀行程下死点以前(膨胀过程后期)就提前打开,而延迟在活塞到上死点以后(即进气过程初期)才关闭。因此,排气过程的曲轴转角大于180°,如图 3-26 所示。

排气过程初期,汽缸内废气的压力比较高,约为 $6 \sim 8 \text{kgf/cm}^2$,废气以声速排出,会发出尖锐的噪声。若废气温度为 $800 \sim 900℃$,排气速度可达 $600 \sim 700 \text{m/s}$。随后汽缸内的废气压力迅速下降,这段时间内排出的废气的质量约占全部废气质量的70%。当活塞继续向上死点运动时,汽缸内废气的压力已经很小,废气主要依靠活塞推出汽缸,废气流出汽缸的速度不超过 $70 \sim 80 \text{m/s}$。活塞到达上死点时,由于排气通道中存在着流动阻力,所以汽缸里的废气压力仍稍大于大气压力。在排气过程最后一段时间内,活塞已从上死点向下死点运动,废气主要依靠流动惯性继续流出汽缸。对吸气式发动机而言,进气压力为大气压力(假设节气门全开),由于废气继续流出,而且汽缸容积逐渐扩大,汽缸内气体的压力是逐渐降低的。对增压式发动机而言,由于进气压力较大,汽缸内气体的压力则是逐渐升高的。

发动机排出的废气,具有相当高的温度和速度,因此,废气具有一定的能量。这部分能量占到燃料热能的 $\frac{1}{3} \sim \frac{1}{2}$,若不加以利用,浪费很大。因此,有的发动机在排气装置中装有热交换器,利用废气能量来加温空气,供机舱取暖、除冰等;有的发动机还装有废气涡轮,将废气能量变为涡轮的机械能带动增压器等附件。

吸气式和增压式发动机,排气行程的平均压力高于大气压力,故排气行程功为负,这就是说,在排气行程中活塞要消耗功。

3.5.2　排气门的早开晚关

排气门早开是指排气门在活塞尚未到达下死点时就提早打开。排气门开始打开时,曲臂与汽缸中心线的夹角 γ 叫做排气门早开角。排气门晚关是指排气门延迟到活塞通过上死点以后才关闭。排气门恰好完全关闭时,曲臂中心线与汽缸中心线夹角 δ 叫做排气门晚关角。排气门早开角和晚关角如图 3-27 所示。

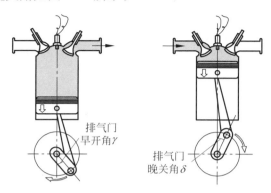

图 3-27　排气门早开角和晚关角

排气门早开是为了减少排气行程中活塞所消耗的功,同时可以更有效地清除汽缸内的废气。如果活塞到达膨胀行程的下死点时才打开排气门,那么排气行程初期排气门流通截面还很小,废气不容易从汽缸排出,汽缸内气体的压力仍然较高,活塞向上死点运动时所消耗的功就要增大。同时活塞到达上死点时,汽缸内仍剩余较多的废气,而膨胀过程后期汽缸内气体的压力较大,大量的废气就可借汽缸内外较大的压力差自动排出汽缸,汽缸内废气的压力迅速降低,而且活塞自下死点向上死点运动时,排气门流通截面已经较大,保证排气行程中废气顺利地排出,因而排气行程中活塞所消耗的功可以减小,排气结束时汽缸内残余废气也会减少。

但排气门不是开得越早越好。排气门早开角过大,则膨胀过程后期压力降低过早,使膨胀功减小得太多。因此,排气门早开角应适当,现代航空活塞发动机排气门早开角一般为 $50°\sim80°$。

排气门晚关的目的是为了使废气更多地排出汽缸,减少汽缸内的残余废气量,以增大充填量。因为排气门晚关后,可以使活塞到达上死点时,仍有较大的气门流通截面,使废气更多地排出汽缸。同时在活塞到达上死点时,废气正以很大的速度从汽缸中排出,其流动惯性很大,而且汽缸内废气的压力还比大气压力大,所以在排气门晚关期间,废气还能依靠流动惯性和汽缸内外气体压力差继续排出汽缸,使汽缸内的残余废气量进一步减少。排气门晚关的角度也必须恰当,如果晚关角过小,废气就不容易排得干净。如果晚关角过大,对吸气式发动机来说,废气可能重新被吸入汽缸内。对增压式发动机来说,新鲜气体就会从排气门逸出。现代航空活塞发动机,排气门晚关角一般为 $20°\sim40°$。在维护发动机时,必须保证排气门早开角和晚关角符合手册的规定。

3.5.3　气门同开

由于进气门早开和排气门晚关,所以使得排气过程后期与下一循环的进气过程初期重叠。在重叠期间进气门和排气门同时开启,这种现象叫做气门同开。气门同开期间曲轴的转角叫做气门同开角。显然,气门同开角为排气门晚关角与进气门早开角之和,如图 3-28

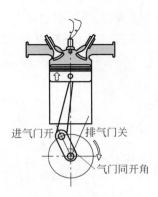

图 3-28　气门同开角

所示。现代航空活塞发动机的气门同开角约为 40°～80°。增压式发动机,在气门同开期间,由于进气压力大于汽缸内的废气压力和外界大气压力,新鲜气体进入汽缸时,可以吹除废气。气门同开角越大,废气吹除得越干净。吸气式发动机,在气门同开期间,则没有吹除废气的作用。

对于汽化器式发动机,进入汽缸的是新鲜空气与燃油的混合气,气门同开角不能太大,否则一部分混合气从排气门排出,造成燃料的浪费。若混合气贫油,残余燃烧时间增长,可能发生汽化器回火,引起火灾。对于燃油直接喷射式发动机,进入汽缸的是新鲜空气,气门同开角大一些,可将废气吹除得多一些。例如,某直接喷射式发动机气门同开角为 48°30′,而某汽化器式发动机的气门同开角为 40°。

3.5.4　排气过程压容图

图 3-29 和图 3-30 所示分别为吸气式发动机和增压式发动机排气过程的压容图,两图中的 4—d—e—5 是排气过程线。

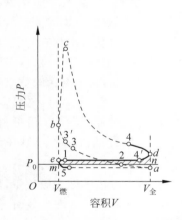

图 3-29　吸气式发动机排气过程压容图

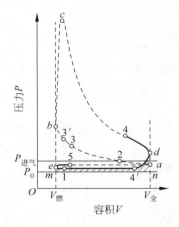

图 3-30　增压式发动机排气过程压容图

两图中的曲线 4—4′段表示排气过程的初期阶段,即汽缸内气体压力下降阶段。在这个阶段内,废气排出较多,汽缸内气体的压力迅速下降。

两图中的 4′—e 段表示排气过程的第二阶段,即活塞排挤废气的阶段。在这个阶段内,压力大致保持不变。由于排气通道阻力的影响,汽缸内气体的压力稍高于大气压力。

两图中的 e—5 段表示排气过程的最后阶段,即汽缸内的废气主要依靠流动惯性流出汽缸的阶段。在这个阶段内,吸气式发动机汽缸内气体的压力随容积增大而逐渐减小。而增压式发动机汽缸内气体的压力则因进气压力的作用而逐渐增大。

两图中的点 4 表示的是排气门的早开时刻,点 5 表示的是排气门晚关时刻。

排气行程功,由排气过程线 d—e 与大气压力线所围的面积表示,如两图中的阴影部分。

3.6　发动机的实际循环

前面我们介绍了航空活塞发动机的理想循环(奥托循环)的循环功和热效率,它们只考虑了工质在理想条件下的热力变化。而实际情况中,不仅要考虑工质的热力变化,还要考虑工质的燃烧化学变化。因此,实际情况与理想情况有较大的差别,本节就讨论这些差别,为研究发动机的功率、经济性打下基础。

3.6.1　实际循环的概念

1. 实际循环

发动机在完成一个工作循环,作为工质的气体经过进气、压缩、燃烧、膨胀和排气等五个工作过程。在压容图上将五个过程的过程线连接起来,就形成了一条封闭曲线,如图 3-31(a)所示。这条封闭曲线能表示出各过程对活塞做功的情形,因而称为示功图。

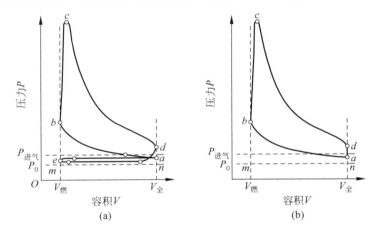

图 3-31　示功图和实际循环图

为了和理想循环对照,我们将实际工作过程中的进气和排气过程所消耗的功不计,只研究压缩和膨胀行程的气体功,并将 *ad* 连接起来,这样就得到另一条完全封闭的曲线 *abcda*,如图 3-31(b)所示。这样做并不会影响图形所围面积的大小,由此而得出的循环叫做实际循环,封闭曲线 *abcda* 称为实际循环曲线。

可见,实际循环曲线的得来,是略去了实际工作过程的进气、排气行程功的结果,略去的这部分功将列入到机械损失中去研究。

2. 实际循环的功和热效率

实际循环的功用指示功表示,实际循环的热效率用指示效率表示。

一个汽缸内的气体,在一次实际循环中对活塞所做的功,叫做指示功。用 $W_{指}$ 表示。指示功等于膨胀行程功减去压缩行程功,即

$$W_{指} = W_{膨} - W_{压} \tag{3-5}$$

指示功的大小,用压容图上实际循环曲线所围的面积来表示。所围的面积越大,指示功

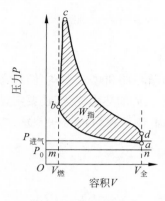

图 3-32　实际循环功

也就越大,如图 3-32 所示。

实际循环的经济性用指示效率来表示,指示效率等于转变成指示功的那部分热量与每一循环所加燃料的理论放热量之比,即

$$\eta_{指} = A \frac{W_{指}}{Q_{理}} \qquad (3-6)$$

式中,$W_{指}$ 为指示功;$Q_{理}$ 为在一次循环中进入一个汽缸燃料燃烧的理论放热量;A 为热功当量。

指示效率表明,在燃料完全燃烧所放出的热量中,究竟有多少热量转变为指示功。指示效率越高,说明转变为指示功的热量越多,损失的热量越少。

3.6.2　实际循环与理想循环的比较

理想循环——奥托循环的压缩过程和膨胀过程是在绝热条件下进行的,它的加热和放热过程是在等容的条件下进行的,如图 1-12 所示。理想循环的工质只有热力变化,而无燃烧的化学变化,其加热与放热都是瞬间完成的。

实际循环的压缩和膨胀过程并不是在绝热的条件下进行的,而是与外界有热交换;加热放热过程在变容下进行,如图 3-33 所示。实际循环的工质的加热,不靠热源,而是靠混合气燃烧放热,且每一循环工质是更替的。

理想循环和实际循环除了上述明显的区别外,从热力性质来看,还有下面几点主要不同的地方。

(1)实际循环考虑了混合气不完全燃烧的影响,实际循环的热量来源靠混合气的燃烧而获得。因为混合气混合不均匀,使得燃烧不完全,燃料的热量没有被完全释放出来而加以利用,所以造成了热量的损失,这部分损失叫做不完全燃烧损失。

(2)实际循环考虑了燃烧产物离解的影响。理想循环的工质不发生化学变化,没有离解现象。在实际循环的工质燃烧过程中,当温度升高到 1500K 时,燃烧产物离解现象逐渐明显,燃烧产物离解,要吸收大量的热,使混合气的放热量减少,引起循环

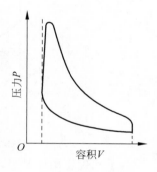

图 3-33　实际循环

的最高温度和最大压力的下降;在膨胀过程末期,温度下降,离解物又重新与氧化合放出热量加给工质,又使燃气温度升高。虽然整个循环中热量没有因为离解而引起严重的减少,但离解作用造成了加热时机的变化,使膨胀功减少,废气温度较高而被排出发动机外,造成了损失,这部分损失称为离解损失。

(3)实际循环考虑了非等容燃烧的影响。理想循环是在等容下的瞬时加热,而实际循环是燃烧获热,需要时间,就不可能在等容条件下实现。这样一来,就必须提前点火,气体温度、压力在压缩过程末期就要升高,多消耗了压缩功。而最大压力在曲轴上死点后 $10°\sim15°$ 才出现,又减少了膨胀功。也就是说,与理想情况相比较,由于不能瞬时进行燃烧而造成了一部分热能损失,这部分损失叫做非等容损失。

(4)实际循环考虑了排气门早开的影响。由于排气门早开,使得膨胀过程末期气体压

力减小很快,膨胀功减小;由于气体没有充分膨胀,废气温度还比较高时就被排出发动机外,带走了大量的热量。这样因排气门早开而造成了损失,这部分损失叫做排气门早开损失。

(5) 实际循环考虑了散热的影响。实际循环中,在压缩、膨胀和燃烧过程时,都不可避免地有一部分热量通过汽缸壁面散失于大气中,这部分损失叫做散热损失。

除上述几点以外,实际循环还考虑有其他因素的影响,这里不详细讨论。由于这些影响,总的来说使得实际循环的热利用程度比理想循环低得多,因而实际循环的指示功和指示效率都比理想循环的小。

3.6.3　发动机的定时图

发动机的实际工作循环中,进、排气门不是瞬时开闭的,而是早开晚关的;燃烧也不是瞬间完成,而是提前点火的。气门的早开晚关时刻和燃烧点火时刻都可以用曲轴转角的大小表示出来。用曲轴旋转角度来表示气门开关时刻和点火时刻的图形叫做发动机定时图。在直接喷射式发动机的定时图上,有时还画出燃料喷射的起始时刻。

图 3-34 所示为活塞发动机的定时图。图中,α 表示进气门早开角,β 表示进气门晚关角,γ 表示排气门早开角,δ 表示排气门晚关角,ϕ 表示提前点火角。显然气门同开角为 $\alpha + \delta$,排气门在打开状态时曲轴转角为 $\alpha + 180° + \beta$。不同类型的发动机,上述角度是不同的,每一类型的发动机都要自己的定时图。

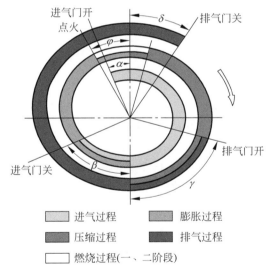

图 3-34　定时图

可见,定时图集中而形象地表示了发动机工作时各个过程所经历的角度,它成为安装调整或检查气门机构、磁电机等定时机件的依据,在外场维护工作中有重要作用。

3.7　航空活塞发动机的功率和经济性

发动机的功率大小和经济性的好坏,是衡量发动机性能的主要指标。发动机的功率包括本身所消耗的各种功率和发动机输出带动螺旋桨的功率;发动机的经济性指的是燃料的消耗率和效率等。研究发动机的功率和经济性的概念,可为进一步讨论发动机特性以及正确使用发动机打下基础。

3.7.1　发动机功率

1. 指示功率

1) 指示功率的定义

指示功率就是发动机在单位时间内完成的指示功,用符号 $N_{指}$ 表示。设发动机的汽缸数为 i,发动机的曲轴转速为 $n(\mathrm{r/min})$。那么一个汽缸每一秒钟的循环数应该是 $\dfrac{n}{2\times60}$。

指示功率是一个汽缸在一次循环中对活塞所做的功,故指示功与汽缸数和每秒钟循环次数的连乘积就是指示功率。

$$N_{指}=\frac{W_{指}\,in}{2\times60}(\mathrm{kg\cdot m/s}) \tag{3-7}$$

或

$$N_{指}=\frac{W_{指}\,in}{2\times60\times75}(\mathrm{hp}) \tag{3-8}$$

发动机的指示功率所包含的能量是一种机械能形式的能量,已经不是热量形式的能量了。由于燃料燃烧得不完全、燃烧产物的分解、汽缸壁的散热及废气带走的热量等,造成了热量损失,使得燃料所包含的热能没有被全部利用。因此,发动机的指示功率所包含的机械能量,只占燃料总热量的一部分。

2) 影响指示功率的因素

从式(3-8)可以看出,指示功率的大小决定于指示功、汽缸数和发动机转速。对所使用的发动机来说,汽缸数不变,可以不考虑,因而指示功率只决定于指示功和转速。凡影响指示功的因素,也影响指示功率,现将各影响因素分述于下。

(1) 混合气的余气系数

当混合气的余气系数 $\alpha\approx0.85$ 时,燃料燃烧的火焰传播速度最快,汽缸内燃气压力能很快上升到最大值,燃气对活塞的膨胀功增大到最大值,指示功最大,所以发动机的指示功率也最大。因此,$\alpha=0.85$ 是最大功率余气系数(见图 3-13)。当混合气余气系数大于或小于0.85 时,火焰传播速度减慢,指示功率均减小。

(2) 进气压力

进气压力增大,进入汽缸的气体密度增大,充填量增大,指示功增大,指示功率也增大。为了增大进气压力,有的发动机上装有增压器,用来提高发动机的指示功率。

(3) 进气温度

进气温度升高时,气体密度减小,充填量减小,发动机指示功率也减小。相反,进气温度降低,指示功率是增加的。

(4) 提前点火角

提前点火角最有利时,燃气最大压力在上死点后 $10°\sim15°$ 出现,指示功最大,指示功率也最大。提前点火角过大(点火过早),消耗的压缩功增多,最大压力出现过早,膨胀功减小,这两方面都使指示功减小(见图 3-35(a),带阴影的循环面积小),发动机指示功率下降。提前点火角过小(点火过晚),燃气最大压力出现过晚,最大压力值也减小,膨胀功减小,指示功减小(见图 3-35(b),带阴影的循环面积小),发动机指示功率下降。

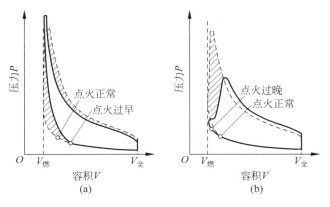

图 3-35　提前点火角对指示功的影响

　　由上述可见,提前点火角对指示功率的影响是显著的,应将发动机的点火时刻调整准确。

　　(5)发动机转速

　　图 3-36 所示为指示功率随发动机转速的变化情形,为了便于说明,图中还标明了指示功随发动机转速的变化情形。

　　当发动机的转速增加到 n_1 以前,一方面由于单位时间内循环次数增加,另一方面由于转速增加使充填量增加,使得指示功随转速不断增大,这两方面原因使发动机指示功率很快增大。当发动机转速增大超过 n_1 而小于 n_2 时,虽然单位时间内完成的循环次数仍在增加,但由于充填量减小,指示功减小了,使得指示功率的增大变得缓慢了。当转速增大超过 n_2 时,由于充填量减小很多,指示功下降很快,超过了单位时间内循环次数增多的影响,指示功率开始下降了。因此,转速 n_2 是最大指示功率所对应的转速,超过这个转速指示功率不仅不增加,反而减小。应该指

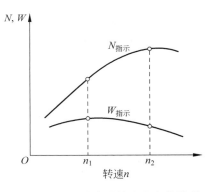

图 3-36　指示功率随转速的变化情形

出,实际工作的发动机,其最大转速是小于 n_2 的,因此,发动机的指示功率是随发动机的转速的增大而增加的。

2. 阻力功率

1) 阻力功率的定义

　　发动机所得到的指示功率,并不是全部用来带动螺旋桨的。其中,有一部分是用来克服机件之间的摩擦,带动发动机附件,以及供给发动机进、排气所需要的动力。也就是说,这几部分消耗于发动机本身的功率之和,称为发动机的阻力功率,用 $N_{阻}$ 表示。具体来说,阻力功率包括下面三部分。

（1）克服机件摩擦消耗的功率

发动机工作时，相互接触的机件因有相对运动而产生了摩擦，如活塞和涨圈与汽缸壁之间、曲轴与连杆之间、曲轴与轴承之间、气门机构各机件之间以及减速器内部机件之间等。克服这些摩擦都要消耗一部分功率，其中以活塞和涨圈与汽缸壁之间的摩擦最大，消耗的功率最多。就涨圈来说，它们本身具有向外扩张的弹力，内部又受到很高的气体压力的作用，因而紧贴于汽缸壁上，如图 3-37 所示。带动它们往复运动需要消耗很大的功率，当汽缸内气体压力升高时，涨圈运动的摩擦力更大，消耗的功更多。

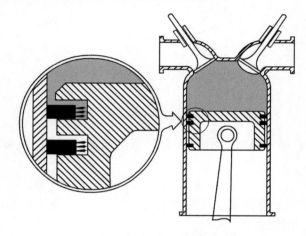

图 3-37　作用与涨圈内侧的气体力

（2）带动附件所消耗的功率

发动机各工作系统中的许多附件，如汽油泵、滑油泵、磁电机等都是由发动机曲轴带动的，带动这些附件也要消耗一部分功率。

（3）进、排气损失功率

在进、排气行程中，活塞上、下两面存在压力差，阻碍活塞运动。克服这个压力差所消耗的功率叫做进、排气损失功率。

对吸气式发动机而言，不论发动机在进气行程或是排气行程，活塞上、下的压差总是阻碍活塞运动的，因此，都要消耗功率。对增压式发动机来说，它的排气行程中，活塞上、下压力差阻碍活塞运动，要消耗功率；它的进气行程随着进气压力增大，是帮助活塞运动的，不仅不消耗功率，还得到一部分有益功率。这样，整个进、排气损失功率将随着进气压力的升高而减小。

阻力功率约占指示功率的 10％～15％。阻力功率的分配情况大致如下（假设阻力功率为 100％）：

活塞与汽缸壁的摩擦损失功率	45％～65％
减速器内部摩擦损失功率	10％～15％
连杆、曲轴、曲轴轴承之间的摩擦损失功率	5％～10％
气门机构摩擦损失功率	5％～10％
带动附件消耗功率	5％～10％
进、排气损失功率	10％～15％

2) 影响阻力功率的因素

很明显,阻力功率大,用于带动螺旋桨的功率就小,发动机获得的有益功率就小。因此,应尽可能将阻力功率减小到最小程度,这就要从影响阻力功率的因素着手,影响阻力功率的因素有以下几方面。

(1) 发动机转速

发动机转速增大时,由于机件之间相对速度增大,摩擦损失功率增大;机件运动速度增大,惯性力增大,带动附件消耗功率增大;同时进、排气流在管道中流速增大,流体阻力增加,进排气损失功率增大。因此,转速增加,阻力功率急剧增加。图 3-38 所示为某型发动机阻力功率随转速的变化情形,可见,转速增加,阻力功率增加很快。

根据试验,阻力功率约与发动机转速的平方成正比,即

$$N_{阻} = kn^2 \tag{3-9}$$

(2) 滑油温度

在航空发动机上,为了减小阻力功率,各相对运动的机件的接触面都用滑油来润滑。由于滑油温度对润滑有直接影响,因此,阻力功率的大小随滑油温度的变化而变化。图 3-39 所示为阻力功率与滑油温度的关系,是从实验发动机上得出的。从图中可以看出,当滑油温度比较低时,由于滑油黏度较大,滑油不易挤进各润滑表面去润滑,因而阻力功率较大;当滑油温度较高时,滑油的黏度变小,滑油容易从各摩擦表面流走,机件的摩擦增大,阻力功率增大。只有滑油温度在适当的范围内时,黏度适当,润滑最好,阻力功率减小。因此,选择适当的滑油温度,可以减小阻力功率。

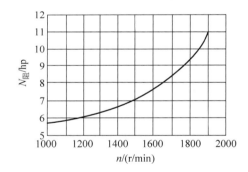

图 3-38　阻力功率随转速的变化情形

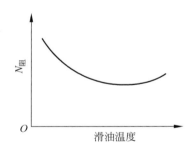

图 3-39　阻力功率与滑油温度的关系

(3) 进气压力

当进气压力增加不太大时,进气压力对阻力功率基本上没有影响。因为进气压力增加,一方面会使进、排气损失功率减小;但另一方面,在压缩和膨胀行程中,由于气体压力升高而使活塞和涨圈与汽缸壁之间的摩擦所消耗的功率增大。试验证明,两者对阻力功率的影响大致一样,互相抵消。因此,这时进气压力基本上不影响阻力功率。

但当进气压力增加得比大气压力高得多时,例如,在进气压力增大到外界大气压力的3～4 倍时,汽缸中气体压力很大,使活塞和涨圈与汽缸壁之间的摩擦消耗功率大大增加,而这时进、排气损失功率增加不明显,在这种情况下,阻力功率将随进气压力的增加而增大。

(4) 大气压力和温度

大气压力减小,排气容易,进排气损失功率减小,因而,阻力功率将随大气压力减小而减

小。当进气温度升高时,充填量减小,混合气燃烧后压力较小,活塞与汽缸壁之间的摩擦损失减小。因此,进气温度升高,阻力功率下降。

(5) 压缩比

压缩比增加,进、排气损失功率基本不变,但压缩后的气体压力增大,活塞与汽缸之间的摩擦损失加大,因而阻力功率随压缩比的增大而增大。

3. 增压器功率

为了提高进气压力以提高发动机功率,有的发动机上装有增压器(即增压式发动机)。空气经过增压器后,压力提高,再进入汽缸。增压式发动机的增压器是靠发动机本身来带动的,因此增压式发动机还要消耗一部分功率。带动增压器所消耗的功率,叫做增压器功率,用 $N_增$ 来表示。由动量矩方程,可以推得增压器功率与流入增压器的空气流量 $G_空$、发动机转速 n 的平方成正比,即

$$N_增 = kG_空 n^2 \tag{3-10}$$

当发动机的转速增加时,增压器的功率成平方倍增加,也就是发动机消耗于带动增压器的功率随转速成平方倍增加。

4. 有效功率

1) 有效功率的定义

发动机发出的指示功率,在扣除消耗于发动机本身的阻力功率和增压器功率之后,剩下来的功率用于带动螺旋桨。发动机用于带动螺旋桨的功率叫做有效功率,用 $N_{有效}$ 表示。

对于吸气式发动机,其有效功率为

$$N_{有效} = N_指 - N_阻 \tag{3-11}$$

对于增压式发动机,其有效功率为

$$N_{有效} = N_指 - N_阻 - N_增 \tag{3-12}$$

从上两式看,在同等情况下增压式发动机的有效功率似乎比吸气式发动机的小,但实际正好相反。发动机安装了增压器,多消耗一部分功率,但增压器提高了进气压力,增大了指示功率,指示功率的增加量比带动增压器消耗的功率大得多。因而带增压器的发动机的有效功率比吸气式的大。

指示功率是发动机能发出的功率,带动螺旋桨的有效功率是指示功率的一部分。根据这个含义,也可以得到有效功的概念。有效功是指示功中能够传给螺旋桨的那部分功,用 $W_{有效}$ 表示。有效功率的公式如下:

$$N_{有效} = \frac{W_{有效} in}{2 \times 60 \times 75} (\text{hp}) \tag{3-13}$$

通常所说的发动机功率,在没有特别说明的情况下,指的都是发动机的有效功率。

2) 有效功率的影响因素

有效功率的大小决定于指示功率、阻力功率和增压器功率,因此,在发动机工作中,有效功率的变化,都是上述三种功率变化的结果。从使用发动机的角度来看,影响有效功率的因素有下面几点。

(1) 进气压力和进气温度

进气压力增大或进气温度降低,都使充填量增加,发动机的指示功率是增加的;这时阻

力功率因进气压力增加得不是太大所以基本不变；增压器功率因空气流量增多而有所增加，但增加的量没有指示功率增加的量多。综合以上结果，发动机的有效功率是增大的。相反，进气压力降低或进气温度升高，有效功率减小。

（2）提前点火角

提前点火角的变化，主要影响指示功率，对阻力功率和增压器功率影响很小。因此，提前点火角过大或过小，都使指示功率减小，从而使有效功率减小；只有在最有利提前点火角时，指示功率最大，有效功率最大。

（3）曲轴转速

曲轴转速变化不仅影响指示功率，同时也影响阻力功率和增压器功率，使有效功率按一定规律变化，此变化规律称为发动机的转速特性，将在后面讲到。

（4）滑油温度

滑油温度主要影响阻力功率的大小。滑油温度适当，摩擦损失功率最小，有效功率增大；滑油温度过大和过小，有效功率都会减小。

（5）混合气余气系数

混合气余气系数主要影响指示功率，对阻力功率和增压器功率影响很小。因此，混合气余气系数在 0.85 左右，可获得最大指示功率，有效功率也大大增加；余气系数大于或小于 0.85，有效功率都会减小。

5. 有效功率的测量

发动机制造出来后，实际的有效功率可以使用功率表或者扭矩表测量出来，也可以通过如图 3-40 所示的平衡台进行实验测定。

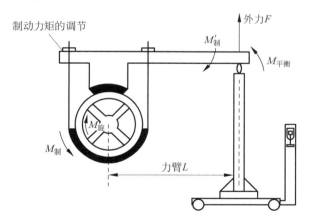

图 3-40　发动机有效功率的测量

平衡台测量发动机有效功率时，通过在发动机输出轴上施加一定的摩擦制动力，从而对发动机产生一制动力矩（相当于螺旋桨的旋转阻力力矩），与之相对应，发动机对平衡台施加一个反作用力矩，该反作用力矩通过平衡台的外力产生的力矩来平衡。当制动力矩与发动机旋转力矩相等时，发动机转速保持恒定。此时通过测出平衡台上的外力、发动机转速，就可以计算出发动机输出的有效功率，其公式如下：

$$N_{有效} = \frac{M_{旋}\, n \times 2\pi}{60} = \frac{FLn \times 2\pi}{60} = \frac{FLn \times 2\pi}{60 \times 75} (\text{hp}) \tag{3-14}$$

式中,F 为外力,kgf;L 为力臂,m;n 为转速,r/min。

由发动机功率的测量装置的工作原理可以看出,有效功率的测量中采用摩擦制动方式,所以,英美等国家又将发动机有效功率的单位叫做制动马力(Bhp)。

3.7.2　发动机的经济性

对发动机来讲,除要求动力性能好外,还要求经济性好。发动机的效率和燃料消耗率是衡量发动机经济性能的两个主要指标。

1. 发动机的效率

发动机的效率包括指示效率、机械效率和有效效率。

1) 指示效率

在发动机的实际循环中,我们已经知道,指示效率等于转化成指示功的热当量 $AW_{指}$ 与一个循环中所加燃料的理论放热量之比,即

$$\eta_{指} = \frac{AW_{指}}{Q_{理}} \tag{3-15}$$

指示效率越高,说明转变为指示功的热量越多,热损失越小,发动机的热利用程度越好。因此,应使热损失尽量减小来提高指示效率。目前航空活塞发动机的指示效率一般在 0.25～0.38 之间,也就是说,燃料的热量只有 25%～38% 转变为指示功,62%～75% 的热量损失掉了。

2) 机械效率

发动机得到的指示功,实际上是不可能全部用于带动螺旋桨的,因为发动机得到的指示功,还得拿出一部分来,用于克服机件的摩擦,带动附件和补偿进、排气功的损失;对于增压式发动机,还得多用一部分功去带动增压器。从指示功中拿出来的这部分消耗于发动机机件本身的功,称为机械损失。因此,指示功扣除机械损失后剩下的才是带动螺旋桨的功,即有效功。

机械损失的大小,可以用发动机的机械效率来衡量。发动机的有效功与指示功的比值叫做机械效率,用 $\eta_{机}$ 表示,即

$$\eta_{机} = \frac{W_{有效}}{W_{指}} \tag{3-16}$$

吸气式发动机的机械效率为

$$\eta_{机} = 1 - \frac{N_{阻}}{N_{指}} \tag{3-17}$$

增压式发动机的机械效率为

$$\eta_{机} = 1 - \frac{N_{阻} + N_{增}}{N_{指}} \tag{3-18}$$

上述各式表示的机械效率,虽然形式不同,但其意义都是一样的,都说明发动机本身机械损失的大小。机械效率高,说明消耗于发动机本身的机械损失就小,用于带动螺旋桨的功(或功率)就多。目前航空活塞发动机的机械效率如下:吸气式发动机为 0.8～0.9;增压式发动机因要带动增压器,机械效率要低一些,为 0.7～0.86。

3）有效效率

有效功的热当量 $AW_{有效}$ 与每一循环的理论放热量之比值叫做有效效率，用 $\eta_{有效}$ 表示，即

$$\eta_{有效} = \frac{AW_{有效}}{Q_{理}} \tag{3-19}$$

有效效率表示供给发动机的燃料所含热能的有效利用程度。有效效率越高，说明供给发动机的燃料所含的热能转换为有效功的热量越多，用于带动螺旋桨的功就越多。

燃料的理论放热量扣除了热损失后得到指示功，指示功再扣除机械损失得到有效功。因此，有效效率的大小，既考虑了燃料的理论放热量转换成指示功过程中的热损失，又考虑了指示功转换成有效功过程中的机械损失，所以有效效率说明了总损失的大小，是衡量发动机经济性的一个重要指标。有效效率高，发动机的总损失小，经济性好；有效效率低，发动机的总损失大，经济性差。

由于

$$\eta_{机} \ \eta_{指} = \frac{W_{有效}}{W_{指}} \cdot \frac{AW_{指}}{Q_{理}} = \frac{AW_{有效}}{Q_{理}} = \eta_{有效}$$

所以有

$$\eta_{有效} = \eta_{机} \ \eta_{指} \tag{3-20}$$

上式表明，有效效率等于机械效率与指示效率的乘积。

目前，吸气式发动机的有效效率在 0.20～0.32 之间；增压式发动机由于带动增压器会多消耗一部分功，其有效效率要低一些，在 0.16～0.28 之间。

总的来说，发动机的指示效率，是评价热能转变为机械功过程中的热能损失大小的指标；机械效率是评价机械损失大小的指标；有效效率是评价航空发动机总的能量损失大小的指标，是衡量发动机经济性的重要指标之一。

2. 发动机的燃油消耗率

1）燃油消耗量

发动机每小时消耗的燃油质量叫做燃油消耗量，用 $G_{时燃}$ 表示，单位是 kg/h。当两台发动机发出同样的功率时，燃油消耗量小的发动机，显然比燃油消耗量大的发动机经济。当两台发动机发出不同的功率时，单看燃油消耗量就不能比较出发动机经济性的好坏了。

例如，甲发动机发出有效功率为 50hp，燃油消耗量为 16kg/h；乙发动机发出有效功率为 600hp，燃油消耗量为 165kg/h。能不能说甲发动机的燃油消耗量小就比较经济呢？显然不能，因为两台发动机发出的功率不同。要比较上述两台发动机的经济性的好坏，就必须引入燃油消耗率的概念。

2）燃油消耗率

发动机产生 1hp 有效功率，在 1h 内所消耗的燃油质量，叫做有效燃油消耗率，简称燃油消耗率，用 sfc 表示，单位为 kg/(hp·h)，即

$$\text{sfc} = \frac{G_{时燃}}{N_{有效}} \tag{3-21}$$

由上述公式，我们可以计算出两台发动机的燃油消耗率的大小，甲发动机为 0.32kg/(hp·h)，乙发动机为 0.275kg/(hp·h)。因此，乙发动机的经济性比甲发动机好。

燃油消耗率不仅考虑到每小时燃油消耗量的大小,而且还考虑到了发动机功率的大小,因此,它是衡量发动机经济性的又一重要指标。

3)燃油消耗率与有效效率的关系

燃油消耗率和有效效率都是衡量发动机经济性的指标,两者的关系为

$$\text{sfc} = \frac{632}{\eta_{有效} H_{低}} \qquad (3-22)$$

可见,燃油消耗率与有效效率成反比。发动机的燃油消耗率是从消耗燃料多少的角度来衡量发动机的经济性的,有效效率是从能量损失的角度(热损失和机械损失)来衡量发动机的经济性的,两者是统一的,且成反比关系。有效效率高,说明能量损失小,要得到同样的有效功率,燃料消耗率就必然小。

4)影响燃油消耗率的因素

将式(3-20)代入式(3-22),得

$$\text{sfc} = \frac{632}{\eta_{指} \eta_{机} H_{低}} \qquad (3-23)$$

由式(3-23)可以看出,燃油消耗率与指示效率和机械效率有关。所以凡是与指示效率和机械效率有关的因素都影响燃油消耗率的大小。从使用发动机的角度,影响燃油消耗率的因素主要有以下两点。

(1)混合气的余气系数

当混合气的余气系数接近于最经济的余气系数值($\alpha = 1.05 \sim 1.10$)时,燃油燃烧最完全,热损失最小,这时指示效率最高,燃油消耗率最小。当混合气余气系数大于或小于最经济的余气系数值时,燃油消耗率都会增加。

(2)机械效率

机械效率高,说明机械损失功率小,燃油消耗率就低。因此,调整滑油温度适当,可以减小摩擦损失功率,提高机械效率,从而降低燃油消耗率。

目前航空活塞发动机的燃油消耗率已经降得很低了,对吸气式发动机来说,燃油消耗率sfc大致在 $0.21 \sim 0.23\text{kg}/(\text{hp} \cdot \text{h})$ 之间,增压式发动机的燃油消耗率 sfc 在 $0.26 \sim 0.32\text{kg}/(\text{hp} \cdot \text{h})$ 之间。增压式发动机燃油消耗率高的原因是:①带动增压器不可避免地要消耗一部分功率;②增压式发动机的进气压力大,为了不使发动机过热,要使用较富油的混合气,混合气的完全燃烧程度要差些。但有了增压器后,能使有效功率提高,改善了飞机的高空性能和起飞性能。

3.8 航空活塞发动机的特性

发动机的有效功率和燃油消耗率是发动机的两个重要的性能指标。发动机在实际工作中,由于工作条件的变化(如转速变化、进气压力变化和高度变化等),发动机的有效功率和燃油消耗率也随之发生变化,根据实验和理论证明,此变化是有一定规律的。航空活塞发动机的有效功率和燃油消耗率随发动机转速、进气压力或飞行高度的变化规律,叫做发动机特性,反映这种规律的图形叫做特性曲线。

航空活塞发动机的特性主要有负荷特性、螺旋桨特性、高度特性和增压特性。

3.8.1　负荷特性

1. 吸气式发动机的负荷特性

当节气门全开时,发动机的有效功率和有效燃油消耗率随发动机转速的变化规律叫做吸气式发动机的负荷特性。

负荷特性是通过试验获得的,通过试验得到的吸气式发动机的负荷特性如图 3-41 所示。

由图中可以看出,当转速由较小转速增大时,有效功率增大,而后随着转速的增大而减小。燃油消耗率随转速的增大一直是增大的。

2. 增压式发动机的负荷特性

当进气压力保持为最大时,发动机的有效功率和有效燃油消耗率随发动机转速的变化规律叫做增压式发动机的负荷特性。

增压式发动机的负荷特性也是在地面通过试验获得的,因为增压式发动机主要是用于高空飞行的,所以有时还要按空中的条件进行试验。通过试验得到的增压式发动机的负荷特性如图 3-42 所示。

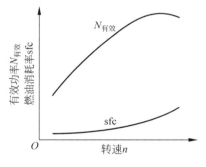
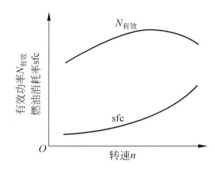

图 3-41　吸气式发动机的负荷特性　　　　图 3-42　增压式发动机的负荷特性

由图中可以看出,增压式发动机的有效功率和燃油消耗率随转速的变化规律与吸气式发动机的负荷特性基本相似。其区别在于,增压式发动机的有效功率随转速的增大而增大的程度比吸气式发动机的平缓,而燃油消耗率随转速的增大而增大的程度却比吸气式发动机的急剧。

3.8.2　螺旋桨特性

当发动机带动定距螺旋桨工作时(如果安装变距螺旋桨时,桨叶角应保持不变),发动机的有效功率和有效燃油消耗率随发动机转速的变化规律,叫做发动机的螺旋桨特性,也叫油门特性。

1. 吸气式发动机的螺旋桨特性

通过试验得到的吸气式发动机的螺旋桨特性如图 3-43 所示。由图中可以看出,有效功率随转速的增大而增大,燃油消耗率随转速的增大而先减小后增大。

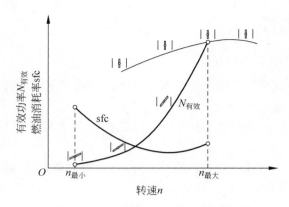

图 3-43　吸气式发动机的螺旋桨特性

2. 增压式发动机的螺旋桨特性

增压式发动机的螺旋桨特性与吸气式发动机的螺旋桨特性基本相同,如图 3-44 所示。转速增大时,有效功率与转速的立方成正比地增大,燃油消耗率随着转速的增大,也是首先减小,然后再增大。

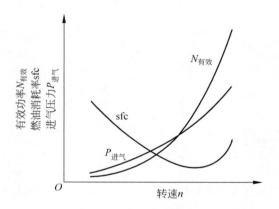

图 3-44　增压式发动机的螺旋桨特性

由以上可知,发动机在巡航状态工作时经济性最好。对于装有变距螺旋桨的发动机,为了发出同样大小的有效功率,可以用不同的工作状态来工作,其中只有一个工作状态发动机的经济性最好,这个工作状态叫做有利工作状态。

3. 发动机的几个工作状态

为了合理地使用发动机,在螺旋桨特性曲线上,规定了下面几种主要的工作状态。

1) 起飞工作状态

起飞时,为了最大限度地缩短起飞滑跑距离,发动机所采用的工作状态叫做起飞工作状态。发动机在起飞工作状态所输出的功率和所使用的转速分别称为起飞功率和起飞转速。吸气式发动机的起飞功率是在节气门全开的情况下获得的,所以,起飞功率就是最大功率,起飞转速就是最大转速。起飞工作状态时,由于功率最大,转速最大,故发动机的温度最高,机件承受的力最大,所以发动机在起飞状态下连续工作时间一般不得超过 5min。

2）额定工作状态

额定工作状态是在设计时所规定的发动机的基准工作状态。发动机在额定状态工作时,所输出的功率和所使用的转速分别称为额定功率和额定转速。额定转速是设计发动机进行热力计算时所依据的转速;而额定功率是在额定转速和油门稍为关小的情况下发动机所输出的功率,它比油门全开时发动机所输出的功率小5％～15％。

3）巡航工作状态

飞机作巡航飞行时,发动机所使用的工作状态叫做巡航工作状态。在这种状态下,发动机所输出的功率和所使用的转速分别称为巡航功率和巡航转速。巡航功率一般为额定功率的50％～75％。

4）慢车工作状态

慢车工作状态是发动机保持稳定工作的最小转速工作状态,此状态下发动机发出的功率最小,燃油消耗率最低,可以长时间地工作。

3.8.3　高度特性

在发动机转速保持不变的情况下,发动机的有效功率和有效燃油消耗率随飞行高度的变化规律叫做发动机的高度特性。

1. 吸气式发动机的高度特性

吸气式发动机的高度特性是在节气门全开、混合气的余气系数保持不变、提前点火角保持在最有利数值的条件下获得的。

1）装变距螺旋桨的吸气式发动机的高度特性

装有变距螺旋桨的吸气式发动机,当高度变化时可利用螺旋桨变距来保持转速不变,其高度特性如图 3-45 所示。由图可知,高度升高时有效功率不断减小,燃油消耗率则不断增大。

2）装定距螺旋桨的吸气式发动机的高度特性

装有定距螺旋桨的吸气式发动机的高度升高时,由于桨叶角不能改变,转速会减小,发动机有效功率与转速不变时相比,降低得更快。图 3-46 所示实线为带定距螺旋桨的吸气式发动机的有效功率和燃油消耗率随高度变化的情形,为便于比较起见,同一图上还用虚线绘出了在转速保持不变的条件下的高度特性曲线。

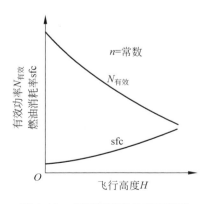

图 3-45　变距螺旋桨的高度特性

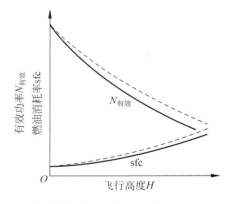

图 3-46　定距螺旋桨的高度特性

从以上对吸气式发动机高度特性的分析可以看出,吸气式发动机在高度升高时,不仅有效功率迅速减小,而且经济性也变差,因此这种发动机不适用于高空飞行。

2. 增压式发动机的高度特性

1) 单速传动增压式发动机的高度特性

单速传动增压式发动机的高度特性曲线如图3-47所示,图上有效功率与有效燃油消耗率曲线分别表示有效功率和燃油消耗率随高度变化的情况。从图上可以看出,在额定高度以下,随着高度的升高,有效功率一直增大,燃油消耗率则不断减小;在额定高度以上,随着高度的升高,有效功率一直减小,燃油消耗率则不断增大。为了便于说明这种关系,在同一图上还绘出了进气压力与进气温度随高度变化的曲线。

2) 装有废气涡轮的增压式发动机的高度特性

带废气涡轮的增压式发动机,从地面到额定高度范围,借关小节气门来保持进气压力不变。超过额定高度以后,废气涡轮增压器的转速保持不变,进气压力即随高度的升高而减小。这种发动机的高度特性曲线如图3-48所示。废气涡轮增压式发动机的主要优点是它的额定高度较高。目前,同时采用废气涡轮增压器的发动机,额定高度可达10 000~14 000m。而采用二速传动式增压器的发动机,其额定高度也不超过6000~7000m。但是废气涡轮增压式发动机的构造复杂、质量较大,因此在飞行高度不高的飞机上不宜采用,只有在飞高空的飞机上,为了在较高的高度上仍能获得大的有效功率,才适于使用这种发动机。

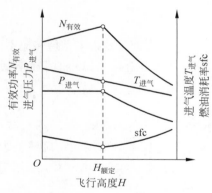

图3-47　单速传动增压式发动机的高度特性

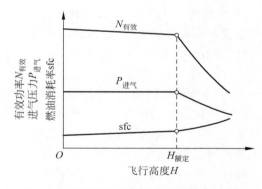

图3-48　废气涡轮增压式发动机的高度特性

3) 飞行速度对高度特性的影响

以上所研究的高度特性只考虑了周围大气对于发动机功率的影响。但在飞行时,由于飞机有前进速度,发动机的高度特性便有所改变。下面说明飞行速度对高度特性的影响。

飞机飞行时,相对气流以与飞行速度相等的速度流过飞机,对于飞机而言,相对气流具有很大的动能,这部分动能可用来提高空气的压力,以增大发动机的功率。空气流入进气口以后,在通道内速度降低,压力提高,这种利用降低速度来提高的压力叫做冲压。飞行速度越大,所能获得的冲压也越大。

对于吸气式发动机,由于飞行时有了冲压,充填量增大,引起发动机的指示功率增大,而阻力功率基本没有改变,故与不计入冲压相比有效功率增大,同时机械效率提高,燃油消耗率减小。图 3-49 中的虚线和实线分别表示计入冲压和不计冲压时吸气式发动机的高度特性。

对于增压式发动机,由于有了冲压,增压叶轮进口处空气的压力提高了。为了使进气压力不超过额定值,就要相应地关小节气门。在没有计入冲压时所计算出的额定高度,节气门就不能全开,而要到更高一些的某一高度,节气门才能完全打开。也就是说,有冲压时,发动机的额定高度将会提高。飞行速度越大,额定高度提高得越多。

3.8.4 增压特性

增压式发动机,在保持转速不变的条件下,有效功率和燃油消耗率随进气压力变化的规律叫做发动机的增压特性。图 3-50 所示为发动机的增压特性曲线。从图上可以看出,当转速保持不变时,有效功率随着进气压力的增大而一直增大,燃油消耗率则随着进气压力的增大先减小后增大。

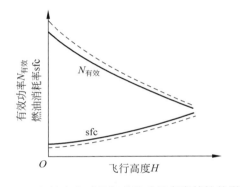

图 3-49 飞行速度对吸气式发动机高度特性的影响

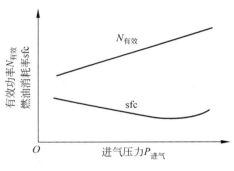

图 3-50 增压特性

第4章

燃油系统

活塞式航空发动机的燃油系统具有储油、供油和油气混合物的配制功能。由于燃油和空气混合物的配制方法不同,所以燃油系统有汽化器式燃油系统和直接喷射式燃油系统两种。本章除介绍这两种燃油系统外,对于燃油油品、燃油的使用和管理、燃油系统常见故障及维护亦作必要的介绍。

4.1 燃油系统概述

4.1.1 航空汽油简介

航空活塞发动机的燃烧是在接近等容情况下进行的,而且为了提高热效率,压缩比都比较高。目前航空活塞发动机要进一步提高其性能,除其他因素外,燃料品质是一个很重要的因素。

航空活塞发动机正常使用的燃油是航空汽油。航空汽油是各种碳氢化合物的复杂混合物,其组成是各种不同比例的碳氢化合物,而且随着原油的种类不同以及沸点范围不同其组成是千差万别的。本节将简单介绍航空汽油的要求和航空汽油的性质。

1. 对航空汽油的要求

发动机工作的经济性、可靠性很大程度上取决于所用燃料的质量,对于点燃式发动机来说,对燃料的要求如下。

(1)汽油应具有最大的发热量,热值要高。燃油的热值包括低热值和高热值两种。当1kg 燃油完全燃烧后,将燃烧产物冷却到起始温度(一般为 25℃)所放出的热量,叫做燃油的高热值。当 1kg 燃油完全燃烧后,扣除生成物水蒸气的凝结热后所得到的热量,叫做燃油的低热值。航空汽油的热值通常指低热值。燃油的热值高表明在燃烧相同质量燃油的情况下,可获得更大的发动机功率,或在获得相同功率的情况下可降低燃油的消耗。目前航空汽油的热值大于 43 090kJ/kg。

(2)汽油的抗爆性要强。要求航空汽油组成的混合气在发动机各工作状态下都能正常燃烧,能适当提高发动机的压缩比,能在较大的进气压力下工作。反映汽油抗爆性的参数常用汽油的辛烷值和级数。辛烷值反映其贫油抗爆性,辛烷值越高,表明汽油在贫油状态下的抗爆性越好;级数反映其富油抗爆性,级数越高,反映其在富油状态下的抗爆性越好。汽油中加入适量的铅水可提高其辛烷值。辛烷值和级数通常在汽油的牌号上表示出来。如

RH95/130,95 表示汽油的辛烷值,130 表示汽油的级数;又如 100LL,100 表示汽油的辛烷值,LL(low lead)表示是低铅汽油。

(3)汽油的挥发性要适当。要求汽油的挥发性既能保证发动机在各工作条件下形成有利于燃烧的混合气,又不能使供油系统发生气塞现象。汽油的挥发性是指汽油在一定条件下蒸发趋势的度量。挥发性过低时,发动机不易启动,混合气分配不均匀;挥发性过高时,燃料容易在发动机供油系统中挥发成气体,造成燃料在导管中发生气塞现象,减少了油泵的供油,引起发动机工作间断或停车。飞行高度越高,由于大气压力下降越多,溶解在燃料中的气体从燃料中逸出越多,越容易产生气塞现象。为了保证燃料有良好的启动性质,又避免系统产生气塞,汽油的挥发性要适当。例如,某型航空汽油与挥发性有关的参数要求如下:在 38℃时的饱和蒸汽压必须在 360mmHg(1mmHg=133.3224Pa)以下,初馏点不能低于40℃,10%馏出点应在80~90℃左右。

(4)燃油的闪点要高,冰点要低。所谓闪点是指在燃油表面出现燃油蒸气以形成可燃性混合气的温度。航空汽油的闪点大约为−25℃。闪点高表明油气混合后不易出现早燃。冰点低,便于发动机在很冷的气候条件下工作时不造成使用上的困难。

(5)燃油也不应在进气管、气门以及其他机件上生成胶状物质及类似的沉淀物。同时,当汽油在汽缸中燃烧时,不能形成大量积炭。

(6)汽油不应造成发动机机件的腐蚀和腐蚀性的磨损。

(7)汽油的理化性质应该很稳定,在长期保管和运输时,不产生沉淀,并保证其主要理化性质不变。

2. 飞机实际使用的航空汽油

以运五飞机为例,它使用的航空汽油是 RH-95/130,即该航空汽油的辛烷值为 95,级数是 130;而法国苏柯达公司生产的 TB-20 飞机使用燃油牌号为 100LL 的汽油(民用型),该牌号汽油的军用型为 100/130,北约组织的编号为 F-18。100LL 航空汽油的冰点为−58℃,100/130 航空汽油的冰点为−60℃,除冰点不同外,其他理化性质均相同。

1) 国产 RH-95/130 航空汽油与国外 100/130 航空汽油的理化数值

根据能收集到的材料,对这两种汽油的主要理化性质可以从表 4-1 中看出。

表 4-1　航空汽油理化性质

理 化 性 质		国产 RH95/130 航空燃油	国外 100/130 航空燃油
低热值/(kJ/kg)(≥)		43 090	43500
四乙铅含量/(g/kg)(≤)		3.3	0.8
抗爆性	辛烷值	95	100
	级数(品度)	130	130
馏程	馏出温度 10%/℃(≤)	82	75
	馏出温度 50%/℃(≤)	105	105
	馏出温度 90%/℃(≤)	145	135
	终馏点/℃(≤)	180	170
	残留量/%(≤)	1.5	1.5
酸度/(mg(KOH)/100mL(汽油))(≤)		1	1

续表

理 化 性 质	国产 RH95/130 航空燃油	国外 100/130 航空燃油
饱和蒸汽压/mmHg	≤360	285～360
冰点/℃(≤)	-60	-60
含硫量/%（质量分数）(≤)	0.05	0.05
实际胶质(mg/100mL)汽油(≤)	2	3

2) 国产 RH-95/130 航空汽油与国外 100/130 航空汽油理化性质对比

(1) 对于铅水含量,两种汽油相差较大,按每公斤汽油所含铅水的数量看,国产 RH-95/130 为 3.3g,而国外 100/130 汽油约为 0.8g。说明 100/130 汽油在基本汽油中加入高辛烷成分汽油多,而铅水加得较少;而 RH-95/130 汽油,相对来说,在基本汽油中加高辛烷成分较少,而加铅水较多。

(2) 从抗爆性来看,国产汽油的辛烷值低 5 个数值,这对高压缩比发动机来说,抗爆性稍差。但是 IO-540-C4D5D 发动机没有增压器,进气压力不高,而且两发的压缩比均为 8.5。莱康明 IO-540-C4D5D 系列的其他发动机,曾经使用过 RH-91/96 号汽油,后来该等级汽油在国外被淘汰了,故用低含铅量的 100/130 汽油代替。这就说明用辛烷值 95 的汽油,从抗爆震的角度看是可以的。

(3) 从馏出温度和饱和蒸汽压来看,两者接近。馏分组和饱和蒸汽压或可以近似地估计燃料的挥发性。

燃料 10% 的馏出温度可用来评定汽油的启动性能,这一温度通常不能超过 90℃,如果此温度太高,启动时燃油的汽化困难;但也不能太低,太低了易形成气塞。上述两种汽油都在正常范围内,而 100/130 汽油,启动时挥发性更好一些。

燃料 50% 馏出温度代表燃料在进气系统中的挥发性,同样也不能太高和太低,保证汽油具有良好的加速性和平稳性。

汽油机启动后升温时间的长短以及加速是否及时均与 50% 馏出温度有关。如果过高,当发动机从低转速急加速供油量剧增时,汽油来不及完全汽化,导致燃烧不完全,严重时甚至会突然熄火。通常这一温度为 100℃ 左右,上述两种汽油都是 105℃,均属正常范围内。

燃料 90% 馏出温度,表明燃料稀释滑油的倾向,通常不超过 145℃,上述两种汽油也在允许范围。

终馏点不应太高,以避免燃烧不完全和积炭的增多,一般许可值不超过 180℃,上述两种汽油也在正常范围内。

燃料的挥发性除用分馏数据以外,还用雷德蒸气压来校验。挥发性越高雷德蒸气压越大,通常在 37.8℃ 时,不超过 360mmHg,100/130 汽油的雷德蒸气压略高于 RH-95/100。

从上述分析可以看出,从挥发性来说 100/130 汽油略高于 RH-95/130 汽油,但都在正常范围内。

(4) 其他理化性质如低热值、冰点、含硫量等,两者是一致的或是接近的,都在正常范围内。

3) 含铅量高的汽油使用注意事项

汽油中加入铅水,虽然使抗爆性提高了,但是带来的危害是汽缸易积铅。氧和铅化合成氧化铅,将沉积在燃烧室、汽缸壁、活塞顶、电嘴和气门上。特别是沉积在电嘴和气门上将使电嘴不跳火,气门不密封。使用含铅量高的汽油时,除缩短电嘴清洁周期和缩短滑油更换期外,还应注意以下两点。

（1）积铅虽然在任何工作状态下都能产生,但是最容易产生的是在巡航状态且在过贫油下工作时。因为这时汽缸头温度较低,且有多余的氧气,氧和铅结合成氧化铅,其中一部分接触到较冷的汽缸壁和电嘴时,就会固化而一层一层堆积起来。因此,在使用中拉混合比操纵杆不可过量。

（2）在停车前进行烧电嘴,即用热冲击的办法,来消除和减少积铅。因为沉积物和金属部件的膨胀系数不同,用温度突然上升或下降的办法,使沉积物碎裂,随废气排出。

4.1.2　燃油系统的作用

燃油系统的作用,是向发动机提供适量的汽油,并促使汽油雾化、汽化以便与空气均匀混合,组成混合比适当的混合气,满足发动机在各种工作状态下的需要。也就是说燃油系统必须完成下述 3 项任务:

（1）提供适量的汽油;

（2）将汽油雾化、汽化与空气混合;

（3）根据发动机不同工作状态的需要,调整混合比最适当的混合气。

4.1.3　燃油的雾化和汽化

活塞式航空发动机是热机的一种,使用气体作为工作介质。液体燃料必须经过雾化、汽化,由液态转变为气态,才能与空气均匀混合,组成混合比适当的混合气。因此,无论是汽化器式或直接喷射式燃油系统,在附件的构造上都采取了多种措施,促使燃油雾化和汽化。

1. 燃油的雾化

燃油的雾化是燃油喷入空气时,燃油和空气动力的作用超过了燃油的黏性力和表面张力的作用,而分裂为极细微的油滴的过程。图 4-1 所示为燃油从喷嘴以不同的速度喷入静止空气时的雾化情形。在燃油压力较小的情况下,燃油流速很小,喷出的燃油成为光滑的油柱,最后断裂为较大的油滴;增大燃油压力,燃油流速随之增大,喷出的燃油逐渐变成不光滑的油柱,并在距喷嘴一定距离处,分裂为许多油珠;继续增大燃油压力,燃油流速增大至一定数值时,燃油一出喷油嘴,立即分裂为细微的油珠。

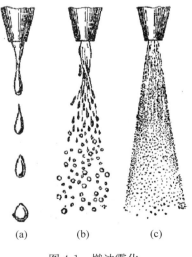

影响燃油雾化质量的因素有燃油压力、空气流速、空气压力、燃油温度等,下面依次进行分析。

(a)　　　(b)　　　(c)

图 4-1　燃油雾化

（1）燃油压力。燃油压力越大,燃油雾化得越细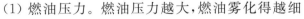
微;压力越小,雾化的细微性越差。为了使燃油雾化得非常细微,应尽量增大燃油压力。

（2）空气流速。空气流速越大,空气动力也越大,燃油雾化也就越细微。

（3）空气压力。空气压力的影响表现在两个方面：一方面，在空气温度不变的情况下，空气压力增大，则空气密度增大，作用在油柱上的空气动力随之增大，使燃油雾化质量提高；另一方面，在燃油压力保持不变的条件下，空气压力增大，会使喷油嘴前后压力差减小，从而降低燃油的喷射速度，结果使燃油雾化质量变差。

（4）燃油温度。燃油温度升高时，燃油的黏性力和表面张力会减小，而燃油质点无规则运动却会更加剧烈，这都有利于燃油的雾化。所以，提高燃油温度可以提高燃油的雾化质量。

2. 燃油的汽化

燃油的汽化仅仅发生在油珠的表面，是通过蒸发来实现的，蒸发是在液体表面发生的汽化现象。液体燃油的汽化，究其实质，是液体燃油内动能大的分子克服液体燃油表面层分子的吸引力，而飞出液体燃料的结果。由于燃油是由很多燃油分子所组成的，而物质的分子是在不停地运动的。对于那些运动速度比较慢的分子，它们的动能比较小，受到燃油表面层分子吸引力作用只能在表面层以内运动。而那些运动速度比较快的分子，它们的动能比较大，当它们的动能足以克服表面层分子的吸引力时，就可以飞出燃油液体表面层，形成汽化的燃油。

在单位时间内，空气中增加燃油蒸气分子的数目叫做燃油的汽化速度。燃油汽化速度越快，燃油全部汽化需要的时间越短。所以，凡是影响燃油蒸气分子数目增加快慢的因素，也都是影响燃油汽化速度的因素。概括起来，主要有以下四个影响燃油汽化速度的因素。

（1）燃油温度和空气温度。燃油温度升高，燃料分子运动的平均动能增大，单位时间飞出液体表面的燃油分子数增多，燃油汽化速度增快；反之，燃油温度降低，燃油汽化速度减慢。空气温度高，燃油从空气中吸收的热量多，燃油温度也高，汽化速度就快；反之，空气温度低，燃油汽化速度就慢。

（2）燃油雾化质量。液体燃油与空气的接触面积越大，单位时间内从液体燃油飞出的分子数目就越多，燃油汽化速度越快，燃油全部汽化所需的时间越短。所以燃油雾化得越细微，燃油汽化速度越快。

（3）空气压力。空气压力增大，燃油蒸气分子在空气中不容易扩散，燃油汽化速度减慢。同理可以推知，空气压力减小，汽化速度增快。

（4）空气流速。空气流速越快，燃油与空气的相对运动速度越快，燃油汽化速度越快。

由以上可知，为了保证燃油的快速汽化，在一定的进气压力下，必须提高燃油的雾化质量和燃油与空气之间的相对速度，并适当地提高空气温度。

4.1.4 两种燃油系统

1. 汽化器式燃油系统

图 4-2 所示为重力供油式汽化器燃油系统，该系统由油箱、供油通路、汽化器等主要部件组成。油箱位于飞机机翼中，由于飞机有上单翼和下单翼两种，所以对于上单翼机，油箱位置高于发动机，燃油可以靠自身重力输送到汽化器，从而构成重力供油式汽化器燃油系统；对于下单翼机，油箱位置低于发动机，如图 4-3 所示，必须使用燃油泵才能将燃油打到

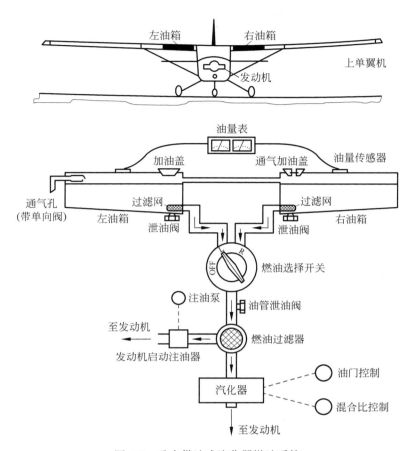

图 4-2 重力供油式汽化器燃油系统

汽化器,从而构成油泵(压力)供油式汽化器燃油系统。重力供油式和油泵供油式的汽化器燃油系统的主要区别在于有无供油泵。

2. 直接喷射式燃油系统

图 4-4 所示为直接喷射式燃油系统示意图。喷射式燃油系统与汽化器式燃油系统的主要区别是:由于该燃油系统采用对燃油加压喷射的方法供油,所以必须具有燃油泵;另外,该系统的油气混合物是通过燃油调节器来调节油门和配制油气比的。该系统还有一个燃油分配器,它使燃油平均输送到各汽缸进气管道中的喷油嘴,由喷油嘴向进气管道中的空气喷油。

3. 两种燃油系统的工作和比较

当燃油选择开关选择好供油油箱后,主燃油泵将燃油从油箱中抽出并加压,经过主油滤的过滤送到燃油调节器,燃油调节器再根据外界条件(如飞行状态和外界大气温度、压力等)和发动机的工作状态(如发动机的转速、油门杆和混合比杆的位置)计量出合适的燃油量。若是汽化器式燃油系统,计量后燃油和空气在汽化器内混合,然后进入汽缸;若是直接喷射式燃油系统,计量后燃油由燃油流量分配器平均分配后送到喷油嘴并喷到汽缸进气门处,进气门打开后随新鲜空气一起进入汽缸(有的发动机燃油直接喷入汽缸)。

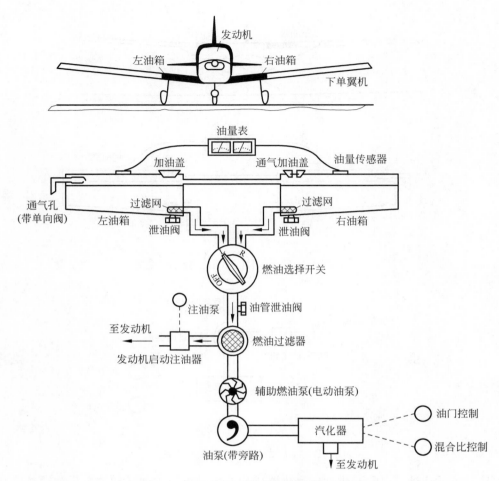

图 4-3　油泵(压力)供油式汽化器燃油系统

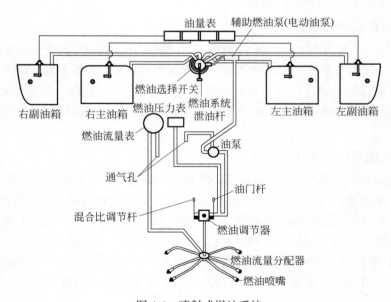

图 4-4　喷射式燃油系统

与汽化器式燃油系统相比较,喷射式燃油系统的主要优点有:进气系统中结冰的可能性较小;各汽缸的燃油分配比较均匀;有较精确的油气比控制,因而发动机的燃油经济性较好;便于寒冷天气的启动;油门响应快,特别是改善了加速性能。但是缺点也较为突出:热发动机启动比较困难,在炎热天气地面运转时容易形成气塞。

4.2　主要部件

汽化器式燃油系统和喷射式燃油系统的组成基本相似,主要组成部件有油箱、燃油滤、燃油选择开关、燃油泵、燃油计量装置、系统显示仪表等。

下面介绍与储油和供油有关的重要部件,燃油调节器的组成和工作在后续章节介绍。

4.2.1　油箱

燃油油箱用于储存燃油。通常油箱安装在机翼内,个别飞机在机身中安放油箱。油箱中最低处有放油口,每次加油后和飞行前必须进行放油,以检查燃油的牌号(颜色)和油中是否含有水、沉淀等杂物。低于规定牌号的燃油进入发动机后极易造成发动机出现爆震。燃油中的水和杂质进入发动机后可能导致发动机供油中断,温度较低时还有可能使水凝结,这两种情况都会造成发动机停车。油箱中还设有通气孔,以便使油箱与外界大气相通。油箱通气可以防止飞行中油箱内正压、负压过大,引起供油中断和油箱变形。飞行前检查时必须检查通气孔有没有堵塞或损坏。油箱的剩余油量由座舱中的油量表显示。应该注意的是,为了防止油箱中水或沉淀进入发动机供油系统,油箱出口处有一竖管,这将导致油箱中部分燃油不能进入发动机使用,这部分燃油被称为不可用燃油或死油。因此必须明确,油箱中的燃油不可能全部进入发动机使用,只有可用燃油才能进入发动机使用。一般在油箱的加油口盖旁边或座舱中的燃油选择开关处标有油箱的可用燃油量(见图4-5)。

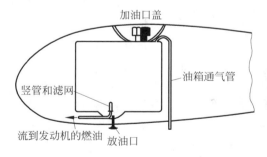

图 4-5　燃油油箱示意图

4.2.2　燃油选择开关

燃油选择开关在座舱中,如图4-6所示,由飞行员操纵,用于选择供油油箱。通常燃油选择开关标有双组油箱供油、左油箱供油、右油箱供油和油箱关断位。在选择油箱供油时,不能将一边油箱的燃油全部用完后才转换到另一油箱。这样做一方面会造成左、右油箱燃油不平衡,带来飞机操纵上的不便;另一方面,会使油泵吸入油箱中的空气引起气塞从而导致发动机供油中断,而且气塞形成后,重新启动发动机也很困难。使用中可具体参考相关的手册或按要求进行油箱转换,转换油箱时,最好接通燃油系统的辅助油泵以保证供油稳定。

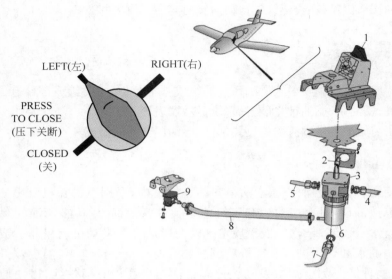

图 4-6 燃油选择开关

1—燃油选择开关按钮;2—轴;3—选择开关活门;4—左结构油箱来油;5—右结构油箱来油;
6—主燃油滤;7—去发动机供油管;8—放油管;9—主放油活门(右翼根)

4.2.3 主油泵

燃油系统的油泵通常有两个,一个是主油泵,一个是辅助油泵。主油泵将燃油从油箱中抽出加压后输送到发动机。这种油泵一般是由发动机直接驱动的,即发动机工作时才工作,发动机停车后就停止工作,飞行员不能直接控制。辅助油泵通常是指电动油泵,由座舱中的电门控制。辅助油泵不是在任何时候都工作,当发动机主油泵不工作时,如主油泵失效或发动机启动前注油时才接通。此外,有些飞机为了保证飞行安全,在飞行的关键阶段,如起飞、进近着陆或特技飞行时要接通辅助油泵。

汽油泵的作用是:发动机工作时,将汽油箱内的燃料输送到汽化器或高压汽油泵。常用的汽油泵为旋板式,它由供油部分和调压部分组成(见图 4-7)。

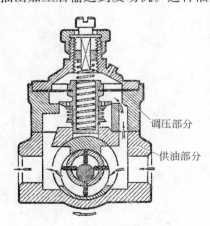

调压部分

供油部分

图 4-7 旋板式汽油泵组成图

1. 汽油泵供油部分的组成和供油原理

汽油泵的供油部分主要由钢筒、转子、旋板和浮轴等组成,如图 4-8 所示。旋板一般有 4 块,插于转子上相互对称的 4 条槽内。每块旋板的一端紧紧压在钢筒的内壁上,另一端支撑着浮轴。4 块旋板把钢筒内腔分成 4 个工作腔。钢筒固定在壳体上,其两侧有进、出油口。

转子由曲轴经传动齿轮带动旋转。由于转子的旋转轴线与钢筒内腔的轴线不相重合,所以转子旋转时,每个工作腔的容积都在不断地变化着。旋板转到进油口这一边时,工作腔的容积逐渐由小变大,产生吸力,将油箱中的燃料吸入工作腔。旋板转到出油口那一边时,工作腔的容积逐渐由大变小,将燃料从工作腔挤出,经导管输送至汽化器或高压汽油泵,如图 4-9 所示。在汽油泵供油过程中,燃料受到两个力的作用,一个是旋板推挤燃料向外流动的作用力,另一个是出油路上阻止燃料流动的阻力。燃料在这两个力的挤压下,压力提高。燃料的压力,主要取决于汽油泵的供油量和汽化器(或高压汽油泵)进油孔直径的大小。供油量增多或进油孔直径减小时,燃料流动所受到的阻力增大。为了使燃料流出,旋板对燃料的作用力也必然相应地增大。因此,燃料受到的挤压加剧,压力增大。反之,如供油量减小或进油孔直径增大时,汽油泵出口油压减小。

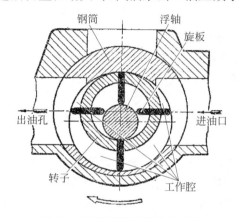

图 4-8　汽油泵供油部分组成图

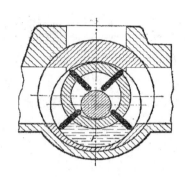

图 4-9　工作腔的最大横截面积示意图

2. 汽油泵的供油量

1) 理论供油量

在没有任何损失的情况下,汽油泵每分钟的供油量叫做理论供油量,用符号 $Q_{理}$ 表示。

2) 汽油泵的供油损失

汽油泵工作时,不可避免地会有供油损失。例如,由于出口油压比进口油压高,一部分燃料在进出口油压差的作用下,从出口经过各零件之间的间隙返回到进口,使供油量减少;另外,由于汽油泵进口会出现气泡,旋板间的容积不能完全充满燃料也会使供油量减少。前者叫做泄漏损失,后者叫做充填损失。

(1) 泄漏损失

泄漏损失的大小与汽油泵进、出口的油压差,转子、旋板与壳体之间的间隙的大小有关。汽油泵进、出口油压差越大或间隙越大时,泄漏损失越大。

在正常情况下,汽油泵的间隙很小,进、出口油压差也不大,故泄漏损失是很小的。如果进入汽油泵的燃油内含有杂质,零件的磨损加剧,使间隙增大,这将会使泄漏损失变得很大。因此,在发动机的使用过程中,必须严格保持燃油的清洁。

(2) 充填损失

汽油泵的充填损失主要是由于进入工作腔的燃油含有大量气泡的缘故。气泡的来源有两种:一是从燃油中分离出来的空气,二是燃油汽化生成的燃油蒸气。

汽油泵进口或油道中的油压降低至等于或小于该温度下燃油的饱和蒸气压力时,燃油会剧烈地汽化,生成燃油蒸气泡。油压越低,生成的燃油蒸气泡越多。

在油压很低的情况下,生成的大量蒸气泡和空气泡还可能聚集起来,占据整个工作腔,使油泵不能吸油,造成供油中断,这种现象叫做气塞。

发动机工作时,汽油泵的进口油压很小,燃油中总有气泡存在,充填损失是不可避免的。为了减小充填损失和防止气塞现象,在设计制造燃油系统时,都设法提高汽油泵的进油压力。在维护使用方面,则必须防止油管变形,因为油管变形使流动损失增加,从而使进油压力降低。另外,还必须严格检验燃油,不使用饱和蒸气压力高于规定值的燃油。

3)实际供油量

在有供油损失的情况下,汽油泵每分钟的供油量叫做实际供油量。实际供油量与理论供油量的比值叫做供油系数,以 $\eta_{供}$ 表示。实际供油量($Q_{实}$)可用公式表示如下:

$$Q_{实} = Q_{理} \eta_{供} \tag{4-1}$$

供油系数表示因泄漏损失和充填损失使实际供油量小于理论供油量的程度。发动机工作时,供油系数随发动机转速增加或飞行高度升高而减小。转速增加时,供油量增多,进出口油压差增大,泄漏损失增大,所以供油系数减小。飞行高度升高时,油箱内空气压力降低(因油箱通大气),进口油压随之减小,充填损失增大,因而,供油系数减小。

3. 汽油泵调压部分的工作原理

发动机转速和汽油泵进口油压保持不变时,汽油泵的供油量为一定值,但发动机的需油量却随进气压力的增大而增大。转速和进气压力保持不变,发动机在额定高度以下工作时,发动机的需油量是随飞行高度升高而增加的,而汽油泵的供油量却随着飞行高度升高而减少。为了避免在发动机需油量增加时发生油泵供油量不足的现象,在设计制造汽油泵时,都提高其供油能力,使汽油泵的供油量大大超过发动机在各种转速、进气压力和飞行高度工作时的需油量。

由于汽油泵的供油量大大超过需油量,出口油压势必过高,这将会损坏接头的密封装置,而发生漏油现象,甚至涨破油管。为了使汽油泵既能根据发动机需油量的变化,供应适量的燃料,又能保持适当的出口油压,汽油泵上都设置了调压部分。

1)汽油泵调压部分的组成和工作情形

调压部分主要由调压活门、弹簧、橡皮薄膜和调节螺钉等组成,如图4-10所示。调压活门向上移动时,油泵出口处有一部分燃料可经活门与活门座之间的缝隙流回到进口。弹簧压在活门上面,汽油泵的出口油压即根据弹簧力量来确定,弹簧力量的大小则可用调节螺钉来调整。橡皮薄膜与调压活门相连,制造时,使它承受压力的有效面积与调压活门承受压力的面积相等。薄膜上面的空腔,经通气孔引入空气。如汽化器装在增压器后面,薄膜上面的空腔应与增压空气相通;如汽化器装在增压器前面或采用直接喷射装置,薄膜上面的空腔都与大气相通。

汽油泵的出口油压(绝对压力)作用在调压活门下面,企图打开调压活门;作用在薄膜上面的大气压力(或进气压力)和直接作用在调压活门上面的弹簧压力,则企图关闭调压活门。而汽油泵进口油压同时作

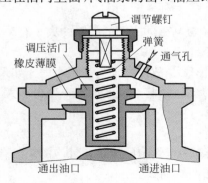

图 4-10　调压部分

用在调压活门和橡皮薄膜上，由于橡皮薄膜承受压力的有效面积和调压活门的相等，作用在活门上使之关闭的力和作用在橡皮薄膜上使之打开的力大小相等，互相抵消，故进口油压对调压活门的开、闭不起任何作用。

发动机转速增大时，汽油泵转速随之增大，供油量逐渐增多，如图 4-11 上的曲线 A 所示。发动机的需油量随转速变化的情形，如图 4-11 上曲线 B 所示。发动机转速由零开始增大时，随着供油量增多，汽油压力相应增大。达到某一转速以后，由于供油量已大于需油量，汽油压力作用在调压活门上的力就会增大到超过弹簧下压的力，此时，活门被顶开，汽油泵开始回油。转速继续增大，供油量超出需油量越多，活门被顶开越多，回油量也越大（回油量的多少，可以用图上曲线 A、B 之间的纵向距离表示）。这样一来，就能使汽油泵向汽化器（或高压汽油泵）输送的油量（以下简称汽油泵的输油量）适合发动机工作的需要。

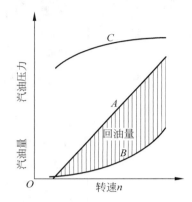

图 4-11　供油量、需油量和汽油压力随转速的变化

此外，在转速不变的情况下，如果由于进气压力增大等原因，使发动机需油量增加，此时，汽油泵的输油量就会少于发动机需油量，于是汽油压力便降低，调压活门关小，使回油量减少，直到输油量符合需要时为止；反之，如果发动机需油量减少（如进气压力减小时），则汽油压力增加，调压活门开大，回油量增多，直到汽油泵的输油量减少到符合需要时为止。

由上述可知，当汽油泵供油量或发动机需油量发生变化时，只要供油量仍大于需油量，调压活门就能自动地控制回油量的多少，使汽油泵的输油量始终符合发动机工作的需要。

2）调压部分橡皮薄膜的作用

调压部分装有橡皮薄膜后，调压活门所保持的汽油压力只决定于弹簧压力。只要选定的弹簧压力符合规定，调压活门就能保持规定的汽油压力，使输送的油量符合需要。如果调压部分无橡皮薄膜，则调压活门所保持的汽油压力除了与弹簧压力有关外，还要受到油箱内油平面、进气压力和大气压力的影响。当三个因素稍有变化时，调压活门就不能保持规定的汽油压力，也就不能保证汽油泵正常工作。

4.2.4　辅助油泵

无论是汽化器式燃油系统还是喷射式燃油系统，常装有辅助（副）油泵。发动机轴驱动的油泵叫做主油泵，主油泵维持发动机的正常工作供油。辅助油泵是电动油泵，辅助油泵的功能是：

（1）确保燃油以所需压力向汽化器燃油系统或喷射式燃油系统供油；

（2）清除油管中的气体以防发生气塞；

（3）在喷射式燃油系统的发动机上用以启动注油；

（4）当主油泵失效时，代替主油泵的作用向发动机供油。

4.3　汽化器的工作原理

汽化器是汽化器式燃油系统的主要部件,它的作用是:将燃油喷入进气通道中,并促使燃油在气流中雾化和汽化,以便与空气组成均匀的余气系数适当的混合气。汽化器的工作是否正常,对发动机在各种状态下的工作有决定意义。汽化器有3种型式:浮子式汽化器、薄膜式汽化器和喷射式汽化器,本节主要分析浮子式汽化器的工作原理。

采用浮子式汽化器的典型发动机是国产活塞五型发动机,它由文式管、浮子室、慢车装置、渗气装置、经济装置、加速装置、高空调节装置和停车装置等部分组成,如图4-12所示。

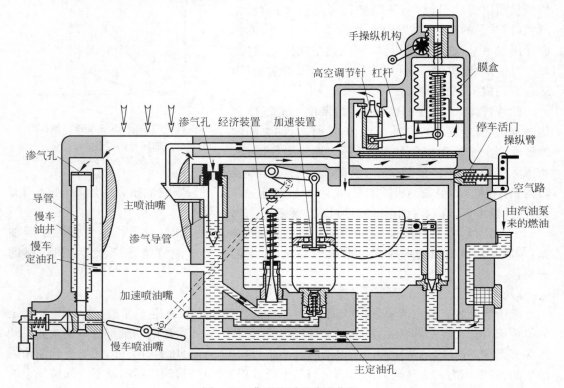

图 4-12　典型的浮子式汽化器

4.3.1　简单浮子式汽化器的工作原理

1. 文氏管原理

大部分的燃油计量装置必须测量流过进气系统的空气流量,并根据空气流量调节喷入气流的燃油量。空气流量的测量装置就是文氏管,它利用了一个基本的物理法则:当气体或者液体的流速增加时,压力必然下降,当然温度也会下降。文氏管的尺寸和形状取决于发动机的设计要求,如图4-13所示的简单文氏管就是一段具有部分狭窄喉部的通道或者管子。当气流流过喉部时,气流流速增加,压力下降,温度下降。注意,喉部的压力低于文氏管其他部分的压力。由于压降与气流流速成比例,因此,压降是空气流量的度量。大部分燃油计量装置的基本工作原理都基于文氏管进口和文氏管喉部之间的压差。

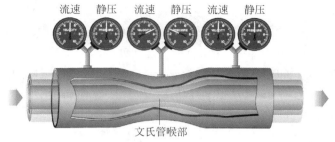

当空气流经文氏管喉部时，气流流速增加，压力下降

图 4-13 文氏管工作原理

2. 简单浮子式汽化器的组成

下面首先研究简单浮子式汽化器，然后分析浮子式汽化器的校正和辅助装置，以明确调节余气系数的原理。

简单浮子式汽化器由浮子室、浮子机构（包括浮子、杠杆和油针）、喷油嘴、文氏管和节气门等组成，如图 4-14 所示。浮子室内安装有浮子机构，并有通气孔与外界大气相通。浮子机构用来调节汽化器的进油量，使进油量随时等于喷油量，以保持浮子室内的油面高度一定。浮子机构由浮子、杠杆和油针等组成。杠杆一端连接浮子，一端连接油针，浮子则浮在油面上随油面升降。喷油量大于进油量时，油面下降，浮子也随之下降，油针因杠杆作用被提起，开大进油孔，使进油量相应增加；反之，喷油量小于进油量时，油面上升，浮子也随之上升，油针则下降，关小进油孔，使进油量相应减少。由于浮子机构能使进油量等于喷油量，故浮子室内的油面高度保持不变。

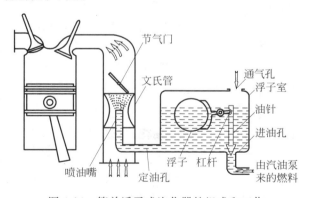

图 4-14 简单浮子式汽化器的组成和工作

喷油嘴安置在文氏管内。喷油嘴不喷油时，根据物理学中的连通管原理，浮子室内的油面和喷油嘴内的油面在同一高度上。为了防止停车时燃油溢出喷油嘴，喷油嘴出口应高于浮子室的油面 1～3mm。进气通道一端通汽缸，一端通外界大气。在文氏管后装有节气门，通过改变节气门开度的大小，来调节进入汽缸的空气量。节气门的开度减小，进入汽缸的空气量随之减少；节气门的开度增大，进入汽缸的空气量则增多。

3. 简单浮子式汽化器的工作情形

发动机工作时,活塞在进气行程向下死点运动的过程中,汽缸内的气体压力降低,外界大气经汽化器流入汽缸。空气流经汽化器的文氏管的喉部时(文氏管的最窄处),通道变窄,流速增大,压力减小,以致低于浮子室的空气压力(此处的压力等于大气压力)。这样,在浮子室与文氏管喉部的空气之间便产生了压力差(简称浮子室与文氏管喉部的压力差)。浮子室内的燃油便在这个压力差的作用下,从喷油嘴喷出。燃油从喷油嘴喷出以后,在空气动力的作用下雾化为极细微的油珠,并吸取空气的热量,逐渐汽化,然后与空气均匀混合,组成混合气。

喷油嘴喷出燃油的多少,取决于浮子室与文氏管喉部的压力差和定油孔的直径的大小。浮子室与文氏管喉部的压力差和定油孔的直径越大,喷油嘴喷出的燃油越多;反之,喷出的燃油越少。对于简单浮子式汽化器来说,浮子室与文氏管喉部的压力差和定油孔前后的压力差是相等的。这是因为定油孔后的压力即为文氏管喉部空气的压力,定油孔前的压力也等于浮子室的空气压力(在喷油嘴内油面高度等于浮子室内的油面高度的情况下)。可以说,喷油嘴喷出燃油的多少,取决于定油孔前后的压力差和定油孔的直径的大小。

已制成的汽化器,定油孔的直径是固定不变的。而浮子室与文氏管喉部的压力差则是随节气门开度的变化而变化的。开大节气门,文氏管喉部的空气流速增大,压力减小,因而浮子室与文氏管喉部的压力差增大,定油孔前后的压力差随之增大,喷油量随之增多;反之,关小节气门,浮子室与文氏管喉部的压力差减小,定油孔前后的压力差随之减小,喷油量也随之减小。可见,操纵节气门的开度,不仅可以改变空气量;同时,还能借助于压力差的变化改变喷油量。也就是说,操纵节气门可以改变进入汽缸的混合气量,从而改变发动机的转速和功率。

发动机不工作时,进气通道内的空气不流动,文氏管喉部空气的压力和浮子室内空气的压力都等于大气压力,两者之间没有压力差,燃油也就停止喷出。

还需要指出的是,如果汽化器安装在增压器之后,则进入汽化器的空气是增压空气,浮子室就不应与外界大气相通。否则,文氏管喉部的空气压力显然因流速增大而小于增压空气的压力,但仍比大气压力大。文氏管喉部空气的压力反而大于浮子室内空气的压力,燃料就不可能从喷油嘴喷出。因此,对于汽化器安装在增压器之后的发动机,浮子室内应通入增压空气,以保证燃油能顺利进入汽缸。

4. 简单浮子式汽化器的混合气混合比的变化规律

1) 发动机转速变化时混合比的变化规律

当发动机工作时,随着节气门的增大,浮子室与文氏管喉部的压力差增大,空气流量和燃油流量就会增多,发动机的转速就会增大;反之则会减小。理论分析证明,混合气的余气系数随浮子室与文氏管喉部的压力差的增大而减小。而压力差是随转速的增大而增大的,故混合气的余气系数也随转速的增大而减小。即转速越大,混合气越富油。

以上分析了简单浮子式汽化器所形成的混合气的余气系数随发动机转速变化的规律,现在我们把这个变化规律与发动机所需要的混合气的余气系数随转速变化的规律作如下的比较。在前述章节里已经阐明,发动机转速不同,所需要的混合气的余气系数也不同。例如,吸气式发动机在慢车转速工作时,需要比较富油的混合气,其余气系数为 0.7～0.8;在中转速工作时,需要稍微偏贫油的混合气,其余气系数为 0.9～1.0;在大转速工作时,又需要比较富油的混合气,其余气系数约为 0.85。现将各种转速时所需要的混合气的余气系数和简单浮子式汽化器所形成的混合气的余气系数画在同一图上(见图 4-15),然后进行比较。

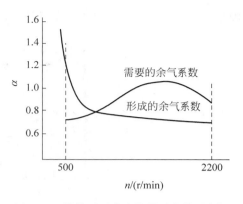

图 4-15 简单浮子式汽化器形成的混合气余气系数与发动机实际工作所需余气系数随转速变化的情形

可以看出,只是在一个转速上(两条曲线相交),简单浮子式汽化器所形成的混合气的余气系数恰好与发动机需要的混合气的余气系数相等;小转速时,简单浮子式汽化器所形成的混合气比实际需要的偏于贫油,不能保证发动机稳定工作;中转速以上时,所形成的混合气又比实际需要的偏于富油,不能保证发动机具有良好的经济性。

上述余气系数随转速变化的规律,是在逐渐开大节气门的条件下得出的。发动机加速时,节气门是迅速开大的。由于空气的密度比燃油的密度小,也就是说,空气的惯性比燃油的惯性小,迅速开大节气门的时候,空气的加速度必然比燃油的加速度大得多。于是便会形成这样的情况:空气流量增加很多,而燃料流量却增加较少。同时,节气门后的压力很快地增大,使燃油的汽化速度减慢。因此,发动机加速时,在迅速开大节气门的一瞬间,混合气变贫油。这不仅使发动机转速增加缓慢,在混合气贫油程度严重的时候,甚至会引起回火或造成发动机熄火停车。

2) 大气条件及飞行高度变化时混合比的变化规律

大气压力和大气温度随着季节气候或飞行高度的变化而变化。大气压力或温度变化时,简单浮子式汽化器所形成的混合气的余气系数也随之变化。大气压力增大时,混合气变贫油;反之,混合气变富油。在大气压力保持不变的条件下,大气温度升高时,混合气变富油;反之,混合气变贫油。

飞行高度升高时,混合气变富油。如果汽化器在地面工作时形成混合气的余气系数是适当的,那么,随着飞行高度的升高,将越来越富油。这不仅会降低发动机的功率和经济性,甚至会在某一高度上使混合气的余气系数超过富油极限,引起发动机熄火停车。

综上所述,简单浮子式汽化器仅能在某一转速、某一大气状态和飞行高度时,供应余气系数适当的混合气。当发动机在不同转速下工作、加速,或者大气状态和飞行高度变化时,简单浮子式汽化器均不能供应余气系数适当的混合气来满足发动机工作的需要。所以对于航空活塞发动机使用的浮子式汽化器必须加装各种不同的设备和采取一些措施来解决在各种条件下余气系数不能满足发动机工作需要的问题。

因此,需在简单浮子式汽化器上增设慢车装置、渗气装置、经济装置、加速装置、高空调节装置等校正设备或辅助装置,以使汽化器的工作满足发动机不同转速、不同大气条件、不同飞行条件的需要。

4.3.2 浮子式汽化器校正设备和辅助装置的工作原理

1. 慢车装置

慢车装置的功用是在启动和慢车转速工作时,保证供给发动机所需要的富油混合气。浮子式汽化器的慢车装置如图 4-16 所示,它由慢车喷油嘴、慢车油道(通往节气门附近)和慢车调节螺钉等组成。慢车装置是利用增设辅助喷油嘴的方法来调节余气系数的。

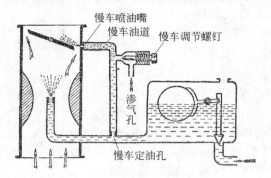

图 4-16　浮子式汽化器的慢车装置

　　当发动机启动或慢车转速工作时,汽化器的节气门关得很小,节气门与管壁之间形成了很小的缝隙。空气流经缝隙时,因通道突然变窄,速度增大,压力降低,因而在浮子室与节气门缝隙处空气之间产生很大的压力差,部分燃油在这个压力差的作用下,便经慢车喷油嘴喷入气流中,使混合气变为比较富油的混合气。当节气门开大后,缝隙即不再存在,慢车喷油嘴喷孔处的空气流速减小,压力增大,慢车喷油嘴就停止喷油。慢车调节螺钉用来调整慢车喷油嘴的喷油量。当螺钉往里拧时,渗气孔减小,渗气量减少,慢车定油孔前后的压力差增大,喷油量增多;往外拧时,则渗气孔开大,渗气量增多,慢车定油孔前后的压力差减小,喷油量减少。在维护使用发动机中,可根据发动机慢车转速是否稳定,在地面适当地调整螺钉的位置。有的浮子式汽化器上,慢车喷油嘴的喷油孔有两个或三个,当节气门逐渐开大时,使汽化器逐渐增加喷油量,以便更好地与空气流量的增大相适应,使发动机的转速从慢车转速均匀柔和地上升。

　　例如,当节气门处在图 4-17(a)所示的位置时,慢车喷油嘴的上孔正处于节气门缝隙处,空气流速快,压力小,浮子室与上孔处空气之间的压力差很大,故燃油从上孔喷出。此时,下孔正在节气门的前面,因节气门的阻力作用,下孔处的空气流速慢,压力大,空气就从下孔进入慢车油道起渗气作用,以减小浮子室与上孔处空气之间的压力差,使喷油量不致过多,防止混合气过分富油。当节气门开大到如图 4-17(b)所示的位置时,空气流量增大,为了使混合气不致贫油,应加大喷油量。此时,因为节气门的一端下移,使下孔与节气门之间的流通截面积减小,空气流速增大,下孔处的压力降低,空气不再渗入下孔,所以上孔的喷油量增多。当节气门继续开大到如图 4-17(c)所示的位置时,下孔正处于节气门缝隙处,空气流速

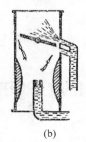

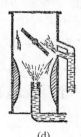
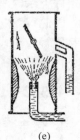

(a)　　　　　　(b)　　　　　　(c)　　　　　　(d)　　　　　　(e)

图 4-17　双喷油孔慢车装置的工作

增大,下孔处的压力更减小。浮子室与下孔处空气之间的压力差增大,下孔与上孔同时喷油。此时,浮子室与文氏管喉部空气之间的压力差也增大,使主喷油嘴开始喷油,逐步接替慢车装置的工作。当节气门开大到如图 4-17(d)所示的位置时,主喷油嘴的喷油量增多,靠近上孔处的空气通路变宽,空气流速减慢,浮子室与上孔处空气之间的压力差减小,上孔停止喷油,仅下孔因靠近节气门缝隙,还继续喷油。当节气门开大到如图 4-17(e)所示的位置时,下孔处的空气流速也减慢,浮子室与下孔处空气之间的压力差减小,上、下孔都停止喷油,慢车装置停止工作,完全由主喷油嘴供给燃油。

2. 渗气装置

简单浮子式汽化器形成的混合气随转速的增加越来越富油,针对这种情况,为了使发动机中转速工作时,能获得余气系数适当(余气系数约为 $0.9 \sim 1.0$)的混合气,在汽化器上装有校正设备即渗气装置。

图 4-18 所示为浮子式汽化器的一种主喷油嘴渗气装置,它由导流室和渗气孔组成。发动机不工作时,导流室的油面高度与浮子室的油面高度相同。发动机工作时,在浮子室与文氏管喉部的压力差的作用下,导流室内的燃油即开始从喷油嘴喷出,室内的油面高度随之降低(见图 4-19(a))。此时,浮子室内的燃油则经主定油孔流入导流室,进行补充。转速增大,浮子室与文氏管喉部的压力差增大,喷油量增加。由于主定油孔的限流作用,从浮子室流入导流室的燃油量少于导流室流出的燃油量,故导流室中的油面高度就一直下降。当发动机达到某一转速时,导流室中的燃油全部流尽,从渗气孔流入的空气便与主定油孔流来的燃油混合在一起,经主喷油嘴喷出,如图 4-19(b)所示。

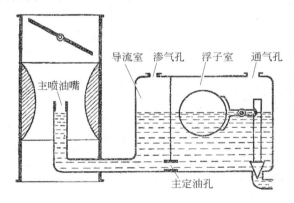

图 4-18 浮子式汽化器渗气装置示意图

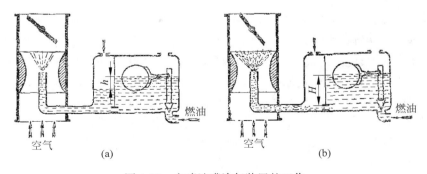

图 4-19 主喷油嘴渗气装置的工作

主定油孔后渗入了空气,主定油孔后的压力增大,从而使主定油孔前、后的压力差小于浮子室与文氏管喉部的压力差,喷油量也就比无渗气装置时的少。这就可以改变简单浮子式汽化器形成的混合气随着转速的增大越来越富油的状况,使燃油与空气混合成稍为富油的混合气,满足发动机在中转速时工作的需要。

浮子式汽化器的另一种主喷油嘴渗气装置如图 4-20 所示。这种渗气装置的构造是:在主油道的周围设有两层导管,内层为导流室,外层为空气室,内、外层在顶端互相沟通。空气室有通气孔与文氏管进口空气相通;导流室有 3 排渗气孔通主油道。发动机未工作时,导流室、主油道和浮子室内的油面高度完全一样。发动机工作时,浮子室的燃油经主油道从喷油孔喷出;同时,导流室内的燃油亦在压力差的作用下经 3 排渗气孔流入主油道,与主油道内燃油一起从喷油孔喷出。随着转速增大,压力差增大,喷油量增多,导流室内的油面高度则逐渐下降。当油面高度降低,露出第一排渗气孔时,从文氏管进口进入的空气即经渗气孔流入主油道随燃油喷出,如图 4-21(a)所示。渗入的空气提高了喷油嘴内的压力,使主定油孔前、后的压力差随转速增加得缓慢一些。转速越大,渗气孔露出越多,渗气作用越强烈。3 排渗气孔全部露出时,渗气作用达到最大限度,如图 4-21(b)所示。

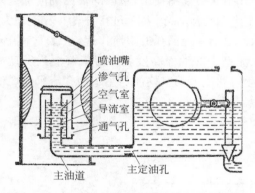

图 4-20　浮子式汽化器主喷油嘴的渗气装置

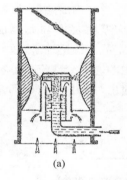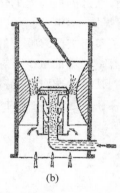

图 4-21　带渗气装置的主喷油嘴工作

这种渗气装置,在转速增加时,主油道的渗气量随渗气孔数目增加而增多,主定油孔前、后的压力差缓慢地增大,喷油量也缓慢地增多,故可使燃油与空气组成的混合气的余气系数适合发动机中转速工作的需要。此外,主喷油嘴有很多喷油孔,燃油同时从各喷油孔喷出,可增大燃油与空气的接触面积;而且燃油喷出的方向与气流方向垂直,可增大燃油与空气的相对速度,从而使燃油更容易雾化。

3. 经济装置

经济装置的功用是在大转速时,额外增加喷油量,保证向发动机供给所需的富油混合气,而又不影响发动机在中转速工作时的经济性。图 4-22 所示为浮子式汽化器的一种经济装置,它由经济活门、经济定油孔、弹簧和杠杆等组成。当发动机在大转速工作时需要富油混合气,经济装置是利用增加定油孔的方法,来额外增加喷油量的,以形成比较富油的混合气。当发动机在中转速工作时,节气门开度不大,杠杆未压住经济活门,经济活门由于弹簧的作用处在关闭位置,燃料仅从主定油孔流到主喷油嘴喷入,使混合气不致过分富油,保证发动机工作的经济性。当发动机使用大转速时,节气门开度大,杠杆下压弹簧,将经济活门打开,一部分燃油经过经济定油孔从主喷油嘴喷出,使喷油嘴额外喷出一部分燃油,与空气组成比较富油的混合气。

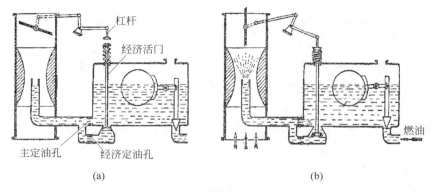

图 4-22 浮子式汽化器改变定油孔数目的经济装置
（a）未工作时；（b）工作时

4. 加速装置

加速装置的功用，是在迅速开大节气门时，增加喷油量，防止混合气贫油，使发动机从小转速迅速而平稳地过渡到大转速，保证发动机具有良好的加速性。

浮子式汽化器的加速装置，常用的形式为活塞式加速装置，它由加速油井、活塞、活门和加速喷油嘴等组成，如图 4-23 所示。活塞上有小孔，活门套在活塞杆上可自由上下活动，活塞由杠杆使之与节气门连接。它是利用增加辅助喷油嘴的方法来调节余气系数的。当节气门缓慢地开大时，活塞也缓慢运动，活门因本身重量停在活塞杆的末端，燃油可经活塞上的小孔自由流动，此时活塞运动对加速油井中的燃油没有压力的作用，并不增加喷油量；当节气门迅速开大时，活塞也随之迅速下压，此时活门在惯性和燃油反压力的作用下，紧贴于活塞，把小孔关闭，燃油即在活塞的推挤下，顶开单向活门从加速喷油嘴喷出。当节气门不再开大时，活塞的运动随之停止。活门便在自身重量的作用下而下落，离开活塞，燃油又可通过小孔自由流动，加速装置也就停止工作。

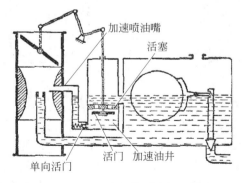

图 4-23 浮子式汽化器的加速装置

5. 高空调节装置

高空调节装置的功用，是当飞行高度或大气状态变化时用于调节余气系数，以保证汽化器能向发动机供应余气系数适当的混合气。高空调节装置的常用形式有两种：一种是自动式,另一种是手操纵式。它们都是采用降低浮子室的空气压力,以改变定油孔前、后的压力差来调节余气系数的。

1) 自动式高空调节装置

某种自动式高空调节装置如图 4-24 所示,它由膜盒、高空调节针等组成。浮子室有进气路和出气路。高空调节针用来调节浮子室进气孔的开度。它由膜盒和杠杆自动操纵,膜盒是密封的,膜盒内充有气体,膜盒周围则通外界大气。

当发动机在地面或低空工作时,大气压力较大,膜盒被压缩,杠杆将高空调节针提起,使浮子室的进气孔开度较大,此时,空气流过进气孔时的流动损失较小,浮子室内的空气压力较大,浮子室与文氏管喉部的压力差也较大,喷油量较多。当飞行高度升高时,大气压力减小,膜盒膨胀,杠杆使高空调节针下移,进气孔关小,空气流过进气孔时的流动损失增大,浮子室内的空气压力减小,浮子室与文氏管喉部的压力差降低,喷油量随之减少。因此,这种高空调节装置能随着飞行高度变化自动调节喷油量,保证混合气的余气系数适当。

这种调节装置还能在高度不变时,根据大气状态的变化自动地调节喷油量。如果大气温度不变,大气压力增大时,膜盒被压缩,进气孔开大,浮子室内的空气压力增大,浮子室与文氏管喉部压力差随之增大,喷油量增加,从而防止混合气贫油。如果大气压力不变,大气温度升高时,膜盒膨胀,进气孔关小,浮子室与文氏管喉部的压力差随之减小,喷油量减少,从而防止混合气富油。

2) 手操纵式高空调节装置

某种手操纵式高空调节装置如图 4-25 所示,它由高空调节开关和操纵臂等组成。它与自动式高空调节装置不同的地方,只是没有自动操纵的机件。

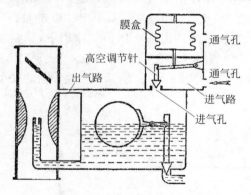

图 4-24　某种自动式高空调节装置

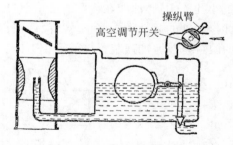

图 4-25　某种手操纵式高空调节装置

当飞行高度升高时,如果发动机有过分富油现象,飞行员即可使用驾驶舱内的高空杆操纵高空调节开关,适当地关小进气孔,使压力差减小,以减少喷油量。反之,飞行高度降低,应操纵高空调节开关,开大进气孔,增大压力差,增加喷油量,防止混合气出现贫油现象。

手操纵式高空调节装置的构造虽然比较简单,但需要人工操纵,使用不便;同时,飞行员凭发动机是否出现贫油或富油现象进行调节,不如自动式高空调节装置的调节来得及时和准确。

6. 停车装置

停车装置的作用是使汽化器迅速停止喷油,而使发动机停止工作。停车装置由停车活门、弹簧和操纵臂等组成,操纵臂通过钢索和驾驶舱内停车操纵手柄相连,如图4-26所示。

发动机停车时(由于节气门开度很小,主喷油嘴已接近不喷油,主要靠慢车喷油嘴维持工作),将停车手柄后拉到底,通过操纵臂克服弹簧的弹力,将停车活门打开,这时,浮子室至节气门处的空气路沟通,使浮子室与慢车喷油嘴处的压力差迅速消失,慢车喷油嘴立即停止喷油,发动机便停车。当停车手柄放回最前位置后,由于弹簧的作用,停车活门又回到原来的位置,将气路堵死。

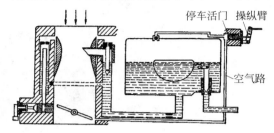

图 4-26　停车装置

综上所述,航空活塞发动机上使用的浮子式汽化器除有浮子室、文氏管、喷油嘴和节气门等基本部分外,还设有校正设备和许多辅助装置,以保证发动机在各种转速和大气状态下,获得均匀的、余气系数适当的混合气。尽管在汽化器构造方面采用了这一系列措施,实际使用时,如果维护不当,余气系数仍可能不正常。维护人员应当随时根据余气系数不正常的情况,进行调整。

4.4　喷射式燃油调节器的工作原理

喷射式燃油调节器的功用是通过计量发动机的空气流量并用气动力控制供给发动机的燃油流量。直接喷射式燃油调节器包括一个燃油伺服控制装置、流量分配器、管路和燃油喷嘴。

不同类型的燃油喷射系统在构造、布置和运行的细节上有所不同,本节我们将讨论Bendix(本迪克斯)和TCM(大陆公司)的燃油喷射系统。

4.4.1　Bendix 燃油喷射系统

本迪克斯的RSA系列燃油喷射系统由燃油喷射器组件(由主燃油调节器和燃油计量装置组成)、流量分配器、燃油喷嘴和燃油管路组成,如图4-27所示,它是一个连续喷油式系统,可以感受发动机的空气消耗并利用空气动力来控制去发动机的燃油流量,通过流量分配器和燃油喷嘴实现对汽缸的燃油分配。

1. 燃油喷射器组件

燃油喷射器由两部分组成:主燃油调节器和燃油计量装置,主燃油调节器和燃油计量装置两者做成一体,如图4-27和图4-28所示。

1) 主燃油调节器

图4-29所示为本迪克斯RSA系列燃油喷射系统主燃油调节器的示意图。主燃油调节器包括文氏管、节气门组件,两个空气室(A室和B室)、空气薄膜,两个燃油室(C室和D室)、燃油薄膜,与空气薄膜和燃油薄膜相连的球形活门。

空气流量部件通过感受节气门处冲压压力和文氏管喉部压力,计量发动机空气流量的消耗量。这个压力作用于空气薄膜的两侧,空气薄膜两边的压差叫做空气计量力。燃油薄膜的一边作用进口燃油压力,一边作用计量燃油压力。燃油薄膜两边的压差叫燃油计量力。

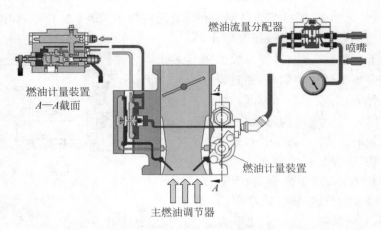

图 4-27 本迪克斯 RSA 系列燃油喷射系统的主要组成

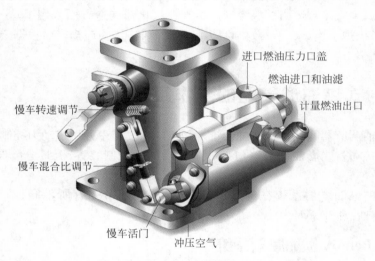

图 4-28 本迪克斯燃油喷射器组件

A 室和 B 室为空气室,中间由空气薄膜隔开;C 室和 D 室为燃油室,中间由燃油薄膜隔开。A、B 空气室和 C、D 燃油室剖面如图 4-30 所示。C 室直接通油泵来的油,D 室通经过燃油计量装置调节后的燃油。A 室通过文氏管喉部,室内的空气压力为文氏管喉部的空气压力。B 室通过冲压空气,其压力为进气冲压压力(图 4-31 所示为 B 室的冲压空气管),当文氏管内有空气流动时,A 室的空气压力低于 B 室的压力,其差值为气压差。气压差是空气流量的函数,节气门开度越大,文氏管喉部的空气流速越快,A 室内的空气压力越低,A、B 两室间的气压差越大。气压差作用在空气薄膜上,形成球形活门开大的力量。

从主油泵来的燃油到 C 室,为非计量油压;另一路经定油孔后通往 D 室,为计量油压。C 室和 D 室之间由燃油薄膜隔开,由于非计量油压大于计量油压,形成油压差。油压差是燃油流量的函数,流量越大,油压差越大,油压差作用在燃油薄膜上形成使活门关小的力量。作用在空气薄膜上的使球形活门开大的力量和作用在燃油薄膜上使球形门关小的力量的大小,决定着球形活门的开度(见图 4-32)。

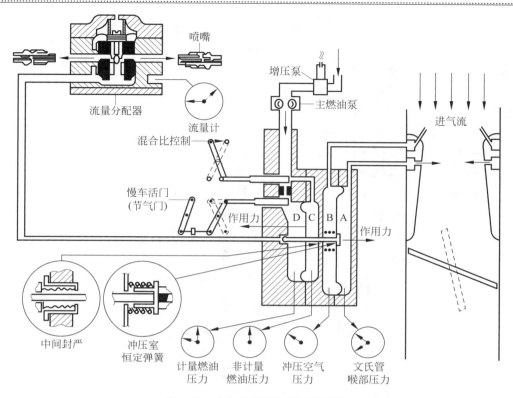

图 4-29 主燃油调节器的工作原理

图 4-30 A、B 空气室和 C、
D 燃油室剖面

图 4-31 主燃油调节器的冲压空气管

图 4-32 带球形活门的燃油薄膜

当气压差等于油压差时球形活门处于平衡状态,开度不变,喷油量保持为定值,节气门开大时,空气量增多。同时气压差增大,气压差大于油压差,球形活门开大,去流量分配器的流量增加。这时进D室的流量也增加,D室压力减小、C、D室油压差增加,当气压差等于油压差时球形活门处于新的平衡状态,喷油量保持为定值。开大或者关小节气门时,在气压差和油压差的作用下,球形活门能随之开大或者关小,以调节喷油量。

发动机在慢车转速工作时,节气门开度很小,A室(文氏管喉部压力)、B室(进气冲压压力)气压差很小,不足以打开球形活门,因此在A室装有一个慢车定压弹簧,由慢车定压弹簧顶住球形活门杆,使球形活门保持一定开度,从而保持慢车时稳定工作。随着空气作用力增大,弹簧压缩,直到弹簧座碰到空气薄膜固定座为止,形成一个刚体元件,如图4-33所示。

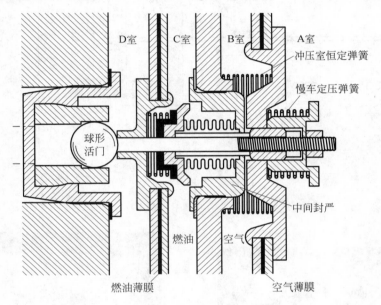

图4-33　慢车装置工作简图

在冲压室B有一个恒定弹簧,当慢车定压弹簧贴紧空气薄膜座后,空气流量继续增加时,气压差仍然不够大,这时冲压室B恒定弹簧就可以接替慢车定压弹簧使球形活门保持一定开度。

在非计量燃油室C有密封装置,其作用是防止燃油进入空气室。

2) 燃油计量装置

燃油计量装置(见图4-34)安装在主燃油调节器上,它包含一个进口油滤、一个人工混合比控制杆、一个慢车活门和主定油孔。慢车活门通过一个外部可调节的连杆与节气门连接在一起。在某些型号的喷射器中,一个功率富油定油孔也位于其中。

燃油计量装置的作用是计量并控制去流量分配器的燃油流量。当混合比杆靠在全富油位时,产生全富油混合气;当混合比杆往慢车关断位移动时,产生逐渐贫油的混合气。可以外部调节慢车转速和慢车混合比以适应不同发动机的工作需要。

进口燃油滤:进口处的燃油滤呈管状,内有不锈钢滤网,管一端接有弹簧,另一端接有一接头(见图4-35)。接头的凹槽内有个O形环,还有数个用于在滤芯堵塞时旁通燃油的孔。滤芯的旁通接头可滑入一个可拆卸的进口燃油管接头内,弹簧会使滤芯O形环保持抵

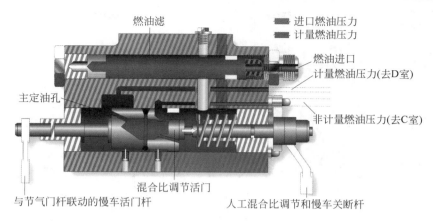

图 4-34　燃油计量装置

住进口接头。如果滤芯堵塞,进口燃油压力将压缩弹簧,使滤芯 O 形环离开进口接头,并允许未过滤燃油通过旁通孔。

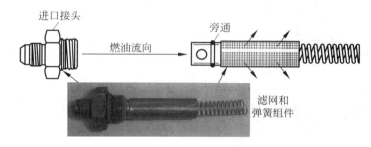

图 4-35　燃油滤网

人工混合比操作:为了得到正确的燃油计量,燃油的消耗量应符合空气的质量消耗量(而不是容积消耗量)。但是,当高度增加时(或温度增高时),外界空气密度减小,而气压差并没有改变,也就是使球形活门打开的力量没有改变,因而随着高度增加或者温度的增加,混合气将出现富油现象。

混合比调节活门通过钢索与座舱中仪表板上的混合比操纵杆相连,其功能是进行混合比调节,另一方面是作为停车使用。

操纵混合比操纵杆时,经混合比活门操纵杆改变了混合比调节活门的开度。前推混合比操纵杆时,活门开度增加,流到主燃油调节器 D 室的燃油流量增加,混合气变富油;后收混合比操纵杆时,活门开度减小,流到主燃油调节器 D 室的燃油流量减少,混合气变贫油,如图 4-34 所示。当混合比杆收到最后慢车关断位时,燃油流量很小,致使油压降低,不能打开燃油流量分配器上的分油活门,从而使发动机停车。

慢车活门控制:慢车活门控制主定油孔开度,以调节喷油量(见图 4-36)。

与发动机节气门(油门)连杆转轴相连的有一块钻有孔的板,称为慢车活门,在弹簧加载下该活门靠住主定油孔。操纵油门杆时,慢车活门也会转动,以控制主定油孔的开度,调节去 D 室的燃油流量(喷嘴喷油量),即慢车活门与节气门(油门)杆是联动的。

慢车活门一侧有一个槽口,当油门杆收到慢车位时,慢车活门盖住主定油孔的大部分,主定油孔通道中的燃油流动受限仅通过该槽口,去 D 室的燃油流量较少,刚好满足发动机

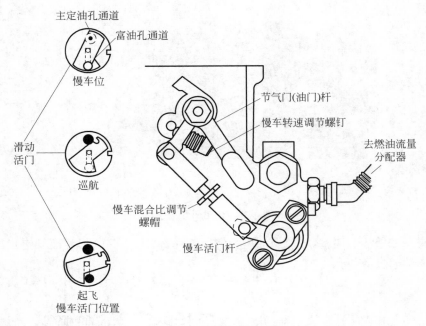

主定油孔通道
富油孔通道
慢车位
滑动活门
巡航
起飞
慢车活门位置
节气门(油门)杆
慢车转速调节螺钉
去燃油流量分配器
慢车混合比调节螺帽
慢车活门杆

图 4-36 慢车活门的工作

慢车转速的需要。

推油门向中转速过渡时,随着节气门开度增加,慢车活门转动使得主定油孔截面开大,流过主定油孔的燃油流量增加,去 D 室的燃油流量(喷油量)增加。当主定油孔全部露出时,再推油门,B 室与 A 室的气压差已足够大了,当其大于 C 室与 D 室的油压差时,使 D 室的球形活门开大,去喷嘴的燃油流量刚好满足发动机中转速巡航飞行时的需要,此时发动机也顺利过渡到了中转速。

进一步前推油门时,慢车活门将逐步打开富油孔通道。当前推油门杆到起飞位置时,富油孔通道也全开,此时燃油同时流过主定油孔通道和富油孔通道,如果此时混合比操纵杆也在最前位,即混合比调节活门全开,则去 D 室的燃油流量最大。此时,B 室与 A 室的气压差也是最大的,C 室与 D 室的油压差最小,因此,主燃油调节器中的球形活门开度最大,去喷嘴的燃油流量最大,满足发动机起飞工作状态的需要。

慢车装置的调节原理:调整慢车转速调节螺钉,也就是调整油门杆收到最后时,节气门开度的大小,从而调整了发动机转速的大小;调整慢车混合比调节螺帽,增长或缩短节气门(油门)杆与慢车活门杆连接处的联动杆的长度,从而改变了慢车活门的开度,使去 D 室的燃油流量改变,混合比改变。

2. 燃油流量分配器

流量分配器的功用:一是保持从主燃油调节器来的燃油的压力,将燃油均匀地分配至各个汽缸的喷油嘴,满足发动机各转速下工作的需要;二是当混合比操纵杆位于慢车关断位时,切断去喷嘴的油路,使发动机停车。

流量分配器的工作原理如图 4-37 所示,计量燃油通过一个通道进入流量分配器,这个通道允许燃油进入空心针塞的内孔。

　　在慢车转速时,燃油压力必须克服作用在薄膜上的弹簧压力,带动活门向上移动,直到燃油能够通过活门环形槽去燃油喷嘴。当燃油调节器计量并输送固定流量的燃油去流量分配器时,活门只开到能通过如此流量燃油的开度。

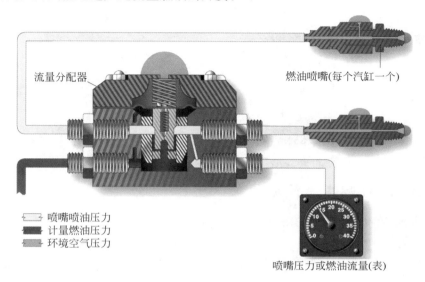

图 4-37　燃油流量分配器

　　在慢车转速,需要的开度很小,燃油通过流量分配器分配至各个汽缸。

　　大于慢车转速时,通过燃油调节器的燃油流量增加,喷嘴管路中建立起一定的燃油压力,这个压力使得流量分配器的活门全开,此时由燃油喷嘴实现去发动机燃油的分配功能。

　　混合比操纵杆拉到慢车关断位置时燃油压力很小,流量分配器的弹簧张力使活门下移,使油路与环形槽不相通,切断了去各汽缸的油路,发动机停车。

　　一个燃油压力表,用磅每小时计量燃油流量,在本迪克斯 RSA 系列喷射系统上用作燃油流量计。此仪表连接在流量分配器上,并感受作用在燃油喷嘴上的压力。此压力与燃油流量成正比,可以表明发动机的功率输出和燃油消耗。

3. 渗气喷油嘴

　　每个汽缸的汽缸头上都安装有一个喷嘴,通常采用渗气喷嘴,喷嘴的出口指向进气口。每个喷嘴的中心有一个经校准的节流孔,节流孔的尺寸由燃油进口压力和发动机要求的最大燃油流量决定。喷嘴周围还有滤网和防护罩。燃油通过节流孔进入燃油喷嘴的内部空间,这时和通过滤网进入的空气混合,以促进燃油雾化,从喷口喷出。

　　燃油喷嘴含有一个渗气喷嘴组件(见图 4-38),可通入空气优化燃油喷雾。渗气喷嘴组件包括一个钻有通气孔的铜制本体,和插在本体内的不锈钢校定喷嘴。为了防止通气孔污染,通气孔本体外侧装有滤网和护套。本体上具有两个螺纹端:外侧端接有燃油管路螺帽;内侧端带有锥管螺纹,装在汽缸头内。为了防止喷嘴丢失,通气嘴组件一端装有运输盖,拆卸和安装通气嘴时,必须装上运输盖。

　　要得到正确的燃油喷雾,喷嘴必须干净。燃油喷嘴脏会引起发动机运转不稳,并出现功

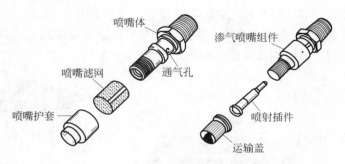

图 4-38 本迪克斯的渗气喷嘴

率下降。如果喷射插件、喷嘴本体滤网或通气孔受污染,将不会产生正确的燃油流量,燃油不会正确对准油气孔,且燃油不会形成最佳喷雾。

4.4.2 TCM 燃油喷射系统

TCM 燃油喷射系统(见图 4-39)将燃油喷入每个汽缸头上的进气口中。此系统包含一个燃油喷射器泵、一个控制组件、一个燃油总管活门和若干燃油喷嘴,属于连续喷射式系统,可控制燃油流量来匹配发动机的空气流量。此连续喷射式系统允许使用叶片泵,且不需要与发动机定时。

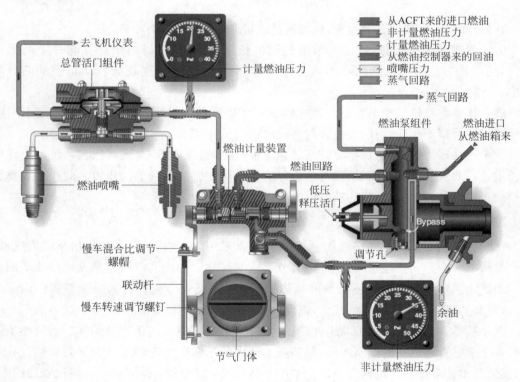

图 4-39 TCM 燃油喷射系统

1. 燃油喷射泵

燃油泵是容积式、回转叶片型泵,通过花键轴由发动机附件传动系统驱动,此外还含有一个弹簧加载的薄膜型的释压活门,释压活门上的薄膜腔与大气压力连通,如图 4-40 和图 4-41 所示。

图 4-40　TCM 燃油泵管路接头

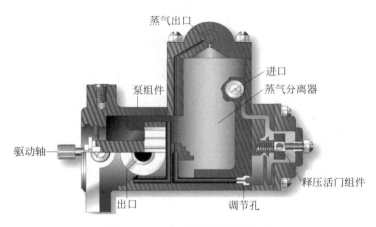

图 4-41　TCM 燃油泵内部构造

燃油在燃油蒸气分离器的旋流井处进入燃油泵。在这里,燃油蒸气被旋转运动分离,以便只有液体燃油被输送到燃油泵。燃油蒸气以一个小的燃油喷射压力从旋流井顶部中心被抽出,并被输送到燃油蒸气回油管路,此回油管路将燃油蒸气送回燃油箱。燃油蒸气分离器中没有活动部件,并且唯一的限流通道被连接用来去除燃油蒸气。这样,主燃油流动就没有限流。

暂时忽略高度和大气条件的影响,对于容积式泵而言,发动机驱动燃油泵意味着发动机转速的改变会使泵的燃油总流量成比例地变化,燃油泵供应的燃油量超出了发动机所需要的量,因此,需要一个再循环燃油回路,如图 4-41 所示。

当混合比操纵杆被置于慢车关断位时,燃油泵与一个混合比控制活门,通过燃油回路,共同将燃油输送回燃油蒸汽分离器的旋流井,因此,没有燃油流向发动机。当混合比操纵杆被置于全富油位时,燃油可流出燃油泵出口,燃油回路则被阻塞,此时没有回油,所有燃油流向发动机。当混合比操纵杆被置于一个中间位置时，燃油可同时从燃油泵出口和燃油回路流出，此时只有部分燃油流向发动机。

通过在燃油回路上安排一个已标定的可调喷口和释压活门，可保持燃油泵供油压力与发动机转速成比例。这些装置保证了合适的燃油泵压力和供油量，以适应发动机所有的工作转速。

设置一个单向活门连接辅助燃油泵，以至于在发动机启动期间，辅助燃油泵的增压能旁通过发动机驱动的燃油泵，同时也有助于拟制在高的环境温度条件下燃油管路气塞的形成。在发动机驱动的燃油泵万一发生故障的情况下，此单向活门容许使用机身上的辅助燃油泵给发动机供油。

2. 节气门和燃油计量装置

节气门和燃油计量装置的功能是控制发动机进气并设置计量燃油压力，以满足正确的油气比。节气门安装在进气总管上，其开度由飞机中的油门杆设置，以控制去发动机的空气流量。

此节气门组件是一个铝铸件，如图 4-42 所示，它包括节气门轴和节气活门组件。此铸件的内径尺寸根据发动机尺寸大小定制，没有使用文氏管或其他限流装置。轴两端包含轴瓦，以支撑轴的转动。在其中一个节气活门轴杆上设置了一个慢车转速调节螺钉，并依靠在一个安装在节气门机体上的止动块上，可用来调节油门杆收到最后时，节气门的开度，即慢车转速。

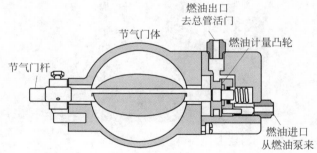

图 4-42　节气门和燃油计量装置

节气门机体上有一个机械加工出的凸起，用来安装固定燃油计量装置。燃油计量装置上有一个带轴瓦的孔，用来安装节气门计量轴。此轴的一端打有螺纹，用来安装联动杆，并设有一个联动杆止动。轴的另一端有一个计量凸轮，此计量凸轮直接依靠着一个弹簧并加载于计量柱塞。此计量柱塞有一个钻出的已标定的喷口，从而提供从燃油进口到燃油出口的燃油通道，并取决于节气门计量轴上的计量凸轮的位置。因此，通过燃油计量柱塞标定喷口的燃油流量，由连接于节气门计量轴上的偏心凸轮的位置以及燃油计量柱塞调节后的位置所决定。如图 4-43 和图 4-44 所示，部分油门和全油门时的凸轮位置。一个慢车混合比调节螺帽位于联动杆上，轻轻转动之，则将改变燃油计量柱塞和偏心凸轮之间的流通间隙，以调节慢车时的混合比。

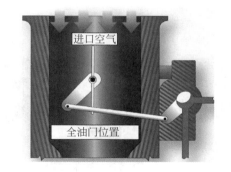

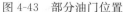

图 4-43　部分油门位置　　　　　　图 4-44　全油门位置

燃油计量装置(见图 4-45)由青铜制造,用于为不锈钢活门提供最好的支撑。它的中心孔的一端是计量活门,另一端是混合比控制活门。每一个不锈钢回转活门都含有一个沟槽用于形成燃油腔。

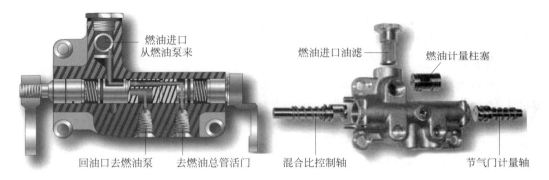

图 4-45　燃油计量装置

燃油通过一个滤网进入计量装置,并通过计量活门。此计量活门的开度由计量柱塞和计量凸轮之间的间隙决定,控制去发动机的燃油流量。燃油回油口连接至燃油计量柱塞的回油通道,混合比控制活门和此通道的对准程度决定了返回燃油泵的燃油量多少。而混合比控制活门的开度由混合比控制轴决定,并最终连接至座舱中的混合比操纵杆。

通过计量活门和节气门的连接,燃油流量和空气流量成比例,以达到一个合适的油气比。

3. 燃油总管(分配)活门

此燃油总管活门包含一个燃油进口、一个隔膜腔和连接至各个燃油喷嘴的燃油出口,如图 4-46 所示。弹簧压着隔膜,支撑着一个在总管活门中心孔中的柱塞。燃油压力提供移动隔膜的作用力。隔膜被一个带通气孔的盖子密封,并保持隔膜和弹簧之间有一定的压力。当柱塞在中心孔中位于上位时,去燃油喷嘴的燃油通道被切断。当燃油流动增加燃油压力,以克服隔膜弹簧张力,引起柱塞向开位移动,并使得燃油从分配活门出口经燃油管路流向燃油喷嘴组件。

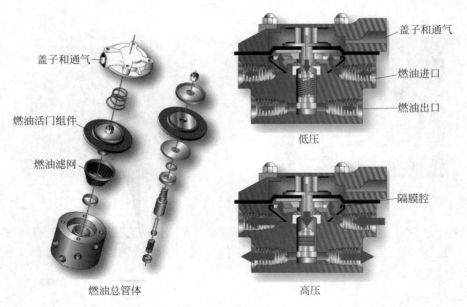

图 4-46   燃油总管(分配)活门

4. 燃油喷嘴

燃油喷嘴位于汽缸头中,燃油喷嘴的出口端旋进汽缸头上的燃油喷嘴螺纹孔中。在喷嘴机体中线上,钻有两端都带有沉头孔的燃油通道,其中的下端是燃油出口,上端沉头孔包含有一个用来标定喷嘴的可拆卸的喷口。在靠近顶部的地方,为了让空气流入,用径向孔将上端沉头孔和喷嘴机体外部环境连接起来。这些径向孔进入管嘴上方的沉头孔,并引导外界空气穿过一个圆柱状滤网,此圆柱状滤网罩在喷嘴机体上以防止杂质和外来物质进入喷嘴内部。一个过盈配合的保护罩安装在喷嘴机体上,延伸罩住圆柱状滤网的大部分区域,只在靠近底部留下一点开口。这样既提供了力学上的保护,又提供了一个空气通路。TCM的燃油喷嘴如图 4-47 所示。

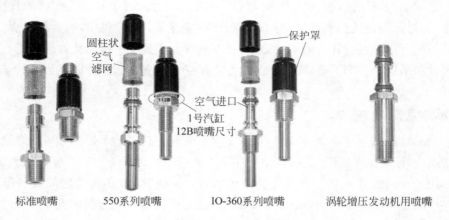

图 4-47   TCM 的燃油喷嘴

在若干个喷射范围内对喷嘴进行校准,装备在同一台发动机上的全部喷嘴具有同样的喷射范围,其可通过一个压印在喷嘴机体六角形上的字母辨别出来。

4.5　燃油系统的维护

燃油系统在长期工作过程中,由于外界条件的变化、发动机的振动、其他系统故障的影响以及使用维护不当等,会使系统工作逐渐变化,以致产生故障。燃油系统故障不但影响发动机的功率和经济性,还直接影响飞行安全,因此要加强对燃油系统的维护和故障研究。

4.5.1　燃油系统维护注意事项

(1) 保持系统内部清洁,防止水分和尘土进入。加油时应防止尘土和雨水落入结构油箱;拆洗燃油系统附件时,要防止脏物和水分进入;用水清洁飞机时,注意防止水分从加油口盖处进入;按规定清洗汽油滤;飞行结束后,一定要按规定加满汽油,防止水汽凝结;注意飞行前放沉淀,并仔细检查燃油质量。

(2) 保持系统的密封性,防止产生渗漏和气塞。

(3) 防止加错油,特别要防止将喷气机用的煤油加入燃油系统。

(4) 防止失火。加油或放油时,飞机和油车都应有良好的搭铁,以防静电失火;拆装燃油系统附件、导管,以及加油、放油时,禁止通电;禁止将导线捆扎在汽油管路上,汽油管路也不应与其他机件和导管相摩擦。

4.5.2　燃油系统故障

1. 水分进入燃油系统

水分进入燃油系统,其危害是:在低温下,可能引起燃油系统结冰,影响供油;水可能使油箱内油量表传感器短路,使油量表读数不稳定;水分食盐可能腐蚀燃油系统附件;大量的水分可引起发动机停车。

预防的办法主要有两个:一是防止水分进入;二是注意按规定放沉淀检查。

2. 燃油流量小

造成燃油流量小的原因有:

(1) 一组油箱用完了,没有及时转换油箱;

(2) 发动机驱动泵故障;

(3) 喷射装置冲压管堵塞,使气压差减小,球形活门开度减小;

(4) 油滤堵塞,使流量减小;

(5) 空气薄膜破裂,使球形活门关小,流量减小;

(6) 燃油分配器活门过小;

(7) 流量表故障。

假若是流量表故障时,发动机工作是稳定的;其他几个原因造成的流量减少时,则发动机要出现转速下降,工作不稳定。飞行中出现流量下降时应立即打开电动增压泵和转换油箱,仍不能排除时,应就近降落。

3. 发动机加速性不良

这种故障的现象是加速时发动机放炮,转速在 $1.5\sim2s$ 内加不上去,其原因主要是:

（1）汽缸头温度过低，由于汽油汽化不良，使发动机加速性变差；

（2）慢车混合比过贫，因为发动机加速是在慢车基础上进行的，如果慢车混合气过贫，必然使加速过程中由小转速向中转速过渡时混合气贫油，从而造成加速性不好；

（3）油门传动杆及慢车活门联动杆活动间隙过大，在推油门时要先克服间隙，因而加速性变差；

（4）流量分配器上盖通大气孔堵塞，加速时空心针塞向上运动困难，供油量不能及时增加。

4. 发动机过富油

发动机工作时，如发生抖动、排气管放炮、冒黑烟等现象，多半是混合气过富油。发生过富油的基本原因是喷油量过多，主要有如下几种情形：

（1）混合比操纵杆后拉量不够，随着高度增加出现过富油现象；

（2）球形活门卡在开大的位置，因此在收油门时出现过富油现象；

（3）燃油薄膜破裂，使球形活门开度过大；

（4）燃油喷嘴渗气孔堵塞，使喷嘴前后压力差增大，喷油量增多。

5. 发动机过贫油

发动机过贫油工作时，一般都表现为发动机抖动；排气管发出短促而尖锐的放炮声；在小转速时，还会产生汽化器回火现象。发生过贫油的基本原因是喷油量过小，因此，前面介绍的影响流量减少的原因都会引起混合气过贫油。此外，混合比操纵杆后收过量、进气管裂纹或连接处不密封导致外界空气进入、发动机驱动泵故障时（如调压活门弹簧疲劳折断等）使供油量下降，导致发动机过贫油。

6. 慢车工作不稳定

产生慢车工作不稳定的原因有：

（1）混合比过富或过贫；

（2）喷油嘴堵塞，这时常伴有起飞时燃油流量不正常；

（3）进气管漏气，一般是密封圈损坏或连接套管处渗漏，此时比较明显的是转速在 1000～1500r/min 时不稳定；

（4）燃油调节器内部渗漏；

（5）燃油在油管或分配器内汽化，形成气塞，此种情况一般是在高温或慢车过久时产生；

（6）流量分配器内活门卡阻；

（7）点火系统故障。

7. 停车困难

造成停车困难的原因有：

（1）混合比操纵杆连接机构安装调节不当；

（2）混合比调节活门有刻痕或安装位置不适当；

（3）燃油在管路内汽化；

（4）流量分配器中的活门卡滞。

4.5.3 燃油系统的维护操作

良好的维护操作是使发动机稳定可靠地工作、充分发挥发动机性能和保证飞行安全的前提,在使用过程中,应该注意以下几个问题。

1. 加油

加油时必须按照规定的加油程序,即飞机应停好,发动机停车,磁电机开关在断开位,飞机上无人员,飞机周围禁止吸烟,必须摆放好灭火器材。特别要注意的是,为了防止静电火花引起火灾,必须将飞机、加油设备连接起来并接地;而且加油时,禁止飞机通电。

加油时必须确定所加燃油牌号符合规定要求,不得将低于规定牌号的燃油加入油箱。不能将航空煤油和汽车用汽油加入油箱,加入航空煤油将造成发动机工作不稳定,加入汽车用油后将导致发动机功率输出减小、电嘴积炭严重、发动机容易产生爆震和燃油系统出现气塞引起发动机供油中断。

注意:应加入多少油量(特别是油量单位的换算)。转场飞行时应加入足够的燃油(要考虑备用油)。加油后应放油检查油中是否有水和沉淀。对过夜停放的飞机(尤其是寒冷天气条件下),应将油箱加满以尽量减少水在油箱中的沉积。

2. 飞行前检查

飞行前应检查有无燃油泄漏,油箱有无损坏或变形,油箱通气是否良好。必须在所有的放油口(油滤放油口和油箱放油口)放油检查有无水和沉淀。检查油量时不能只看油量表,还要揭开油箱盖目视检查燃油量。需要注意的是,目视检查油量后,必须要把油箱盖盖好拧紧。因为油箱盖通常在机翼的上表面,在飞行中处于低压区,若未拧紧,燃油很快就会漏光。

3. 燃油系统的检查

1) 燃油喷射器内漏的检查

当燃油喷射器发生内漏时,将使更多的燃油进入汽缸,发动机呈富油状态,这在小功率时更明显。机务人员不得不经常调慢车混合比,飞行员不得不拉回混合比操纵杆以防止富油。为了判明是否内漏,可进行如下的内漏检查。

拆下进气系统的有关部件,露出燃油喷射器的冲压管,然后拆开从燃油喷射器到流量分配器的油管,并用盖子将燃油喷射器的管接头盖牢,将油门杆和混合比操纵杆往前推到全油门和全富油位置,打开电动增压泵,观察冲压管处有否漏油,若有燃油从冲压管处漏出,表明有内漏。这时应拆下整个燃油喷射器,送厂修理。

2) 喷油嘴堵塞的检查

检查喷油嘴是否堵塞或局部堵塞,可用下述的方法。

从汽缸上拆开燃油管,拆下喷油嘴,然后将喷油嘴连接到燃油管上,将各喷油嘴放入相同尺寸的玻璃瓶内。将油门杆和混合比操纵杆放到全油门和全富油位置,接通电动增压泵,燃油就从喷油嘴喷入瓶内。大约充入瓶子一半容积时,关断电动增压泵,并将油门和混合比操纵杆拉回。取出瓶子,放在台面上,检查各瓶内的燃油量,哪一个瓶内的燃油少,说明有堵塞现象。但要注意检查流入瓶子内的燃油是从喷油嘴喷口中流出的,而不是从其他地方渗出的。找到堵塞的喷油嘴后,可在丁酮或丙酮中清洗,并用压缩空气吹净。如洗不掉,应更换喷油嘴。

4.6　航空煤油活塞发动机及FADEC系统简介

4.6.1　概述

目前,全球30多万架通航飞机中大多都使用美国的莱康明和大陆公司的四缸和六缸的四行程发动机,且基本都使用含铅的航空汽油。由于航空含铅汽油生产、运输、存储的要求高,使用成本高,不易获得,且燃烧后的废气含铅,不符合越来越严格的排放法规等缺点,使得世界上各活塞发动机生产商都在寻找替代航空汽油发动机的方案,其中之一是为现有航空汽油发动机研制改装使用无铅车用汽油。但与航空汽油相比,车用汽油的运输储存过程没有严格规范的质量保证体系,各个加油站的油品质量差别可能会很大,不利于航空安全;车用汽油中的添加剂特别是乙醇,对航空活塞发动机的零部件和橡胶管路有腐蚀作用,且乙醇易吸水,存在安全隐患;另外,车用汽油的饱和蒸气压较高,容易在油路中形成气塞。因此另外一种方案,即研制使用航空煤油的活塞发动机成为发展趋势。

如果大规模使用航煤发动机,那么通航机场的航油供应将大大简化;除了在燃料供应和使用上的优势外,航煤发动机在性能上最大的优势就是省油,比同马力的航汽发动机的燃油效率高30%～40%,虽然功重比低一些,但是其燃油效率已经足够抵消多出的质量,而且航空煤油价格比航空汽油本来就低一些,这样一来,航煤发动机的经济性就更高了,飞行同样距离,使用航煤发动机的飞机由于所需燃油少,商载也就增加了;此外,航煤发动机普遍带涡轮增压器,这使得它们的高空性能比航汽发动机优越,爬升率更高;航煤发动机由于多在先进的车用柴油发动机基础上研制,都使用了全权限数字发动机控制(FADEC),实现了节气门、混合比和螺旋桨调速器合一的统一动力操纵,简化了飞行控制,降低了飞行员负担,提高了飞行安全性。

欧洲各国由于航空汽油供应比北美困难得多,也昂贵得多,解决航油的紧迫性更强。1996年成立的法国SMA公司研制的5L、230hp(172kW)的SMA305航煤发动机于2001年获得欧洲适航证,次年获得美国FAA适航证,成为第一种获得适航证的专为轻型飞机研制的航煤发动机。SR305发动机主要用于塞斯纳182和Maule飞机的改装。

图4-48所示为改装使用法国SMA公司的SR305发动机的塞斯纳182飞机,使用JET-A航空煤油燃料,在75%巡航功率时的耗油率从使用大陆470发动机时的超过13gal(美)/h(49L/h,1gal(美)/h＝3.785L/h)降低到了10gal(美)/h(38L/h),而在3000m以上的高度飞行时的速度更快。

目前,航煤活塞发动机大修间隔普遍不到2000h,且由于市场没有发展起来,改装、维修费用高,维修服务网点少,熟悉航煤发动机的人员少,使得航煤发动机还在逐步完善成熟过程中。

4.6.2　航空煤油活塞发动机的燃油系统

国内通航运营的DA40飞机选装的TAE(Thielert Aircraft Engines)125-01发动机,就是使用航空煤油的、采用FADEC系统控制的航空活塞发动机,本节就以此为例,简单介绍航空煤油活塞发动机的燃油系统及FADEC系统的组成和工作原理。

图 4-48 改装使用 SMA 公司的 SR305 发动机的塞斯纳 182 飞机

1. 发动机概述

TAE 125 发动机是四缸、四行程、废气涡轮增压、双顶置凸轮轴的航空活塞发动机,使用高压共轨燃油喷射系统、湿机匣滑油系统、液冷式散热系统,无点火系统,并使用电启动机。发动机通过一个减速齿轮箱带动螺旋桨,减速比为 1.69∶1。螺旋桨法兰有 6 个安装孔,从驾驶舱方向看,螺旋桨顺时针方向旋转。该发动机采用 FADEC 系统监视并控制发动机和螺旋桨的运行。TAE125 航空煤油活塞发动机外形如图 4-49 所示。

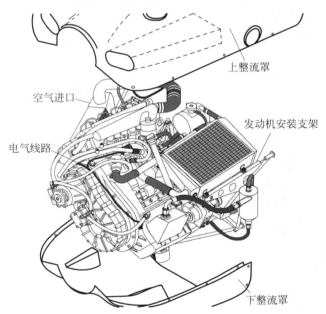

图 4-49 TAE 125 航空煤油活塞发动机

航空煤油活塞发动机与传统的航空活塞发动机一样,也由机匣、汽缸、活塞、连杆、曲轴、气门机构等机件组成。活塞每经过进气、压缩、膨胀做功、排气四个行程发动机完成一个循环,作为工质的气体则在这个过程中经历进气、压缩、燃烧、膨胀、排气五个热力变化过程。但航空煤油活塞发动机采用压燃方式使汽缸中的混合气着火,不同于采用点燃方式使混合气着火的航空汽油活塞发动机。对于现代高增压的压燃式内燃机,为防止燃烧后汽缸内压力过高,采用等压燃烧方式,即在压缩过程结束后,利用高压喷油嘴将高压燃油直接喷入汽缸中,形成油雾和压缩后的热空气边混合边燃烧。由于在膨胀过程初期燃烧,燃料燃烧放热的同时汽缸容积也在增大,因此,工质气体温度增加的同时压力并没有显著增加,形成等压燃烧过程。

理想情况下,并略去进气和排气过程,航空煤油活塞发动机的工作遵循狄塞尔(Diesel)热力循环,如图4-50所示。狄塞尔热力循环由绝热压缩、等压加热、绝热膨胀和等容放热四个热力变化过程组成。

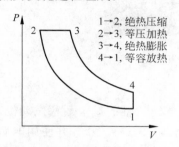

图4-50 狄塞尔(Diesel)热力循环

航空煤油活塞发动机工作时,空气被吸入汽缸并压缩至很高的压力,高压油泵将计量好的燃油喷射进汽缸,且压缩空气的高温足以引燃喷入的燃油。燃油燃烧、膨胀推动活塞做功,进排气和气门机构的工作与传统的航空活塞发动机类似。

该发动机采用 FADEC 控制燃油系统、螺旋桨和废气涡轮增压器。该 FADEC 系统有两个发动机控制单元(ECU),并密封在驾驶员座位下的控制盒中,发动机上的各种传感器为系统测量发动机的运行参数,电气线路将这些部件连接成完整的控制系统。发动机燃油泵给连接在高压油轨上的四个燃油喷射器供油,ECU 控制每个喷射器的开启,向汽缸内喷射由驾驶舱功率杆设置的正确数量的燃油。另外,该发动机配置了一个废气涡轮增压器,以提高发动机效率和功率输出。废气在排出到外界大气前,先经过一个涡轮,涡轮带动一个进气管道中的离心式压气机,空气经过中间冷却器被压入发动机汽缸。废气涡轮旁边的废气门控制流进该涡轮的废气量,可以达到不同的增压效果。

2. 航空煤油简介

航空煤油需要有较高的热值(18 400Btu/lb,1Btu/lb=2326J/kg),密度为 6.4～6.8lb/gal(美)(0.767～0.815g/cm³),硫含量必须低,凝固点为 -40～-53℉(-40～-47.2℃)。除此之外,由于发动机燃油系统的部件润滑是采用燃油来实现的,因此燃油还需具有一定的润滑性。尽管单位质量的航空汽油热值稍高于同等质量的航空煤油的热值,但煤油密度大,因此每加仑航空煤油比同等体积的航空汽油具有更多的热能。

在商用和通用航空中最常用的燃料如下。

(1) Jet-A:重煤油基燃料,闪点 110～150℉(43.3～65.6℃),凝固点 -40℉(-40℃),18 600Btu/lb(英制热量单位)。类似于海军 JP-5 燃油。

(2) Jet-A1:除了凝固点 -52.6℉(-47℃)外,其余参数与 Jet-A 一样。类似于北约带添加剂的 JP-8 燃油。

(3) Jet-B:重汽油基燃料,闪点 0℉(-17.8℃),凝固点 -58℉(-50℃),18 400Btu/lb。类似于军用 JP-4 燃油。大约 30%煤油和 70%汽油混合。

(4) Jet-A、Jet-A1 和 Jet-B 是主要的商用燃油,军用 JP-4 和 JP-5 常适于作备用燃料。

对于批准的用于发动机的燃油和燃油添加剂,技术人员应检查飞机维护手册或型号证书资料等文件。燃油添加剂是加入到燃油中的一种化合物,其含量虽少,但它能大大改进和提高燃油品质。在各种等级燃油中允许加入燃油添加剂类型和数量是依据适当的规范进行严格控制的。

航空煤油的黏度比较高，因此其对污染更敏感。由于航空煤油的特点是黏度大，使水或其他污染物更容易悬于燃油中，不易沉入油箱底部，水中含有的微生物以燃油中碳水化合物为食，产生油渣，并腐蚀油箱。另外，当温度下降至冰点以下时，油液中含有的水可能会出现结冰进而堵塞油滤，影响发动机的供油。

很多飞机和发动机制造商建议使用防冰和防微生物燃油添加剂。防微生物添加剂能杀死在燃油箱中趋于形成黏状物或废物的微生物、真菌、细菌，这些微生物体能够累积并堵塞油滤和燃油管路并腐蚀部件。防冰添加剂帮助阻止燃油中夹带的水结冰。燃油添加剂常由分配器预混在燃油中或者当给飞机加油时由勤务人员施加适量的添加剂。$PRIST_{TM}$是通常使用的包含除冰和除微生物的添加剂。

3. 航空煤油活塞发动机的燃油系统

图4-51所示为TAE 125航空煤油发动机的燃油系统示意图，该燃油系统主要由两部分组成：进气系统和发动机燃油系统。进气系统将空气从进口引至进气滤，再引至进气总管；发动机燃油系统将飞机燃油系统过来的燃油喷入汽缸。

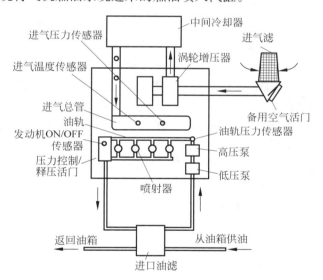

图4-51 TAE 125发动机的燃油系统

1）进气系统

进气系统的进气滤位于发动机舱的右边，防火墙的前方，连接在备用空气活门的底部，备用空气活门允许直接从发动机舱进气。活门中弹簧加载的翻盖活门在发动机工作时，选择要么是经进气滤过滤的空气，要么是发动机舱中温度高的、未经过滤的空气进入进气管道。

备用空气活门的出口连接至增压器，增压器的出口连接至中间冷却器，中间冷却器的出口连接至发动机进气总管。

2）发动机燃油系统

燃油从飞机燃油系统流入发动机燃油滤，此燃油滤位于发动机舱右上方，靠近防火墙。

进口燃油经过油滤,进入发动机驱动的低压燃油泵,低压燃油泵将燃油送入高压燃油泵,高压燃油泵将燃油送入连接喷射器的高压油轨中,在油轨末端的组合式压力控制/释压活门控制燃油压力,多余的燃油从该活门回到燃油箱。

该燃油系统的燃油滤有一个恒温旁通活门。如果多余的回油是热的但温度不太高时,则回油从发动机流出经该恒温旁通进入燃油滤。回油和从油箱来的冷油混合,增加燃油滤中燃油的温度,这样可以防止油滤堵塞。此时,没有燃油返回飞机燃油系统。如果回油温度太高,则恒温旁通直接将发动机出来的多余燃油送入飞机燃油系统的回油管路中,回油经过右油箱中的冷却回路最终回到左油箱。因此,维护时注意按手册规定的时间间隔测试、更换燃油滤。

对航空煤油活塞发动机的维护操作应严格按照手册规定执行。实际运行中,进气系统和燃油系统的故障都有可能造成发动机功率损失。对于进气系统,有可能是进气管道堵塞,或者进气滤变脏或损坏造成。对于燃油系统,燃油滤变脏或损坏、空气进入燃油分配系统、压力控制/释压活门损坏和低压燃油泵损坏等都有可能造成发动机功率损失。

4.6.3　航空活塞发动机 FADEC 控制简介

FADEC(full authority digital engine control)控制系统,通常称为全权限数字发动机控制,由于其显著优于传统机械液压式控制系统的特点,比如:控制精度高;可实现最优控制;发动机控制的自动化程度高,可减轻飞行员的工作负荷;信息的传递更方便、快捷等,故而在民用航空燃气涡轮发动机上得到了普遍且成熟的应用,但在航空活塞发动机上应用较少。本节以 TAE 125 发动机为例对航空活塞发动机的 FADEC 系统进行简单介绍。

FADEC 系统在座舱中只有一个功率杆(油门),一根电缆将此功率杆连接至发动机控制系统,为发动机和螺旋桨提供全部功能的控制。图 4-52 所示为此 FADEC 系统的原理图。

此系统包含以下主要部件:

(1) 两个数字式发动机控制单元(ECU A 和 ECU B);

(2) 发动机各参数传感器;

(3) 位于中央控制台的功率杆;

(4) 用于设置第二台 ECU 进入紧急状态及系统测试用的控制按钮;

(5) 被控制的组件;

(6) 仪表及警告指示;

(7) 电源;

(8) ECU 到发动机、功率杆、警告指示、控制按钮、仪表之间的电气连接。

该航空活塞发动机在实际运行中可能遇到 ECU 故障导致 ECU 警告灯亮,发动机不能正确响应功率杆(油门)的移动等故障,可运行 ECU 软件中的故障诊断程序或咨询发动机厂商解决。

1. 发动机控制单元

ECU A 和 ECU B 包含在同一个控制盒中,并置于驾驶舱中飞行员的座位下面,控制盒和发动机、功率杆、仪表之间用电缆连接,如图 4-53 所示。

正常的工作过程中,交流发电机为系统提供用电。当交流发电机失效时,ECU B 自动接管,同时 ECU 的备用电池提供用电。

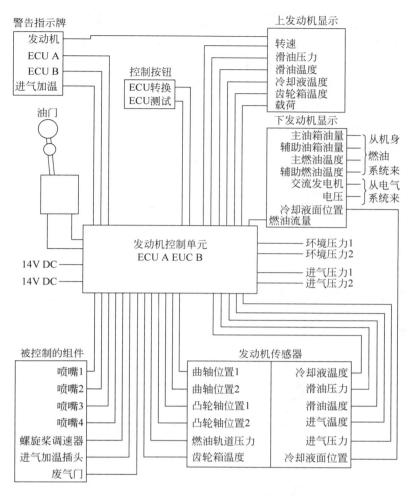

图 4-52 FADEC 系统原理图

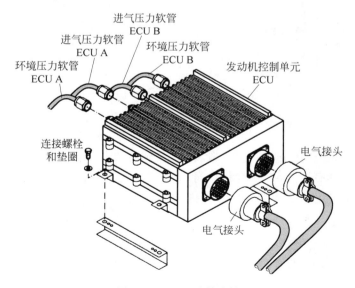

图 4-53 ECU 及其连接

位于仪表板顶上的警告指示牌有两个琥珀色的警告灯,分别指示 ECU A 和 ECU B。

ECU 测试按钮位于仪表板左侧,通过该按钮可以测试控制系统。

ECU 转换开关也位于仪表板左侧,对发动机的所有正常运行,此开关设置在 AUTOMATIC 位,此时 ECU A 控制发动机,只有在测试时才设置到 ECU B。

注意:ECU 转换开关的功能只是切换 ECU A 到 ECU B。如果人工设置回 AUTOMATIC 位,ECU B 仍保持控制状态,直到:①功率杆设置到慢车位;且②人工按下并保持住 ECU 测试按钮直到警告指示牌上的两个 ECU 警告灯熄灭。

2. 电气线路

电气线路属于发动机部件。电气线路将功率杆和传感器连接至 ECU A 和 ECU B,同时也为 ECU 按钮、警告和一些发动机仪表提供连接。

电气线路穿过防火墙左侧,P 形夹将其固定在发动机上,线路向前延伸并分开沿发动机两侧向下。

右边的线路主要沿着汽缸头穿过去,连接燃油压力调节器、燃油压力传感器、燃油喷嘴和凸轮轴位置传感器,如图 4-54 所示。其中一根电缆连接中间冷却器出口,其他电缆继续向前向下至加温插头、废气门、左和右曲轴位置传感器、齿轮箱温度传感器、冷却液温度传感器和螺旋桨调速器。

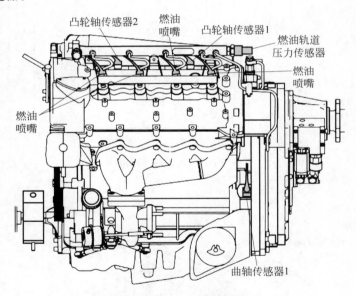

图 4-54　发动机右侧传感器

发动机左边的线路连接至滑油温度、滑油压力传感器(见图 4-55)以及启动机和交流发电机。

电气线路的修理有所限制,仅允许修理线路端头附近的损伤以及绝缘层外部的损伤。如果损伤扩展至电缆绝缘层内部,则必须更换整根线路。

3. 功率杆

图 4-56 所示为发动机功率杆的安装。其中,功率杆是一个大的 T 形杆,位于中央控制台,并带有摩擦锁,使功率杆保持在设定位置。T 形杆下的横把手允许飞行员设置或者释放

摩擦,其中横把手顶上的按钮用来释放摩擦。功率杆组件作为一个整体,安装在中央控制台的底部盖板上。

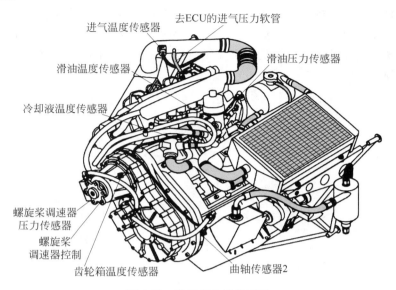

图 4-55 发动机左侧传感器

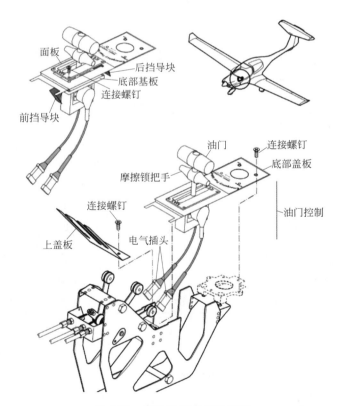

图 4-56 发动机功率杆的安装

功率杆有两个分开且独立的电路系统,其中一个给 ECU A 提供信号,另一个给 ECU B 提供信号,不管哪一路都可以控制发动机。

功率杆通过位置解析器给出与其位置成比例的电信号,此信号与进气压力、进气温度、曲轴转速等工作参数一起被发动机控制系统用来设置发动机输出功率,控制系统同时也通过控制调速器来设置最佳的螺旋桨转速,以匹配发动机的输出功率,如图 4-57 为 ECU 对螺旋桨转速的调节规律。

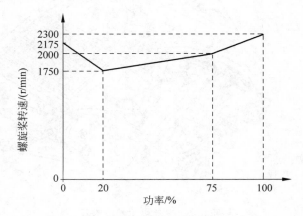

图 4-57　ECU 对螺旋桨转速的调节规律

4. 传感器

如图 4-54 和图 4-55 所示为该 FADEC 系统主要的传感器。每个 ECU 从表 4-2 所示的安装在发动机上的传感器获得发动机运行数据。

表 4-2　FADEC 系统传感器

传　感　器	位　　置
曲轴位置 1	右曲轴箱前部
曲轴位置 2	左曲轴箱前部
凸轮轴位置 1	凸轮轴中间、前部
凸轮轴位置 2	凸轮轴中间、后部
冷却液温度	调温器活门后
滑油温度	滑油冷却器软管的连接堵头上
滑油压力	滑油滤之后
进气总管的空气温度	中间冷却器出口管路上
进气总管的空气压力	中间冷却器出口管路上
燃油轨道压力	燃油轨道的前端
齿轮箱温度	减速齿轮前轴承的左侧顶部

对 FADEC 系统的维护操作应严格按照发动机手册执行。实际运行中,可能遇到 ECU 警告灯亮和发动机不能正确响应功率杆的移动等故障,这有可能是 ECU 故障造成的,按照手册中的排故和维护方法进行排故和修理。

第5章

启动与点火系统

启动和点火系统的作用是将发动机由静止状态转入运转状态。需要解决转动曲轴、启动供油和启动点火三个方面问题。

5.1 启动系统

现代航空活塞发动机是由启动机直接带动发动机曲轴旋转而启动的。

为了能够使发动机正常启动,需要满足下列要求:一是启动时因转速小,发动机主燃油泵不能正常供油,需要预先向汽缸注油(如用电动增压泵);二是启动机带动曲轴旋转时的转速一般不低于 40~60r/min(启动转速);三是电嘴应能适时地产生强烈电火花点燃汽缸中的油气混合气。

航空活塞发动机的启动方式通常采用直接启动式电动启动机和间接式电动惯性启动机,目前广泛使用的是直接启动式电动启动机。启动电源可使用机载蓄电池,也可使用地面电源。通常情况下,使用机载蓄电池提供电源来启动发动机,当数次未能成功启动发动机或机载蓄电池电压偏低或飞机未装蓄电池的情况下,则使用地面电源来启动发动机。

根据飞机用电系统设计的不同,启动电源一般使用直流 24V 或直流 12V 电源。

5.1.1 启动系统

1. 工作电路

启动系统由启动机、启动继电器、启动开关等组成,其线路示意图如图 5-1 和图 5-2 所示。

打开电瓶开关后,电瓶继电器接通,电源与汇流条相通。当接通启动开关(钥匙或按钮)时,启动继电器工作,接通去启动机的电路,启动机转动,通过固定在曲轴前端的齿轮带动曲轴转动。

2. 小功率发动机启动机

如图 5-3 和图 5-4 所示,启动机通常安装在发动机左前下方。

启动机的构造包括两大部分,即电动机和传动部分,如图 5-5 所示。

电动机为四极电动机,启动电压为 24V,电动机包括电枢、壳体及磁场线圈、电刷、轴承、罩箍、端盖。启动机上的轴承为粉末套式,用青铜或粉末青铜制成,耐磨性好。传动时,电动机要通过很大的电流,因此使用时间不能超过规定,长时间连续使用会引起故障和损坏。

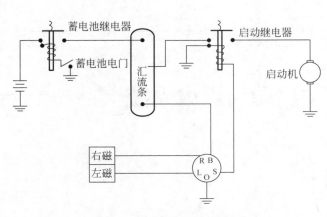

图 5-1 启动系统电路原理图

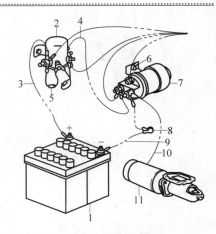

图 5-2 启动系统各附件的连接

1—电瓶；2—电瓶继电器；3,4,9,10—电缆；
5—继电器二极管；6—启动继电器固定螺杆；
7—启动继电器；8—接线螺钉和垫圈；11—启
动机

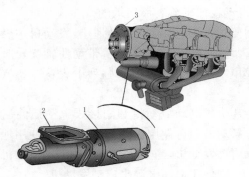

图 5-3 启动机及其安装

1—电动机；2—启动机转接座；3—大齿轮

图 5-4 启动机安装及构造

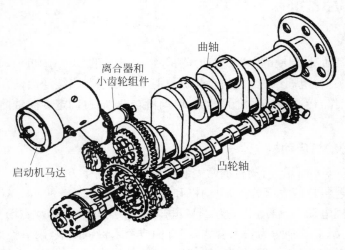

图 5-5 启动机及传动结构

启动机内部各部分的构造及安装关系如图 5-5 所示。启动机是一个串激电动机，它的激磁绕组是与电枢绕组串联的，串激电动机的转矩随转速的变化规律是：开始启动时，转速低而转矩大，以后转矩就随转速的增大而减小，这一特性很适合发动机启动的要求。

这种启动机构造比较简单，啮合和分离都是自动的。缺点是齿轮啮合时有冲击，传动比小，冬季冷发启动时较困难，所以它只适合于小功率发动机。

3. 大功率发动机启动机

1）电动惯性启动机的构造

电动惯性启动机由电动机、壳体、滚棒离合器、飞轮、减速机构、摩擦离合器、衔接机构和手摇启动装置等组成，如图 5-6 所示。

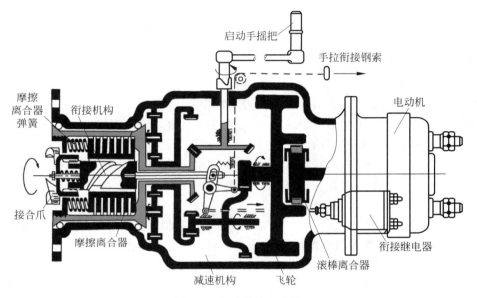

图 5-6 电动惯性启动机

（1）电动机

电动机是一个直流串励式电动机（励磁绕组与电枢串联的直流电动机），工作电压为 24V，它通过滚棒离合器带动飞轮转动。当飞轮转速大于电动机转速时，滚棒离合器使电动机与飞轮脱开。电动机的转向为左转（从后向前看），它用螺栓固定在启动机壳体的后安装座上，并与启动机成一整体。

（2）壳体

壳体分为前、中、后三部分，均由铝合金铸成。前端装有带橡皮密封圈的罩盖，以防止滑油进入启动机。

（3）滚棒离合器

滚棒离合器使电动机与飞轮连接，它装在电动机前面的轴上，由装在电动机轴上的钢制星形轮、滚棒和套圈等组成。

当电动机工作时，滚棒被星形轮上的 6 个凸起挤出，卡在飞轮和星形轮之间，使滚棒离合器与飞轮结合，带动飞轮旋转，如图 5-7(a) 所示。

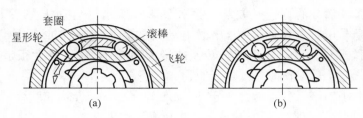

图 5-7   滚棒离合器
(a) 接合；(b) 脱开

当电动机断电后,电动机和星形轮的转速逐渐减小,当小于飞轮转速时,滚棒便落到星形轮的凹槽内,使滚棒离合器与飞轮自动脱开,飞轮靠惯性继续旋转,如图 5-7(b)所示。

(4) 飞轮

飞轮为钢制,它用两个轴承支撑在启动机的壳体上,由电动机或手摇传动装置带动,用来储蓄能量,带动曲轴转动。飞轮的最大转速可达 12 500r/min。在飞轮转轴的另一端安装有减速机构的主动齿轮。

(5) 减速机构

减速机构位于飞轮与接合爪之间,它一方面用来减小接合爪的转速,增大接合力矩;另一方面当手摇启动时又可增加飞轮的转速,以便于飞轮更好地储蓄能量。

减速机构由顺次连接的主动齿轮、钟形齿轮、双重齿轮和游星式减速器组成。游星式减速器包含有四个游星齿轮、一个固定齿轮和一个主动齿轮(即双重齿轮的小齿轮)。主动齿轮中心孔还安装有一个斜齿轮,与手摇传动装置的斜齿轮相啮合。

(6) 摩擦离合器

摩擦离合器位于减速器和接合爪之间,用来控制启动机传给发动机的扭转力矩的大小。当扭转力矩过大时,摩擦离合器的摩擦片就互相滑动,从而可以防止扭转力矩过大而损坏启动机。摩擦离合器打滑通常发生在下列三个时机:第一,发动机启动后,曲轴转速小于摩擦离合器壳体的转速时;第二,启动时发动机曲轴倒转;第三,冬季启动发动机未经加温,滑油黏性很大,转动曲轴的力矩急剧增加时。

摩擦离合器由钢质壳体、支撑轴承(两个滚珠轴承)、摩擦片和弹簧组成。摩擦片分铜质和钢质的两种,铜质摩擦片是用其外齿套在壳体内的齿槽上,钢质摩擦片是用其内齿套在接合轴套的外齿上。两种摩擦片互相间隔地叠合在一起,并通过 9 个弹簧的压紧作用,使摩擦片之间产生摩擦力。弹簧由大螺帽固定,螺帽用保险片保险。

当电动机转动后,便带动飞轮旋转储能,同时,经过减速机构、摩擦离合器、接合轴套,带动接合爪转动。

(7) 衔接机构

衔接机构用来在启动时使启动机与曲轴连接,停止启动时使启动机与曲轴自行脱开。衔接机构主要由双臂摇臂、推杆、接合轴套、接合轴和接合爪组成。

接合轴套内有左螺旋齿键,接合轴可沿螺旋齿键向前移动,同时可以反向旋转。接合轴前端有直键槽,用来安装接合爪。在接合爪与接合轴之间有一弹簧及橡皮密封垫,均套在推杆的前端,用反螺纹螺帽固定,反螺纹螺帽装在从接合爪内腔伸出的推杆前端。

在双臂摇臂的一个臂上连接着衔接继电器的钢索,另一个臂上连接着手拉衔接钢索。

当衔接机构工作时,衔接继电器或手拉衔接钢索拉着双臂摇臂转动,克服摇臂轴上弹簧的扭力,带动推杆向前伸出,并在接合轴和推杆前端弹簧的作用下,推动接合爪向前旋转伸出。于是,接合爪与发动机的附件传动轴柔和衔接,启动机便带动曲轴转动。

当衔接机构不工作时,在弹簧的作用下,接合爪便收回。

（8）手摇启动装置

手摇启动装置用来手摇转动飞轮,使发动机启动。手摇启动装置由手摇把手、传动杆和两个斜齿轮组成。两个斜齿轮中,一个由手摇把手带动,另一个装在摩擦离合器套轴上,并通过减速机构增速,带动飞轮旋转。

2）电动惯性启动机工作原理

（1）第一阶段——飞轮储能阶段

在这一阶段中,电动机通电转动,它一方面带动飞轮高速旋转,使飞轮储能;另一方面通过减速机构、摩擦离合器、接合轴套带动接合爪转动,为下一阶段接合爪与发动机附件传动轴的挂齿做好准备。电动机的全部能量,除去一部分用于克服带动接合爪等一套传动装置的摩擦外,其余的都以动能的形式储存于飞轮。

（2）第二阶段——接合爪与附件传动轴衔接阶段

在这一阶段中,电动机断电,飞轮靠惯性继续转动,将所储蓄的能量,通过减速机构、摩擦离合器、接合轴套与接合爪,带动附件传动轴转动。飞轮所储蓄的能量,除去一部分用来克服带动启动机内传动装置的摩擦外,其余的全用来带动发动机转动。

5.1.2　启动系统启动步骤和常遇故障

下面以小功率发动机启动系统为例说明启动系统启动步骤和常遇故障。

1. 启动步骤

（1）进行开车前检查;

（2）发出"离开螺旋桨"的口令或手势,确定螺旋桨附近已没有人与障碍物后,接通总电源开关;

（3）油门放在1/4位置（热发动机在全油门,因为这时汽油汽化好,应多供空气）;

（4）打开电动增压泵电门或接通注油活门;

（5）前推混合比操纵杆,观察燃油流量,待流量出现（冷发动机3～5s,热发动机1s左右）,然后拉回混合比操纵杆,关闭电动燃油泵;

（6）将磁电机/启动开关钥匙向里按入向右转至"启动"位置（最长30s）,发动机爆发后,迅速前推混合比操纵杆,松开钥匙或开关;

（7）调油门杆至转速约为1200r/min,检查滑油压力指示应在绿区。

注意：启动30s内无滑油压力应立即关车;启动机连续工作时间最长不得超过30s;如果一次启动不成功,再次启动的间隔时间不得少于5min。

2. 常遇故障

（1）启动不起来可能的原因有：①启动程序不对;②油门杆或混合比操纵杆位置不正确;③电瓶电压不足;④继电器有故障;⑤电嘴不干净或点火导线故障;⑥点火开关短路或松动搭地。

（2）启动机不转动可能的原因有：①电源开关或线路有故障；②磁电机/启动开关或线路有故障；③电机有故障。

（3）启动机工作但不能带动曲轴的原因有：①启动机传动装置损坏；②电瓶电压不足；③启动机齿轮或启动大齿轮损坏。

（4）启动机噪声大的原因有：①启动机齿轮磨损或断齿；②启动大齿轮磨损或断齿。

5.2　点火系统

发动机点火系统的功用，是按照发动机各汽缸规定的点火次序，适时地产生高强度的电火花点燃汽缸中的油气混合气。

点火系统是发动机的重要系统。它工作的好坏直接影响启动性能、发动机功率、经济性以及工作的可靠性。在实际工作中，点火系统发生的问题也比较多，据各类统计数字表明，在活塞发动机中 2/3 的故障与点火系统有关。因此，熟悉点火系统的组成、功用和工作原理，对维护好点火系统十分重要。

5.2.1　电火花的产生原理

现代航空活塞发动机的点火系统，都是借助高压电流通过邻近的两个电极时产生电火花来点燃混合气的。

1. 电火花的产生

设有相隔一定间隙的两个电极，分别与电源的正极和负极相连接，如图 5-8 所示。如果把电压提高到一定的数值，两个电极的间隙中就会出现电火花，同时发出轻微的爆裂声。在两个电极的间隙中产生电火花的现象就是：在高电压的作用下，强度足够大的电流通过了电极间隙中的气体，从而使气体白热而发光。这种现象的实质是：电极间隙中的气体，在足够高的电压（不低于击穿电压）的作用下，产生冲击电离现象，使气体变成了导电体，因而能够通过强度足够大的电流，导致电极间的气体层白热而发光。

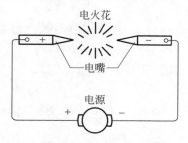

图 5-8　电火花的形成

2. 影响击穿电压的因素

从以上的分析可以知道，要在两个电极之间产生电火花，必须使两个电极之间的电压不低于击穿电压。

击穿电压的高低取决于气体密度、电极间隙、电极温度和混合气余气系数 4 个因素。电极温度和余气系数影响较小，下面只讨论气体密度和电极间隙两个因素对击穿电压的影响。

1）气体密度

在电极间隙、电极温度和混合气余气系数保持不变的条件下，气体密度越大，击穿电压越高。

2）电极间隙

在气体密度、电极温度和混合气余气系数保持不变的条件下，击穿电压与电极间隙的大小成正比。电极间隙增大，击穿电压就增高。

5.2.2　点火系统的组成

现代大多数活塞发动机点火系统都由磁电机、磁电机开关、高压导线、电嘴等组成,某些点火系统还有启动加速器、启动线圈或振荡器用于启动点火。

图 5-9 所示的点火系统为一基本组成系统。

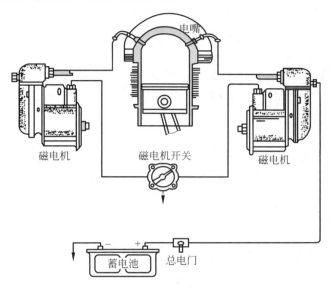

图 5-9　点火系统的组成

5.2.3　磁电机

磁电机在工作时,适时地产生高压电,并按照点火次序分配到各汽缸,供电嘴产生电火花。

1. 磁电机的结构

磁电机是点火系统的高压电源,由壳体、磁铁转子、铁芯架、线包、断电器、电容、分电器等组成,如图 5-10 所示。

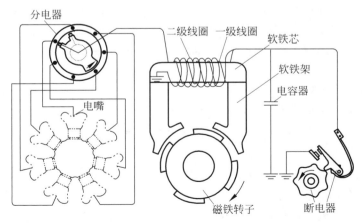

图 5-10　磁电机基本组成原理

1) 磁铁转子

磁铁转子由永久磁铁和转子轴组成。永久磁铁是铁镍铝合金制成的圆柱体,沿轴向磁化成两极(S 和 N),与其外面的钢块形成互成 90°的四个磁极。转子轴由前、后两个轴承分别支承在磁电机转子壳体和断电器壳体上,前轴承后面有轴承盘。轴的前端有两个键槽用键销分别固定冲击联轴器和传动齿轮。转子的后面有定时标志。

转子轴的后面有传运齿轮,分别带动左、右分电器齿轮,后轴还装有凸轮,并用螺钉固定在轴端。

2) 转子壳体

转子壳体由铝合金制成,壳体内腔安装磁铁转子、铁芯架和线包。为了减小涡电流损失,铁芯用很薄的矽钢片叠成,片与片之间涂有绝缘漆。壳体两边(左、右)有通气孔,通气孔由螺纹套和通气塞组成。

3) 线包

线包安装在铁芯架上,中间为软铁芯,铁芯外面绕有一、二级线圈。一级线圈的一端焊在铁芯架上,另一端经引线接到断电器固定触点。一次线圈电阻为 1Ω。二次线圈的一端焊在一次线圈的末尾。另一端焊在线包外面的高压接触片上。二次线圈的电阻为 5900～7500Ω,线包漆成红色或黑色。

4) 断电器

断电器由底盘、凸轮、接触点、接线座等组成。

底盘是由钢制成的,用螺钉固定在壳体上。松开固定螺钉,移动底盘即可调整断电器间隙。在断电器上有两个接线插座,一个接一次线圈,另一个接电容器。

凸轮在转子轴一端,凸轮上有凸峰,用来接通或断开低压电路。凸轮上凸峰数目和旋转速度,都取决于磁电机转子一转内所发出的点火次数。凸轮应该用专用润滑剂润滑。

接触点一般由钼铱合金制成,它分为活动接触点和固定接触点。活动接触点由弹簧片压紧,并与磁电机壳体绝缘,而与一次线圈相连接。固定接触点与底盘相接,并通过壳体接地。胶木顶杆一端顶在活动接触点摇臂上,另一端穿过毡片顶在凸轮上。

断电器接触点工作条件比较恶劣,应注意经常检查。接触点正常颜色是浅灰色,使用过的接触点的表面通常是光亮的。如果接触点表面呈黑色,表明有滑油、尘埃和其他外界物质污染。如果呈蓝色,原因多半是中心不准或过热。当断电器是新的时,固定接触点具有一个凸起的圆表面。应用这种设计,可以使接触点表面的接触靠近金属质量中心,从而较好地改善触点散热效果。活动触点则是一个平坦的表面。如两个接触点表面都是平坦的,实际上不可能对准中心。

断电器触点严禁锉修,因为它们极硬,所以锉下来的碎粒就会嵌入触点的工作表面,会引起较大的热量集中和触点金属的熔接。铂铱合金对于汽油和滑油的蒸气反应很灵敏,当有这种蒸气存在时,接触点的寿命要缩短,因此要防止油类进入磁电机。

5) 分电机构

分电机构由炭棒、分电齿轮、分电臂、分电站等组成。高压电从线包中高压接触片经炭棒连接到分电齿轮的正中。分电齿轮的后面固定有分电臂,高压电就经分电臂跳过分电臂与分电站的间隙按点火顺序连接到各汽缸。左磁电机连接到左排汽缸的下部电嘴和右排汽缸的上部电嘴,右磁电机连接到右排汽缸的下部电嘴和左排汽缸的上部电嘴。分电机构如

图 5-11 所示。

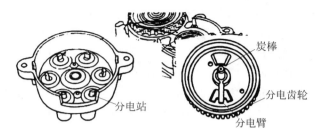

图 5-11 分电机构

2. 磁电机产生高压电的原理

磁电机产生高压电和普通发电机一样,是运用电磁感应的原理来实现的。但由于电嘴产生电火花需要很高的电压,如果像普通发电机那样,只靠线圈和磁铁的相对运动,这时产生的感应电动势不够高,不能满足跳火的需要。因此,磁电机只利用上述方式来产生低压电。然后再用断电器断开低压电路的方法,使一次线圈的低压电流和伴随低压电流而发生的电磁场迅速消失,从而使二次线圈的磁通发生剧烈的变化,产生足够高的感应电动势。这就是磁电机工作不同于发电机工作的特点。基于这个特点,磁电机由磁路、低压电路和高压电路三部分组成。

(1)磁路包括磁铁转子、软铁架和软铁芯。用以产生变化的基本磁场,形成线圈中变化的基本磁通。

(2)低压电路包括一级线圈、断电器和电容器。用以产生低压感应电流(即低压电流);并在适当时机将低压电路断开,使低压电流的电磁场迅速消失。

(3)高压电路包括二级线圈和分电器。用以在低压电路断开时,产生高压感应电流(即高压电);并将高压电按发动机的点火次序输送至各汽缸的电嘴,如图 5-10 所示。

1)低压电流的产生

(1)软铁芯内基本磁场的变化

磁铁转子是一个由发动机带动的四极永久磁铁。铁芯架和软铁芯是用许多互相绝缘的矽钢片铆合而成的,具有良好的导磁性。

磁铁转子的磁力线在软铁芯中所形成的磁场叫基本磁场。其磁通(即通过软铁芯的磁力线数)叫基本磁通,用 Φ_0 表示。

磁电机转子转动时,由于磁铁转子与铁芯架相对位置的改变,基本磁通也随着变化。

磁铁转子与铁芯架的相对位置用磁铁转子的转角 α 表示。图 5-12 所示为以 N 极对正铁芯架的左磁掌、S 极对正右磁掌的位置,作为磁铁转子转角为零时的位置,这时,由于磁极同磁掌所对的面积最大,磁路的磁阻最小,所以通过软铁芯的磁力线最多,即基本磁通 Φ_0。此时磁力线自左从 N 极出发,经铁芯架和软铁芯回到 S 极。铁芯磁力线方向自左向右,我们把磁力线自左向右时的磁通定为正值。

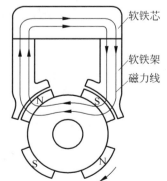

图 5-12 磁电机的磁路

　　如图5-13所示,磁铁转子由0°的位置,按顺时针方向旋转时,磁极同磁掌所对的面积逐渐减小,磁路的磁阻逐渐增大,越来越多的磁力线不通过软铁芯而直接从N极经铁芯架下端加到S极。因此,基本磁通减小,但仍保持正值。磁铁转子转到45°位置时,N极正好位于左、右磁掌之间,磁路磁阻最大,全部磁力线都不通过软铁芯,而直接从N极经过铁芯架下端加到S极,基本磁通应为零。但是由于软铁芯具有很小的保磁力,致使软铁芯中仍有少数磁力线存在。只有当转子转到中立位置后2°～3°,N极开始接近铁芯架右磁掌时,磁力线从相反的方向通过软铁芯。抵消残磁后,软铁芯的磁力线才完全消失,基本磁通为零。所以,基本磁通为零的转角是47°～48°。

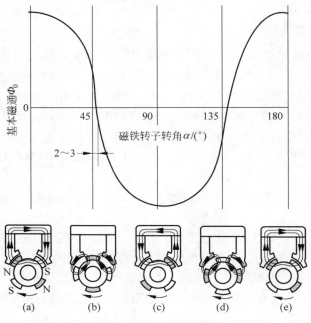

图5-13　基本磁通的变化

　　当磁铁转子从45°转向90°位置时,磁铁同磁掌所对的面积又逐渐增大,磁阻减小,基本磁通又增大。当磁铁转子转到90°位置时,基本磁通最大。但这一阶段软铁芯中磁力线方向与前相反,所以基本磁通为负值。

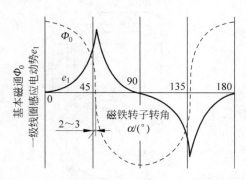

图5-14　一次线圈感应电动势与基本磁通
　　　　　变化率的关系

　　磁铁转子继续旋转时,基本磁通的变化可按上述道理推出,转过180°后,基本磁通将重复上述变化。

　　(2) 一次线圈内感应电动势的产生

　　根据电磁感应原理,磁铁转子旋转时,由于基本磁通不断变化,绕在软铁芯上的一次线圈必然会产生感应电动势。感应电动势的大小与基本磁通随时间的变化率和一次线圈圈数的乘积成正比。

　　图5-14所示为一次线圈圈数为定值的条件下,感应电动势的大小与基本磁通变化率的关系。

从图 5-14 可以看出,当磁铁转子的转角为 0°、90°、180°,即基本磁通为最大时,感应电动势(e_1)为零,而在磁铁转角为 47°~48°、137°~138°。即基本磁通为零时,感应电动势的绝对值最大。因为当磁铁转子的转角等于 0°、90°、180°时,基本磁通虽然达到最大值,但曲线变化最平缓,说明基本磁通随磁铁转子转角的变化率最小(为零),所以这时的感应电动势为零,而在磁铁转子的转角等于 47°~48°、137°~138°时,曲线变化最陡,说明这时基本磁通随磁铁转子转角的变化率最大,所以这时的感应电动势也最大。

（3）低压电流的产生及其变化

如图 5-15 所示,基本磁通的变化,使一次线圈产生电动势,如果把低压电路接通,就会有低压电流通过。由于电流是随电动势的增减而增减的,所以低压电流的变化规律与感应电动势的变化规律大致相同,如图 5-16 所示。但是低压电流达到最大值的时刻,要落后于感应电动势。电流通过的同时,在软铁芯中就随之产生一个电磁场,其磁能 $\Phi_{电}$ 的大小及方向均随电流的大小及方向而变化。由于电磁通的变化,一次线圈产生自感应电动势。根据楞次定律,自感应电动势总是起阻碍电流变化的作用:电流增大时,阻止电流增大;电流减小时,它阻止电流减小。因此,当磁铁转子转到中立位置以后 2°~3°,一次线圈感应电动势增至最大值时,由于方向相反的自感应电动势的影响,低压电流这时还达不到最大值,而要在磁铁转子再转过一个角度后,在 IO-540-C4D5D 发动机为 6°、活塞五为 11°~13°(即 IO-540-C4D5D 发动机 8°、活塞五发动机磁电机转子要转到中立位置后 13°~16°)才达到,所以低压电流达到最大值的时刻落后感应电动势达到最大值的时刻。

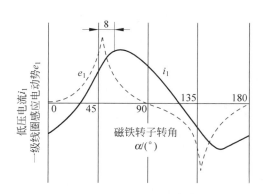

图 5-15 低压电流随 α 变化情形

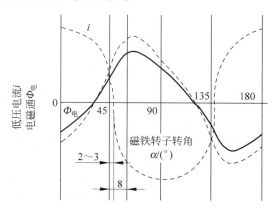

图 5-16 低压电路接通时电磁通随 α 变化情形

（4）总磁场

低压电路接通时,软铁芯中同时存在着基本磁场和电磁场。将这两个磁场合起来,就组成了铁芯中的总磁场,其磁通叫做总磁通,用 $\Phi_{总}$ 表示。

软铁芯中的基本磁通和电磁通的方向有时相同,有时相反。两者方向相同时,总磁通等于两者之合;方向相反时,总磁通等于两者之差。

图 5-17 中,1 为基本磁通,2 为电磁通,3 为总磁通。

2）高压电的产生

由于基本磁通的变化,不但一级线圈产生感应电动势,而且二级线圈也同时产生感应电动势。一级线圈感应电动势最大值约为 40~50V;二级线圈圈数较多,感应电动势较大,约

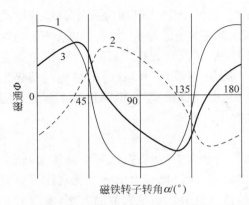

图 5-17　总磁通随磁铁转子转角的变化

为 2000V,但比电嘴需要的击穿电压(8000~10 000V)要小得多。为了要提高二级线圈的感应电动势,可以增加线圈圈数,但这样会使磁电机十分笨重,比较有效的办法是增大磁通变化率,亦即用适时地断开低压电路的办法来实现。

磁电机工作时带动凸轮转动,当凸轮的凸起顶动杠杆克服弹簧片的弹力使接触点断开时,低压电流立即中断,电磁场立即消失,软铁芯中心磁通也就立即从总磁通变为基本磁通。由于电磁场突然消失,使软铁芯中的磁通变化率变得非常大,从而使二次线圈产生出很高的感应电动势。

3) 高压电的影响因素

当凸轮转动时,凸起转过杠杆凸起后,接触点又借弹簧片弹力而闭合,低压电路重新连通,于是低压电流再度产生。磁电机工作时,低压电流和软铁芯中磁通随磁铁转子转角实际的变化情形如图 5-17 所示。

为了最大限度地提高二级线圈的感应电动势,应该在低压电流最大的时候断电。因为低压电流最大时,电磁通最大,断电后,软铁芯中磁通的变化量也最大。因而磁通的变化率最大,二级线圈感应电动势也就最大。如前所述,磁铁转子转到中立位置后 $13°\sim16°$(IO-540-C4D5D 为 $8°$)低压电流最大,所以应该在这时断电。这时二级线圈的感应电动势一般可达 15 000~18 000V。

上面所述为一定转速时磁电机初级电流随转子转动角度的变化关系。当不同转速时,磁电机初级电流的变化关系如图 5-18 所示,图中 n_4,n_3,n_2,n_1。由曲线可知,在低转速范围内,初级电流最大值比大转速时要小,而且靠近电动势曲线,发动机启动时,因转速比较低,IO-540-C4D5D 发动机没有专门的启动点火系统,为了磁电机能得到最佳启动性能,所以 E 间隙角较小,为 $8°\pm2°$。在运五发动机上由于有专门的启动线圈,故 E 间隙角比较大,大、中转速时比较适应(一般有专门的启动点火装置的 E 间隙角为 $13°\sim16°$)。

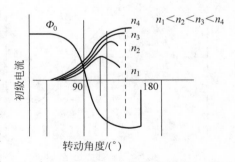

图 5-18　不同转速下磁电机初级电流随转子转动角度而变的曲线

当一级线圈断电时,由于磁通迅速变化,不仅二级线圈产生了很高的感应电动势,而且一次线圈也同时产生相当高的自感应电动势,其大小约 300~500V,方向与一级线圈原来的感应电动势方向相同。由于断电器接触点的电容很小(断电器接触点断开时,中间隔以空气,可以看作是一个电容器,但由于空气的介电系数很小,同时作为极板的两个接触点的面积也很小,故电容量很小),每升高一伏电压所需的电量很少。所以,在这样高的自感应电动势的作用下,接触点间的电压升高得很快,产生强烈的电火花。这样,一方面电火花会烧坏接触点；另一方面,由于接触点间的空气已经电离,在自感应电动势作用下,低压电流在接触点断开的最初一段时间内,将仍按原来的方向从接触点的间隙中流过,不能立即中断,致使磁通变化速度减小,二次线圈的感应电动势降低。为了解决这一矛盾,在磁电机的低压电路中并联一个电容器。如图 5-19 所示,有了电容器以后,断电时,由自感应电动势造成的电流分为两路:一路流向断电器的接触点;一路流向电容器,使电容器充电。在充电时间内,低压电路中仍有电流,直到电容器两端电压升高到与自感应电动势相等后,电流才完全消失。虽然如此,安装电容器后,低压电流的消失比没有电容器时还要快得多。因此,二次线圈感应电动势提高很多。

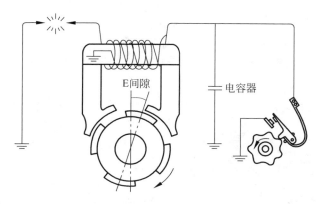

图 5-19　电容器在低压电路中的连接

低压电流消失后,电容器在它的电压的作用下,向低压电路放电,使低压电路产生与充电时电流方向相反的电流。经几次充放电以后,电容器所储存的电能就通过克服线路电阻而转换成热能。图 5-20 所示为有电容器与无电容器时低压电流消失情形对比。

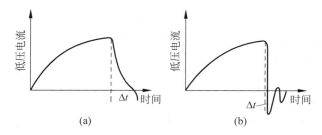

图 5-20　有电容器与无电容器时低压电流消失情形
（a）无电容器；（b）有电容器

4）高压电的分配

磁电机产生的高压电由分电器按发动机汽缸的点火次序分配到各汽缸。分电器包括两部分,转动部分叫分电臂,静止部分叫分电盘。分电臂固定在分电齿轮的正中,从线包来的高压电经炭棒与分电臂相通。分电盘由绝缘材料制成,其上装有电极的接线柱和导线插座,导线由分电器连接至电嘴。

当磁铁转子对应于 1 号汽缸转过中立位置 E 间隙时,断电器触点刚开始断开,这时分电器内的分电臂对准分电盘上的 1 号缸的电柱,二级线圈产生的高压电进入分电臂,并跳过小的间隙,输至分电盘的 1 号汽缸的分电站,再经高压导线接到电嘴。

5.2.4　启动点火装置

1. 启动加速器(也叫冲击联轴器)

现代活塞发动机的点火系统普遍未装启动线圈,启动时,点火所需的高压电由磁电机供给。但启动时,转速很小,磁电机产生的高压电还不足以点燃混合气。为解决此矛盾,在磁电机的传动轴上装有加速器。加速器的作用有两个:一是启动时,使磁电机得到一个短暂的加速,从而产生强烈的电火花,供电嘴跳火;二是起延迟启动点火的作用。

如图 5-21 所示,加速器主要由主动盘、弹簧、被动盘、飞重块组成。主动盘前端有传动爪,由附件传动齿轮带动。盘的圆臂上有两个凸起部分,此外还有弹簧长槽。被动盘呈圆形,有对称的两个凸耳,盘上有两个飞重销,飞重装在销上,灵活自如。整个被动盘用键固定在磁电机轴上,装在主动盘内,用旋紧一发条形的弹簧连接。此外,磁电机前端有圆柱钉,以配合加速器工作。

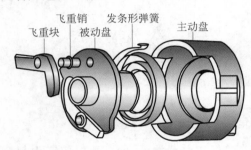

图 5-21　加速器的组成

当曲轴转动时,主动盘也转动,在重力作用下飞重块凸出主动盘外壳,被磁电机前端的圆柱挡钉挡住,此时被动盘和磁电机轴保持静止不动。当主动盘继续转动,使发条形弹簧旋紧,直到活塞大约到达上死点位置,这时,主动盘凸起部分碰到飞重块脚时,飞重块脚被顶动离开挡钉。被卷紧的弹簧迅速松脱,使被动盘和磁电机轴迅速转动。这样就相当于一个高速旋转的磁电机,从而产生强烈的电火花。

图中标注:飞重块　飞重销　被动盘　发条形弹簧　主动盘

发动机启动后,加速器的飞重块在离心力的作用下外移,并把两个连接部件(主动盘和被动盘)锁在一起,而变成一个刚性装置。

由于从动盘上装有两个飞重块,所以启动时磁电机每旋转一周,加速器将有两次起作用的机会。在六缸发动机的磁电机上,转速在 $0 \sim 75 \mathrm{r/min}$ 范围内加速应始终保持接合,转速在 $75 \sim 450 \mathrm{r/min}$ 范围内处于间歇的接合状态,转速达到 $450 \mathrm{r/min}$ 必须脱开。

启动时飞重块被挡住,使从动盘落后于主动盘,再放开飞重块使从动盘加速旋转时,由于这时主动盘也向前旋转,这就使点火时刻较之正常情况落后了(延迟角为 $15°$)。也就是说,当有了加速时会使发动机的点火提前角自动推迟,符合启动时的需要。

目前,国内使用的 LYCOMING 发动机,有少数机型选装的磁电机并未装启动加速器,也没有使用后面将要介绍的启动线圈,而是选装了一种更简单的启动振荡器。启动振荡器用来在启动点火时为磁电机低压线路供电,以达到启动点火的目的。

2. 启动线圈

启动线圈产生高压电与磁电机的大致相同,也是利用断电的方法,造成软铁芯中磁通的突然变化,从而使二级线圈产生很高的感应电动势。所不同的是:启动线圈不是借旋转的磁铁转子使一级线圈产生低电压,而是把一级线圈与蓄电池连接起来,直接从蓄电池得到低压电的。这样,低压电流的大小就与发动机转速无关,发动机启动时,一级线圈可以有足够的低压电流,断电后,就能够产生足够的感应电动势,供启动时点火之用。

　　启动线圈由软铁芯、一级线圈、二级线圈、断电器和电容器等部分组成,如图 5-22 所示。一级线圈绕在软铁芯上(图中用粗线表示),圈数一般为 150～350 圈,其一端经启动按钮与蓄电池连接,另一端经过断电器与蓄电池连接。断电器由弹簧片、接触点和调整螺丝组成,它与一级线圈串联,组成低压电路。二级线圈绕在一级线圈的外面(图中用细线表示),圈数约为 12 000～15 000 圈,其一端搭铁,另一端借高压导线和启动电极与磁电机分电器的启动刷相连。

　　启动时,按下启动按钮,使低压电路连成通路(见图 5-23),一级线圈便有了电流,一级线圈的周围就产生了电磁场。在电磁场的作用下,软铁芯迅速磁化。磁化后的软铁芯同磁铁一样,能够吸引弹簧片。当软铁芯吸引弹簧片,断电器的两个触点就被吸开时,低压电路成为断路,一级线圈的电流立即中断,电磁场随之迅速消失,软铁芯的磁通急剧地变化,这样二级线圈就产生很高的感应电动势,一般可达 18 000～20 000V。电磁场消失后,软铁芯的磁性也随着消失,断电器的弹簧片在其弹力的作用下,使接触点闭合,低压电路再度连成通路。于是又将重复上述过程,二级线圈再次产生感应电动势。可见,启动线圈工作时,断电器的弹簧片一直是在软铁芯的吸力和其本身弹力的交替作用下,来回不断的振动,从而使一级线圈的电流时断时续,二级线圈断续地产生高压电。一般的启动线圈,弹簧片每秒钟振动的次数可达 500～600 次之多,因此启动线圈每秒钟产生高压电的次数也达 500～600 次。

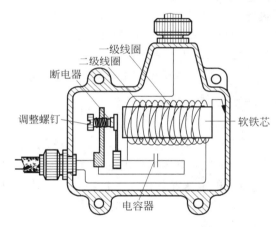

图 5-22　启动线圈的组成部分

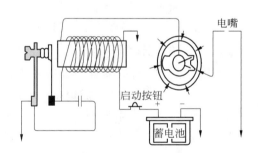

图 5-23　启动按钮电路

　　为了防止断电时一级线圈的自感应电动势使断电器接触点间产生强烈的电火花,在低压电路中装有电容器。电容器与断电器并联,其电容一般为 0.35～0.4μF。

　　启动线圈产生的高压电,借高压导线和启动电极输送到磁电机分电器的启动电刷,然后经分电站,按发动机的点火次序分配给各汽缸的电嘴,产生电火花。

　　由于一级线圈的电流很大(例如蓄电池的电动势为 24V 时,一级线圈电流的平均值可达 1.5～2A),所以启动线圈每次连续工作的时间不能太长,否则,将使线圈过热,以致烧毁线圈周围的绝缘体。目前的发动机,启动线圈每次连续工作的时间一般都不允许超过 60s。

5.2.5　电嘴

　　电嘴的功用是产生电火花,点燃汽缸内的混合气。

1. 电嘴的工作条件及要求

电嘴是在非常恶劣的条件下工作的,因此对电嘴提出了机械、电气及热性能等方面的要求。

(1) 机械方面。电嘴应能承受混合气燃烧时产生的高压。由于发动机转速很大,在额定功率时,每分钟要点火 1200 多次。每次爆发时,电嘴的绝缘体都遭受到突然的冲击,企图把电嘴的中心部分冲走,同时,高压也给电嘴的密封造成困难。

(2) 受热方面。电嘴工作时,要交替地忽而受爆发后燃气的高温加热,忽而受进气时新鲜混合气的冷却,这种冷热交替的频率很高。高温将使材料的强度和绝缘性变差,温度的剧烈变化使电嘴各部分膨胀和收缩程度不一致而破坏电嘴的密封性。因此,要求绝缘体材料,在高温条件下,要有足够的强度和良好的绝缘性。此外,还应具有较好的传热性能和适当的膨胀系数(与中央极的膨胀系数大致相等)。目前采用陶瓷作为电嘴的绝缘体能较好地符合上述要求。

(3) 电的方面。电嘴的绝缘体应具有良好的绝缘性,在 15 000～20 000V 的电压下,应能保证不被击穿。

(4) 电嘴的密封性能。电嘴的全部结构应当保证电嘴的完全密封。当电嘴密封性能不好时,废气将使绝缘体破裂。

(5) 电嘴的热特性。混合气燃烧时,大量热传给电嘴,为了不使整个电嘴,特别是伸入汽缸内部的中央极和绝缘体过热,电嘴必须使大量的热传至外界空气,保证中央极及绝缘套的温度不超过 800℃。否则,易引起混合气自燃,破坏发动机正常工作,另一方面中央极和与混合气接触的绝缘套的温度又不应低于 500℃,这一温度称电嘴的自洁温度。比这个温度低,落在中央极和绝缘体上的汽油与滑油将不能烧掉,形成导电的炭层。

2. 电嘴的工作情形

如图 5-24 所示,电嘴有中央极和旁极,发动机工作时,磁电机产生的高压电接到中央极,在中央极和旁极之间形成很高的电位差。当二次线圈的电压达到电嘴的击穿电压时,电嘴电极间的气体便发生强烈的电离。形成深蓝色发亮的电火花。由于旁极经电嘴壳体与隔波装置和发动机机体塔铁。所以,电流经过高压导线、电嘴、隔波装置和发动机机体以及磁电机本身而组成回路。二次线圈感应电动势的方向是正负交变的,所以,高压电路中电流的方向也是变化的。电嘴跳火时,电火花总是在最小的一个间隙中产生,当这个间隙由于电极腐蚀和电侵蚀而增大以后,电火花就在另一个间隙中产生。

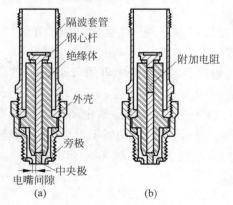

图 5-24　电嘴的组成

隔波套管
钢心杆
绝缘体
附加电阻
外壳
旁极
中央极
电嘴间隙
(a)　(b)

3. 电嘴的构造

电嘴由壳体和中心部分组成。

壳体为钢制,可起隔波作用。壳体上、下都有螺纹,上螺纹接高压导线,下螺纹拧入汽缸头,接合面有铜密封垫。壳体底端环形槽上焊有一个镍铬环,环上有两个旁极。

中心部分由绝缘瓷管、中央极附加电阻和密封填料组成。附加电阻增大了次级线圈所需电压,这样就缩短了电嘴电极间的火花时间,结果就减小了对无线电的干扰,减轻了电极的腐蚀和损耗,减少了前一次放电对后一次放电的影响,增长了电嘴的使用寿命。中央极和旁极之间的间隙为电嘴间隙。

4. 冷电嘴和热电嘴

由于电嘴工作时必须具有足够高的温度,以烧去头部能引起故障的污染物,但温度过高会导致发动机早烧的发生,因此电嘴工作时的温度必须保持在一定的范围内。电嘴温度的控制是由其向汽缸头的传热能力来决定的,而传热能力主要决定于电嘴下部绝缘瓷体的长短。下部瓷体长的,传热距离长,不易散热,叫做热电嘴如图 5-25(b)所示;下部瓷体短,传热距离短,易散热,叫做冷电嘴,如图 5-25(a)所示。对于高压缩比,汽缸头温度高的发动机一般用冷电嘴。

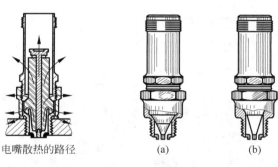

电嘴散热的路径 　　　　(a)　　　　　(b)

图 5-25 冷电嘴和热电嘴
(a) 冷电嘴;(b) 热电嘴

电嘴冷、热特性一般在电嘴牌号上都有标明,如 RHM38E、RHM40E。其中,R 表示有附加电嘴;H 表示有屏蔽(即有筒式隔波装置);M 表示拧入汽缸部分的螺纹直径为 18mm;40 表示冷热情况,数值大的为热电嘴,数值小的为冷电嘴;E 表示具有两个旁极。

为了保证电嘴的热性能与发动机相适应,每型号的发动机在选用电嘴前都经过电嘴选型试验,选型试验是在标准发动机上进行的。所以对厂家确定的电嘴型号,使用中不能随意更换,特别是在同一台发动机上,冷、热电嘴不能混用。

5. 影响电嘴产生电火花的因素

1) 电嘴间隙

在正常情况下,每类电嘴都具有规定的电嘴间隙。但由于电极长期受到腐蚀,电嘴间隙将逐渐增大;若使用过程中,旁极受到机械碰撞或间隙校正不当,也会使间隙变大或变小。

如间隙大于规定值,会使击穿电压升高,造成点火困难,甚至不能产生火花(特别是启动点火困难,因启动时磁电机产生的高压电低);另一方面,由于击穿电压升高,高压电路中的电压也必然升高,可能把绝缘体击穿,磁电机将不能正常工作;最后,间隙过大,还降低了磁电机的高空性。如间隙过小,则会引起火花强度减弱;同时,电嘴间隙减小,还有可能使电嘴间隙处因积炭造成短路而不产生电火花。当电嘴间隙不满足规定值时,需要通过专用电嘴间隙调整工具进行调整,以达到手册所规定的值。调定间隙后应该用圆形塞规来检测,让塞规和中间电极的中心线平行地插入到每个间隙内。如图 5-26 所示为一种电嘴间隙调整工具和一种测量工具。

图 5-26　电嘴间隙调整及间隙测量工具

2）电嘴挂油、积炭、积铅和受潮

由于涨圈磨损，会使大量滑油进入燃烧室，或由于长期在富油状态下工作，未燃烧的燃油便附着在电嘴绝缘体表面，造成电嘴挂油。在一定温度的影响下，形成炭层，这就是电嘴积炭，如图 5-27（a）所示。使用含铅量高的汽油，燃烧时形成氧化铅沉积在电嘴上，形成电嘴积铅，如图 5-27（b）所示。

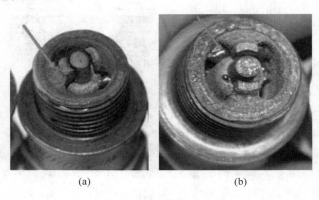

(a)　　　　　　　　(b)

图 5-27　电嘴积炭和积铅

（a）积炭；（b）积铅

此外，如保管维护不当，潮湿空气和水分进入电嘴，会引起电嘴受潮。积炭、积铅、潮湿的空气和水分都是可以导电的，这样就相当于电嘴并联了一个分路电阻。炭层将中央极与壳体连接起来，引起漏电，导致次极线圈电压降低，积炭或积铅越厚，分路分阻越小，漏电越严重，甚至使电嘴不能跳火，如图 5-28 所示。针对上述电嘴不正常的情况，可以按照厂家推荐的程序和溶剂清除掉电嘴上的油污、积铅和积炭，比如使用喷砂方法去掉积铅。

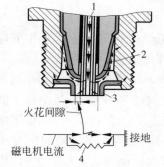

图 5-28　有分路电阻时的工作

1—中央极；2—积炭层；

3—旁极；4—分路电阻

3）电嘴温度

根据前述，电嘴绝缘体下部和中央极的温度不能过高，也不能过低，一般最高不超过 800℃，最低不少于 500℃。温度过高时，易产生早燃；过低时，电嘴不能自洁。所以，只有电嘴温度保持在规定范围内，才能正常产生电火花。

要保持电嘴温度在规定范围内，必须使电嘴的散热能力和电嘴受热情况相适应。高压缩比发动机,燃烧后温度高,传给电嘴的热量多,电嘴散热能力应大;低压缩比发动机,燃烧后温度较低,传给电嘴的热量低,电嘴散热能力应较小。需要采用散热能力多大的电嘴,是由工厂经试验确定的。更换电嘴时,一定要看牌号是否符合规定。

5.2.6　磁电机开关

磁电机开关用来操纵磁电机产生或不产生高压电。常见的磁电机开关有按钮式和钥匙式。某些磁电机开关还和启动开关组合在一起,称为启动点火开关或磁电机/启动开关。

单纯的磁电机开关较简单,下面介绍组合式开关。如图5-29所示为某种使用较为普遍的磁电机/启动开关。

1. 工作

磁电机开关并联在低压电路上。一般的电路开关,在关闭位置,电路断开;而在打开位置,电路接通。磁电机开关正相反。磁电机开关在"开"位,电路是断开的;磁电机开关在"关"位,电路是接通的。磁电机/启动开关有五个位置,如图5-29所示。将钥匙插入中间的钥匙孔。

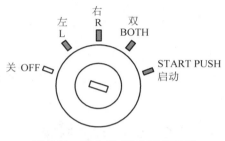

图5-29　磁电机/启动开关面板

(1) 向里压磁电机开关钥匙,向右转到"启动"位(即前推右转)接通启动线路,发动机爆发后,松开钥匙,自动跳到"双"(BOTH)位置。

(2) 磁电机开关在"双"位,左、右磁电机的低压电路都在关断位置,两个磁电机都能产生高压电。

(3) 磁电机开关在"右"位,右磁电机低压电路在开关处断开,右磁电机产生高压电;而左磁电机在开关处与地线接通,左磁电机不产生高压电。

(4) 磁电机开关在"左"位,左磁电机的低压电路在开关处断开,左磁电机能产生高压电;而右磁电机的低压电路在开关处与地线接通,右磁电机不产生高压电。

(5) 磁电机开关在"关"位,两个磁电机的低压电路都在开关处与地线接通,两个磁电机都不产生高压电。

图5-30所示为西锐SR20飞机点火系统的组成。

2. 磁电机开关的关断试验

关断试验的目的是检查磁电机开关的接地导线是否接地,若磁电机开关在"关"位发动机不熄火,说明磁电机开关在"关"位不起作用,接地导线是断开的,开关仍然是工作状态,有这种情况必须排除,因为这是不安全的。特别是装启动加速器的磁电机更是如此。在关断试验时,判明发动机不爆发,转速下降200～300r/min以后,应尽快地把开关放回"双"位,这样可减少放回"双"位时的放炮现象。

5.2.7　点火系统的隔波装置

点火系统工作时,电器上有交变电流流过,因而在电路周围形成变化的电磁场。这个变化的电磁场,对飞机无线电收发装置的天线会发生影响,使它产生感应电动势和感应电流,从而引起无线电信号失真,产生噪声和杂音,干扰飞机无线电通信。

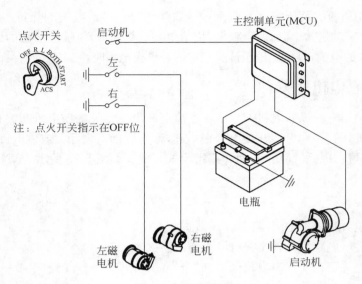

图 5-30　点火系统

为了消除点火系统对飞机无线电通信的干扰,一切交变电流通过的地方,都需要用金属罩遮蔽起来,这种金属罩叫做点火系统的隔波装置。

图 5-31　高压导线的隔波装置

根据点火系统各部分的具体情况,隔波装置采取了不同的型式。磁电机和电嘴等机件的内部电路以它们本身的金属外壳作为隔波装置,外部的导线则以隔波软管或金属压成的套管作为隔波装置。金属外壳或金属套管称为硬式隔波装置,隔波软管(金属网)称为软式隔波装置,两种隔波装置工作原理是一样的,如图 5-31 所示。下面以软式隔波装置为例加以说明。

隔波软管套在导线外面,将导线完全包围起来,其两端均与发动机搭铁面连接形成闭合的通路。当交变电流通过导线并在导线周围形成变化的电磁场时,隔波软管上就产生感应电动势和感应电流。根据楞次定律,隔波软管上的感应电流的方向与导线中电流的方向相反。因此,就产生了一个方向与导体电磁场方向相反的新磁场,即隔波软管的电磁场。如图 5-32 所示,

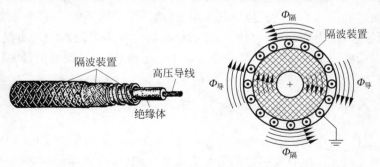

图 5-32　隔波原理

⊕符号表示导线及其中电流的方向(指向里面),箭头 $\Phi_导$ 表示导线电磁的方向(顺时针方向);符号⊙表示隔波软管上产生的感应电流方向(与导线中电流的方向相反),箭头 $\Phi_隔$ 表示隔波软管电磁场的方向(反时针方向)。可见,在具有隔波软管的情况下,导线上有交变电流通过时,在导线的周围同时存在两个方向的电磁场,在没有电磁损失的条件下,它们的强度相等,互相抵消,从而消除对无线通信的干扰。

实际上电磁损失是不可避免的,为了尽可能减小电磁损失,一般选用导磁性能好且不易磁化的铜或铝作隔波材料。此外,根据上述,隔波装置相互连接必须好,并要与发动机搭铁,否则就不能起到消除干扰的作用。

5.2.8 点火系统维护

1. 磁电机定时

磁电机定时的目的,是保证发动机在工作中,当曲轴转到最有利的提前点火角度时,电嘴恰好获得最高的电压而产生强烈的电火花,以使发动机发出最大功率。可见,维护工作中,磁电机定时的好坏,直接影响发动机的性能。磁电机定时时,下列四个条件要同时具备:

(1) 1 号汽缸的活塞位置必须在压缩行程上死点前规定的提前点火角;

(2) 磁电机的磁铁转子必须在中立位置后 E 间隙位置;

(3) 凸轮的凸起正好使断电器触点初断;

(4) 分电器的分电臂必须对准 1 号汽缸分电站电桩。

如果上述四条中有一个没有达到,则叫定时不准确。当汽缸点火发生在最佳曲轴位置之前,则叫定时过"早"。这时燃烧产生的压力将抵抗活塞向上运动,导致发动机功率的损失、过热并可能产生不正常燃烧。如点火发生在最佳曲轴位置之后,则叫定时过"晚"。这时燃气最大压力不在上死点后 $10°\sim15°$ 时出现,而在更晚的时刻出现,并且其数值也将减少;同时,混合气没有足够的时间燃烧。使燃烧不完全,同样会导致发动机功率的损失和经济性的下降。

磁电机定时分内定时和外定时两种。

1) 磁电机的内定时

将磁电机内部各机件的配合关系调整到使电嘴能够获得最高电压的状态叫做磁电机的内定时。

磁电机内部各机件——磁铁转子、断电器和分电器在工作中必须遵循一定规律,即磁铁转子转到中立位置后 E 间隙位,断电器触点开始断电,而分电器中的分电臂正好对准 1 号汽缸分电站电桩。所以,磁电机内定时包括以下三方面。

(1) 设定开始断电的时机

即保证磁铁转子在中立位置后 E 间隙位,开始断电。初断时机的早晚决定了断电器间隙的大小。

断电间隙是指当活动触点的支臂与凸轮峰垂直时断电器的固定触点与活动触点之间的间隙。当初断时机提前时,断电器间隙增大;当初断时机延后时,断电器间隙减小。断电器间隙大小可通过松开断电器底盘螺钉,移动底盘来调整断电器初断时机来改变。

断电器触点初断时机的确定方法,在不同构造形式的磁电机上可能有所区别,但其原理都是一样的:使磁铁转子在 E 间隙位,调整断电器的两个触点开始断开(初断)。

下面以使用较为广泛的 SLICK 磁电机为例,说明断电器初断时机调定程序。

① 将如图 5-33(a)所示的 E 间隙规插入磁铁转子体上的 E 标记槽内,如图 5-33(b)所示。E 标记槽分 L 和 R 标记槽,应按照磁电机壳体上铭牌注明的磁电机工作时转子转动方向选择 L 或 R 标记槽。

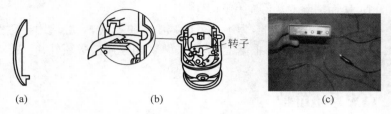

(a)   (b)   (c)

图 5-33   磁电机内定时
(a) E 间隙规;(b) E 间隙规的使用;(c) 磁电机内定时器

② 按照转子工作转动方向转动转子,使 E 间隙规靠在铁芯架上保持不动(最好用工具固定转子)。

③ 将如图 5-33(c)所示的定时器地线(黑色)接到磁电机壳体上,再将另一根线(红色或绿色)接到断电器的接线插片上。

④ 打开定时器开关,此时定时器上相应的灯应闪亮。若灯一直保持亮或灭,则说明断电器不在初断位置,应适当调松断电器底盘固定螺钉,移动底盘使定时器灯闪亮,然后拧紧螺钉。此时,断电器初断时机为最佳位置,即 E 间隙位。

⑤ 安装分电器并按图 5-33(a)所示进行分电臂定时。

(2) 检查断电器触点间隙

不同型号的磁电机,其触点间隙值的规定也存在差异。不论是什么型号的磁电机,一旦断电器初断时被调定,其触点间隙值应在其规定的给定值范围内。若间隙值小于给定值范围下限,说明断电器凸轮或活动触点的(支臂)顶片磨损超标,则要更换断电器凸轮(一般为塑性材料制造)或触点组件(顶片磨损时);若间隙值大于给定值范围上限,则可能是断电器初断时机调定不准,或是由触点组体变形引起,应重新调定断电器初断时机或更换变形的触点组件。

断电器触点间隙的大小,决定了断电时间的长短。断电时间长短,以断电器断开的时间内磁铁转子转过的角度来表示(从初断到重新闭合止),这个角度称为断开角。断开角越大,则断电的时间越长。断电时间的长短,直接影响接触点重新闭合时,一次线圈内低压电流的增长情况,从而影响下次断电时的低压电流数值。在断电时机一定(即角度一定)的条件下,断开角度越大,则接触点重新闭合的时机必须延后,闭合时机延后,必然使闭合角减小(即闭合时间缩短),而低压电流的增长需要一定时间,所以到下一次断电时,低压电流的数值比正常时小,造成二次线圈电压降低。断开角越小,则接触点重新闭合的时机越提前,这样一来,在接触点闭合的初期,由于一次线圈内的感应电动势是反方向的,因而先产生一个反向的电流,这个电流所产生的电磁通将妨碍低压电流的增大,使下一次断电时的低压电流值减小,同样使二次线圈的电压降低。

通常,初断时机调定后,则要用塞尺(见图 5-34)检查断电器触点间隙值的大小。

（3）分电臂定时

分电臂定时，就是要使分电臂在断电器切断的时候恰好对准1号汽缸的分电桩。此时分电臂与电柱之间的间隙最小，向电嘴输电时能量损失较小。所以，分电臂定时，必须在做好前两项定时的基础上进行。要保证分电臂在断电器切断的时候恰好对准所指定的分电桩。

图5-35(a)、(b)所示分别为某两种不同型号的磁电机确定分电臂对准1号汽缸分电桩的方法。

图5-34　一种断电器触点间隙检查塞尺

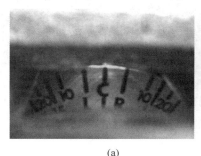

(a)

(b)

图5-35　确定分电臂是否对准1号汽缸分电桩

如图5-35(a)所示，安装在磁铁转子上的小齿轮上的R或L标记(R表示右旋磁电机，L表示左旋磁电机，磁电机壳体上的标牌上有注明。应对准分电器壳体上的I刻线，然后用定时针插入分电器壳体上相应的R或L孔)表明分电站对准1号汽缸分电桩。

如图5-35(b)所示，通过磁电机壳体两侧观察孔(平时安装有通气堵塞)观察分电器齿轮上的红色齿位于孔中央(对准刻线)，表明分电站对准1号汽缸分电桩。

当上述条件均符合后，磁电机的内定时应是准确的。

2）磁电机的外定时

磁电机内定时，保证了电嘴能获得最高的电压而产生强烈的火花。但要保证这个最强的火花正好产生在发动机曲轴转到最有利的提前点火角时，则需要磁电机外定时。

在往发动机上安装磁电机时，将磁电机与发动机的配合关系，调整到使电嘴获得最高电压的时机与发动机提前点火的最有利时机相吻合的状态，叫磁电机的外定时。磁电机外定时必需在内定时正确的基础上进行，其步骤如下。

（1）拆下1号汽缸电嘴，转动螺旋桨找到压缩行程上死点前某一角度，即提前点火角(看启动机大齿轮上的刻度对正发动机纵轴线，或对准启动机上的小圆点)。

（2）将组合好的磁电机装上发动机，先不要固定死。

（3）使用定时器以帮助确定磁电机触点断开的准确时刻。将红色导线或绿色导线连接磁电机开关端相连的正极(或断电器接触点)，将黑色导线连接到发动机上任意未喷漆的表面，该表面为负极。转动磁电机壳体，一直到灯闪亮为止。

（4）复查定时时，把曲轴退回去2°～3°，定时灯便会熄灭，或灯保持亮(灯亮或灭由使用的定时器内部电路设计决定)，再慢慢按正常旋转方向转回到大齿轮盘上定时标记对准启动机壳体上的小圆点时,磁电机上的定时灯应闪亮,则为定时准确,然后拧紧磁电机固定螺帽到规定的力矩。

(5)检查左、右磁电机定时的协调性。用定时灯检查,两个灯应同时亮,同步角允许在1°范围内。

磁电机的内定时和外定时如图5-36所示。

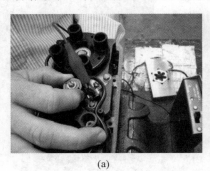
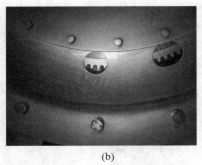

(a)　　　　　　　　　　　　(b)

图5-36　磁电机的内定时和外定时

(a) 内定时;(b) 外定时

2. 点火系统的故障和维护注意事项

点火系统的故障,最后都表现在电嘴火花弱或不跳火。由于火花弱或部分电嘴不跳火,会出现下列后果:①由于各汽缸爆发后压力不均,使发动机振动;②由于燃料在汽缸内燃烧不完全,到排气管复燃,引起放炮;③由于燃烧时间延长,使发动机的功率和经济性下降;④由于启动时点火不好,发动机启动不起来。

1) 磁电机故障

(1)断电器间隙不正常和断电器接触点不良。断电器间隙过大或过小时,会使二次线圈电压降低,火花减弱,引起发动机掉转过多,发动机功率下降。但间隙增大时比间隙减小时掉转相对要少一些。因为间隙增大,由于提前点火角增大,可以弥补一些火花减弱的影响。断电间隙变化的原因,主要是不断跳火花时的电侵蚀和胶木摇臂的磨损等。断电器接触不良,会使接触电阻增大,断电时的低压电流减小,二次线圈电压减小。造成接触不良的主要原因是接触点间进入油污和发生金属转移。

(2)线包绝缘性变差。线包绝缘性变差时,会使线包和壳体之间以及线包与附件的金属接触点和部件间发生放电现象,使磁能损失增大,二次线圈电压降低。检查单磁时会发现掉转过多,可看到线包放电部分烧黑。线包绝缘性变差的主要原因是线包受潮和温度过高。

(3)磁电机内部高压电导出部分接触不良,产生强烈的电火花,使分配到电嘴的电压降低,且会把跳火部分烧坏。

(4)分电盘裂纹。产生裂纹后,在裂纹处会发生漏电现象,也使二次线圈电压降低,影响电嘴跳火。

(5)分电桩磨损、烧伤。会使分电臂与电桩之间间隙大小改变,影响输往电嘴的电压。

(6)磁电机定时不准。由于定时不准,使提前点火角过大或过小,都会使发动机的功率和经济性下降。

(7)断电器的弹簧片折断和低压导线在接线处掉下。出现上述现象,都会使低压电路断路,磁电机不产生高压电。

(8) 磁电机上的启动加速器的飞重块由于过脏或磁化,不能活动自如,飞重块不能在重力作用下凸出于主动盘外壳,因而不能被挡钉挡住,发条形弹簧不能上紧,因而启动不起来。

2) 磁电机维护注意事项

(1) 保持磁电机内部清洁、干燥,严防水分、油污进入,因此吹洗发动机时要特别注意。

(2) 保持继电器接触点清洁、接触良好,断电器间隙合乎规定,清洁断电器时应用酒精,并用鹿皮或绸布擦拭。测量和检查断电间隙时,拨动活动接触点的角度不宜过大,同时注意不要遗留脏物。

(3) 磁电机的散热通风要良好。

(4) 平时不要乱扳螺旋桨,以免损坏启动加速器,同时当磁电机开关不好时,易引起爆发打伤人。

3) 电嘴的故障

(1) 电嘴挂油积炭。这主要是由于长期过富油或涨圈磨损,大量滑油进入燃烧室造成的。在使用中当小转速时间过长时也易造成电嘴挂油积炭。

(2) 电嘴积铅。使用含铅量高的汽油和在贫油巡航状态工作久易积铅。

(3) 电嘴受到撞击及电嘴间隙变化或瓷绝缘体损坏,使电嘴内部漏电。

(4) 受电侵蚀和燃气的腐蚀使电嘴间隙变大。

4) 电嘴的维护注意事项

(1) 保管电嘴时,应放在干燥的地方,以免受潮;同时应注意防止弄脏和碰坏;掉在地上的电嘴不能再用,因瓷绝缘体很可能已损坏。

(2) 检查电嘴的铜垫片,不应有压坑、变形,否则会影响密封和传热。

(3) 安装电嘴前,为了避免电嘴螺纹和汽缸头上的螺纹烧结在一起,应预先在螺纹上涂上一层石墨油膏,但应注意不要使油膏掉在电极上。往汽缸上拧电嘴时,开始不要用扳手,要用手拧,直到电嘴贴住垫片,然后用力矩扳手以规定的扭矩,把垫片压紧,形成不漏气的密封。

(4) 拆装电嘴时不要碰坏电极。当拆卸电嘴拧不动时,可滴上煤油再拧,如仍拧不动,可启动发动机,使汽缸头温度升高,停车后一般可拧下。禁止用榔头敲击扳手来拧动电嘴,以防损坏绝缘体。

(5) 清洗电嘴时,要用不含铅的汽油,以防汽油挥发后在绝缘体上面有铅。做压力试验时,正常压力一般为 $105\sim120\text{lbf/in}^2$($7.3\sim8.4\text{kgf/cm}^2$)。检查电嘴间隙时,应用圆塞规,用平塞规给出的间隙值不准确,如图 5-37 所示。因为旁极的轮廓线形状是围着中央极的。电嘴间隙不合规定的不能安装。

(6) 在使用中要防止电嘴挂油积炭。为此,滑油压力不能过高;发动机在慢车时间不宜久;当滑油消耗量过大或汽缸压缩性不好时,要检查涨圈情况;混合气不能过富油。

(7) 安装电嘴时要注意电嘴的旋入部分的长度不能过长和过短。如旋入多(未装垫片),则突出部分的电嘴端部温度升高较多,可以引起积热点火,形成早燃。相反如旋入部分太短(如多装了垫片),则形成一个凹空间,燃烧产物可以聚存在这个空间,这

正确

不正确

图 5-37 电嘴间隙检查

样将使混合气不容易达到电极,可能导致点火中断。正确的应使旋入汽缸的电嘴端部与汽缸内壁相平。

图 5-38　电嘴托架

（8）电嘴拆下时要放在有汽缸标志的托架（见图 5-38）上,以减少对电极、螺纹和绝缘体的损坏,同时可以根据电嘴的外观来判断各缸的工作情况。

（9）各缸高压导线长短不同,各缸的工作情况也不一样,因此各缸电嘴侵蚀现象往往不同。为了调整和改善电嘴侵蚀现象,每 50 个小时可将拆下的电嘴放在一个托架中,该托架的电嘴位置按汽缸次序和上、下部电嘴的位置排列,如图 5-39 所示。图中,T 表示上部电嘴,B 表示下部电嘴,然后按箭头所示互换,这样可延长电嘴使用期限。

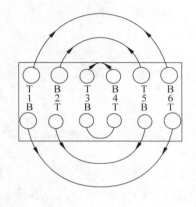
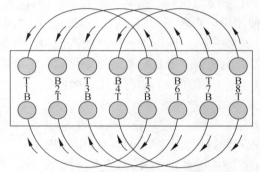

互换火花塞,顶端与底端的互换,长线与短线的互换

图 5-39　电嘴互换

5）高压导线的故障

（1）高压导线绝缘体被击穿。电嘴弯管处因拆卸时活动较多,加之受汽缸和电嘴传热的影响,易击穿,在击穿处一般可看到小黑点。汽、滑油落到高压导线上易腐蚀高压线的绝缘体,使其绝缘性能变差。

（2）高压线接触不良。例如,高压线与分电桩之间、高压线与电嘴之间等。

（3）由于潮湿形成的漏电。潮湿空气和水分进入高压线的隔波套以及电嘴壳体时,引起绝缘体表面的导电能力提高,因而在高压导线暴露部分与隔波装置之间发生漏电,使能量损失增大,二次线圈电压降低,电嘴火花减弱,甚至不跳火。

6）高压导线维护注意事项

（1）防止高温对高压导线的影响。例如,高压导线不能靠近排气管;停车后,不要马上盖蒙布等。

（2）防潮湿。要注意各电缆连接处的密封,雨后及时对发动机进行通风、晾晒。雨中飞行时,在飞行后应对点火系统进行详细检查,如发现水分应彻底排除。

7）磁电机开关的故障

磁电机开关的转轴及接触点,因经常转动又无润滑,会磨下少量金属屑在底盘上,这样容易构成通路,特别是水分进入时更加严重,会造成磁电机开关失效。

第6章

进气与排气系统

发动机要连续不断地进行循环工作,就要不断地将新鲜混合气吸入汽缸,经过燃烧放出热能,对活塞做功后变成废气,然后排出汽缸,让另外一些新鲜混合气进来取而代之,使发动机连续不断地输出功率,为此,发动机上设有进、排气装置。本章主要介绍航空活塞发动机的进、排气系统。

6.1 进气系统

6.1.1 进气系统的功用

发动机工作时,要消耗大量的空气,进气系统的作用有以下四方面:一是,把足够的空气,以尽可能小的能量损失,导入发动机并将空气或混合气均匀分配到各个汽缸;二是,能够消除吸入空气中所含的尘土和杂质;三是,要防止进气通道内结冰;四是,对于增压式发动机,还要在必要的时候增加进气压力,以提高发动机的有效功率。吸气式发动机和增压式发动机的进气系统略有不同,以下主要介绍吸气式发动机进气系统的工作情况。

6.1.2 吸气式发动机的进气系统

1. 概述

简单来说,对典型的吸气式发动机,外界空气通过发动机包皮上的进气口进入,经过滤后用管道引入汽化器或燃油注射器,再经进气歧管和进气门进入汽缸。

航空活塞发动机基本的进气系统包含一个收集进口空气的集气斗和将空气送至进气滤的管道。进气滤通常安置在汽化器加温装置中,或者接近附属于汽化器、燃油喷射控制器的壳体中。轻型飞机装备的活塞发动机通常采用汽化器燃油系统或者直接喷射式燃油系统。当空气通过燃油计量装置后,一个带有若干较长弯曲管道的进气歧管将油气混合气送到汽缸。

各主要部件的功用:进气集气斗位于发动机整流

图 6-1　整流罩下方的集气斗

罩上,以将尽可能多的空气引入发动机进气系统,如图 6-1 所示。进气滤防止灰尘和其他外来物进入发动机。过滤后的空气进入燃油计量装置(汽化器或者燃油喷射器),节气门在此处控制进入发动机的空气流量。从节气门出来的空气压力称为进气压力,单位通常是 inHg(1inHg＝3386Pa),并用它来衡量发动机功率的输出。

2. 组成

1) 前半部分的组成

把节气门前的进气装置称为进气系统的前半部分。对于汽化器式发动机,燃油和空气在文氏管中混合形成油气混合气,经过节气门进入进气歧管,进气歧管均匀分配混合气去各个汽缸的进气门。对于直接喷射式发动机,空气经过节气门进入进气歧管,在各汽缸进气门外和燃油混合后进入汽缸。

如图 6-2 所示,装有汽化器的吸气式发动机的进气系统由进气管道、节气门、温度控制系统、热空气活门等组成,这些装置形成了一个能把空气或油气混合气输送到汽缸去的长弯曲管道。

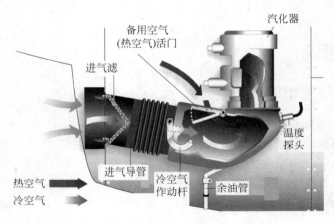

图 6-2　吸气式发动机进气系统

进气道由进气滤、固定管、柔性管等组成。进气滤用来过滤空气,防止大气中的灰尘或其他外来物进入发动机。固定管、柔性管为进入发动机的空气提供一个流动通道。

节气门是汽化器的一部分,用于控制空气流量。节气门的开度不同,空气流量不同,开度大,空气流量就大。汽化器的功用是提供与空气成比例的燃油,与空气混合、蒸发,形成余气系数恰当的混合气。

温度控制系统包括感温器、冷空气活门和热空气活门。感温器安装在汽化器的进口或出口处,感受汽化器进口或出口处的温度,并通过在驾驶舱内的指示器指示进气温度,用于判断有无结冰的危险。热空气活门正常情况下是由弹簧加载到关闭位置,当有结冰危险时,可以关闭冷空气活门,靠发动机吸力打开热空气活门,引入热空气,防止进气道结冰。如果进气道进口意外发生堵塞,发动机的吸力自动打开热空气活门,为发动机提供备用进气。如果随着热空气活门打开,发动机有回火现象,那么弹簧的弹力将自动地关上热空气活门,以防止发动机的火焰窜出来。

进气道加温需要的热源,通常使用发动机舱内散热汽缸以后的热空气,有些发动机也使用专门的加温装置,利用发动机废气对进气进行加温后使用。

　　2）进气歧管的布置

　　油气混合气或者空气经过节气门后要经过进气歧管分配到不同的汽缸,进气歧管有若干不同的排列,常用的有上吸式和下吸式进气两种布置。

　　上吸式进气系统由两条空气流道和一个恒压管组成,若干进气竖管将空气输送至汽缸的进气口,如图6-3所示。恒压管用来减少两边空气流道之间的压力不平衡。对于汽化器式发动机,维持进气系统中恒定且均匀的气体压力很重要,以便每个汽缸都能进入相同量的燃油。在直接喷射式发动机上,燃油喷射在进气门前的进气口中,恒压管保持每个进气口压力一致同样重要。

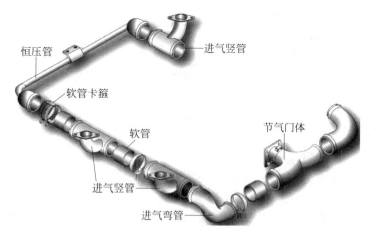

图6-3　上吸式进气歧管布置

　　下吸式进气系统在一个比较宽的操纵范围内,都能向各个汽缸提供最佳的气流,如图6-4所示。更好的燃油和空气配比,使发动机运转更加流畅和有效。空气从进气歧管流至进气口,和从燃油喷嘴喷出的燃油混合形成可燃混合气体之后,当进气门打开时进入汽缸。

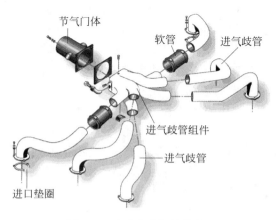

图6-4　下吸式进气歧管布置

还有的发动机将位于下部的进气歧管弯到发动机上部来,如图 6-5 所示。

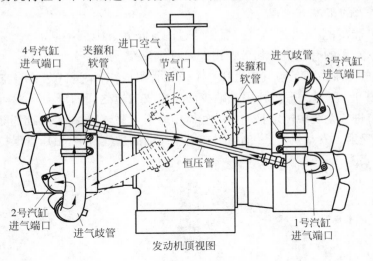

图 6-5　某活塞发动机进气歧管的布置

3. 主要部件

1)进气滤

灰尘进入发动机是发动机出现故障的重要根源。灰尘是由小硬颗粒的石英砂和其他物质组成的,随空气一起进入发动机,其中大部分在排气时与废气一同排到大气中去,也有一部分落到发动机进气系统部件的表面和汽缸壁上,灰尘聚集在进气系统的燃油控制元件上,会影响各种功率下的油、气的适当比例关系;汽缸壁上的灰尘,会加剧磨损汽缸壁表面和活塞涨圈,然后污染滑油并随着滑油通过发动机,引起轴承和齿轮的进一步磨损。在极端情况下,灰尘颗粒的聚集能堵塞滑油通路和引起滑油不足。

虽然灰尘的情况在地面是最严重的,但是在一定飞行高度的空气中仍然含有灰尘,在某些地区,灰尘可以被带到极高的高空。因此,所有发动机在进气系统的进口处,都装有进气滤来滤除空气中的灰尘和杂质,避免发动机出现过度磨损、滑油消耗量过大等问题。

航空活塞发动机进气滤的种类较多,常用的有纸质气滤、泡沫(海绵)气滤和金属滤网等类型。进气滤安装在进气系统管道的最前面,功用是防止外界灰尘和杂物进入发动机内部。

多数活塞发动机使用的纸质和泡沫气滤不能重复使用,需要定期进行检查和更换。泡沫气滤一般有两层,前面的一层滤孔较粗,用来滤除较大的灰尘,后面一层滤孔较细,可以滤除较小的灰尘;气滤还在滑油和防锈化合物的混合液体中浸泡过,能够吸附细小的灰尘。图 6-2 所示的是装用泡沫气滤的吸气式发动机的进气系统。

典型的金属滤网由两片装配在一个骨架上的铝制滤网组成,前滤网是干燥的,后滤网上则涂有汽、滑油的混合液。滤网由驾驶舱内的操纵手柄进行操纵。当发动机在有灰尘的大气条件下工作时,应使用滤网对进气进行过滤;但是,在不是十分必要的情况下,应尽量不使用滤网,因为这会使发动机进气压力减小,降低发动机功率。另外,在雪天飞行时使用进气滤网必须防止滤网上的滤孔被堵塞,引起发动机工作不正常。金属滤网通常使用百叶窗结构,如图 6-6 所示,当迎面气流经过滤网时,被分成许多细流,且流动方向急剧改变。一方面由于灰尘颗粒是固体的,质量比空气大,惯性大,趋向于直线运动,撞到滤网的凸出部分后被分离出来,落到下部排出系统;另一方面,由于后滤网上涂有油液,使前面吹来的灰尘粘附在油层上。这样,使进入发动机的空气得到了过滤。

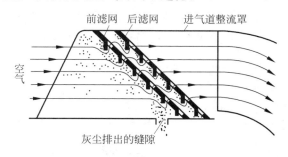

图 6-6　金属滤网的工作情况

有些进气装置有一个带弹簧的过滤器活门,当过滤器过多地被堵塞(如冰或污物等)时,它能自动打开,防止气流被切断。

过滤系统的效率取决于适当的维护和使用,为了使发动机使用安全,定期分解和清洗过滤器元件是很重要的。

2) 加温装置

(1) 进气系统的结冰

活塞发动机进气系统容易结冰的部位主要是在文氏管喉部、节气门后侧和气流方向突然发生转折的管壁上。

进气系统结冰一般分为三种形式:燃油汽化结冰、节气门结冰、冲击结冰。

发动机工作时,燃油从喷嘴喷入进气系统,燃油和空气进行混合并蒸发,燃油蒸发所需的热量来自进入汽化器中的空气,使进气温度下降。这不仅会使燃油汽化不良,混合气变贫油,如果外界大气温度本就较低、湿度较大,燃油汽化使空气温度降到冰点以下,就容易在系统内形成结冰,称为燃油汽化结冰。有些使用燃油注射器的发动机,将燃油喷在汽缸进气门附近,由于此处靠近汽缸头,温度较高,可以有效地防止燃油汽化结冰。

空气流经节气门和文氏管时,由于气流通道面积减小产生节流,会使气流速度增加,压力和温度下降,如果空气的温度降到冰点以下,空气中的水蒸气,就会在节气门或文氏管喉部结冰。

当飞机在较低外界大气温度条件下飞行时,外界大气中的雪、雾等会在飞机表面上受到气流冲击的部位积聚,形成冲击结冰。通常冲击结冰发生在进气滤网上,堵塞进气通道,使发动机功率急剧下降。如果空气中的冰粒极为细小,可以通过进气滤,由于惯性的作用,会在进气气流方向突然发生转折的进气管壁上积聚,形成冲击结冰。

图 6-7 所示为装用汽化器的发动机进气系统的结冰形式和结冰位置,也称为汽化器结冰。

从以上分析可知,即使飞机在晴天飞行,虽然外界大气温度高于冰点,但只要进气温度较低、相对湿度达到一

图 6-7　汽化器结冰

定条件,就可能会在进气系统内结冰,如图 6-8 所示。飞行中进气系统结冰是非常危险的,不仅会使气流通道截面积减小,进气量减少,从而降低发动机功率,还可能使节气门被冰层卡住,无法操纵。结冰严重时,脱落的冰块甚至会进入发动机内部,损坏内部机件(如内增压器等)。进气滤上形成的冲击结冰,可能堵塞进气道,导致发动机功率损失甚至造成空中停车。因此,在活塞发动机上,设计有专门的加温装置防止进气系统结冰及结冰后能消冰。

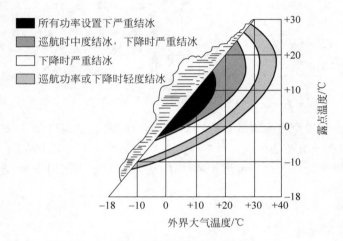

图 6-8　汽化器结冰条件

(2) 进气系统的加温装置

一种加温装置是利用润滑后的热滑油或汽缸冷却液流过汽化器文氏管的外壁,将热量传给空气和燃油。另外,活塞发动机通常也利用汽缸散热后的空气或经加热装置加热的空气为热源,将热空气引入进气系统的上游(通常位于进气滤之后、结冰危险区之前)对系统进行加温,以防止或消除结冰。寒冷天气对进气系统加温还可以使燃油汽化良好,与空气混合均匀,改善发动机的性能。汽化器加温装置示意图如图 6-9 所示。

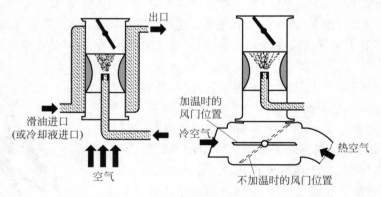

图 6-9　汽化器加温装置示意图

进气加温装置包括温度控制系统、热源和座舱内的操纵机构,操纵机构有"冷""热"及中间位置。正常情况下,操纵机构位于"冷"位,加温热空气通道被全部堵死,发动机正常吸入外界空气,这时为不加温。当进气系统有结冰危险时,应将驾驶舱内的加温操纵机构手柄向

"热"位移动,直到进气系统温度上升到消除结冰危险时为止;操纵机构一般可以停在任何中间位置,同时开放冷、热空气通道,对系统进行部分加温。将操纵机构置于"热"位时,冷空气通道被堵死,热空气通道全部打开,系统引入的全是热空气,为全加温。

对进气进行加温以后,进气温度升高,充填量减少,混合气变富油,引起发动机功率损失。如果加温使用不当,进气温度过高,还会引起早燃或爆震等不正常燃烧,特别是在起飞和大功率工作时更危险。既保证能够可靠防结冰,又要防止发生早燃或爆震,发动机厂家通常对进气加温的使用都有详细的说明。一般来说,使用进气加温应注意以下问题:

① 当没有结冰危险时,不要使用进气加温,将加温操纵机构置手柄于"冷"位;

② 为防止回火损坏热空气活门,在发动机启动时不应使用进气加温;

③ 飞行中如果进气系统已经发生结冰(通常是平飞时进气压力自动下降),不要加温过猛,防止冰块脱落打坏发动机内部机件。

在一些飞机上,使用一种液体除冰系统作为除冰的辅助装置,由酒精箱、酒精泵、喷嘴和驾驶舱内的控制装置组成。当发动机舱的热量不足以防止结冰和消除结冰时,可以用液体除冰系统除冰。使用酒精作为除冰剂会使混合气变富油,在大功率工作时,轻微的富油是可以的,但是,在低功率工作时,使用酒精可能使混合气过富油,影响发动机正常工作,因此,使用酒精除冰要特别小心。

3) 节气门

节气门位于文氏管和发动机之间,由飞机座舱中的油门杆通过机械连接控制其开度。通过节气门,可以调节去汽缸的空气流量,并控制发动机的功率输出。实际上,随着进入发动机的空气流量增加,燃油计量装置能自动提供足够的燃油以维持正确的油气比。因为进气量增加,文氏管中的流速增加,喉部压降增加,迫使更多的燃油喷入进气流。当节气门全开平行于气流时,节气门几乎不阻碍空气的流通。节气门的工作如图 6-10 所示。

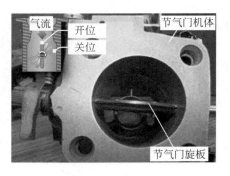

图 6-10　节气门

通常节气门组件是一个铝铸件,包括节气门轴和节气活门组件。节气门的内径面积是适合发动机尺寸大小的。

4. 常见故障及维护

进气系统的故障主要是堵塞或漏气,表 6-1 所示为进气系统的常见故障及排故措施。

进气系统被堵塞,使发动机在整个工作过程中的进气量减少,功率下降,严重时会导致发动机停车或在地面无法启动。

进气系统渗漏的原因较多,如进气管裂纹、密封垫损坏等都会导致进气渗漏。进气系统漏气会改变油气混合气的比例,使发动机工作不稳定。对吸气式发动机来说,漏气通常使发动机变贫油。轻微的漏气不容易发现,因为对发动机的大功率影响不大,只是在小转速时因进气量较小、漏气量相对较大时,发动机工作不正常才能反映出来。

表 6-1　进气系统常见故障诊断

可能原因		故障隔离程序	排故措施
发动机不能启动	进气系统阻塞	检查进口集气斗和空气导管	移除阻塞物
	进气系统漏气	检查汽化器安装和进气管	装紧汽化器,修复或更换进气管
发动机运行不稳定	空气导管松动	检查空气导管	装紧空气导管
	进气管漏气	检查进气管垫圈、螺母	拧紧螺母
	发动机气门卡阻	拆下摇臂室盖,并检查气门的作动	润滑使卡阻的气门能自由活动
	气门推杆弯曲或者磨损	检查气门推杆	更换磨损的或损坏的推杆
功率偏低	进气导管限流	测试进气导管	移除限流
	备用空气活门(热空气活门)损坏	检查备用空气活门	更换备用空气活门
	进气滤变脏	检查进气滤	清洗进气滤
发动机慢车转速不正确	进口滤垫萎缩	检查是否恰当安装	更换进口滤垫
	进气管破洞	检查进气管	更换有缺陷的进气管
	汽化器安装松动	检查安装螺栓	上紧安装螺栓

在发动机所有的定期检查期间,都应检查进气系统有无堵塞、裂纹和渗漏,系统的所有装置应固定可靠。进气系统堵塞,如破布片进入进气道就会影响空气流量;松掉的螺栓和螺母如进入发动机就会引起发动机的严重损坏。因此,进气系统应经常保持清洁。

使用金属滤网的进气系统,过滤器应定期检查。如果过滤器灰尘多,或者没有适当的滑油膜,那么过滤器应分解并清洗。在除尘之后,一般过滤器应在一种滑油和防锈化合物的混合液体中浸泡,并在装回之前清除掉其上过多的浸泡液。

6.1.3　增压式发动机

1. 概述

增压式发动机的进气系统比吸气式发动机增加了增压装置,增压装置一般使用离心式增压器,用来提高进气压力。带增压器的活塞发动机叫做增压式发动机。在大气中飞行的飞机,随飞行高度增大,大气压力逐渐降低,如果使用的是自然吸气式的活塞发动机,其进气压力亦逐渐降低,进气行程的进气量逐渐减少,发动机的功率逐渐下降。当飞机由海平面升高到 3048m(即 10 000ft)的高度时,发动机的功率大约损失海平面功率的 23% 以上。如果改用增压式发动机,即使在高空飞行,由于增压器可以使进入汽缸前的混合气的压力增高到海平面处的大气压力,所以,在高空也能使发动机发出接近海平面时的功率。

因此,发动机增压是指增大发动机的进气压力,增大进气压力可以增加发动机的有效功率,以改善飞机的起飞性能和发动机的高空性能。但是,由于增压器的增压使汽缸的进气温度升高,经过压缩行程使汽缸内的气体温度更高,因而,与吸气式发动机相比,增压式发动机更容易发生爆震。所以,增压式发动机使用的燃油,其抗爆性要更好,而且发动机的功率要有一定的限制。

按照传动的方式不同,增压式发动机常用传动式(内)增压器、废气涡轮(外)增压器,或两者混合增压。传动式增压器增加汽化器后油气混合气的压力,而废气涡轮增压器在空气与计量燃油混合前就增加了其压力。

一些增压系统主要用来维持发动机的进气压力不随飞行高度增加而降低,这种增压系统不是真正的增压系统,其不能将进气压力增加到30inHg以上。一个真正的增压发动机,或者叫做地面增压式发动机,可以将进气压力增加到30inHg以上,大于周围的环境压力。

2. 传动式增压

大功率星型活塞发动机多使用发动机轴带动增压器,使用这种增压系统的发动机叫做传动式增压发动机,这种发动机的进气系统如图6-11所示。曲轴通过一齿轮系带动离心式增压器的转子,使气体增压后进入汽缸。这种增压系统所消耗的功来自发动机自身输出的轴功,为与下面将介绍的废气涡轮增压发动机的增压系统相区别,又把此种增压系统称为内部驱动增压系统。

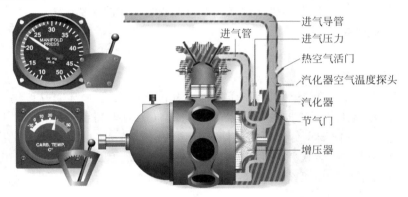

图6-11　传动式增压发动机进气系统

图6-12所示为传动式增压发动机增压器和曲轴的传动关系。由图可以看出,油气混合物由汽化器流出,进入增压器,通过增压器转子旋转增压,使混合物均匀混合、升温,油雾汽化,继而进入汽缸。图6-13所示为离心式增压器,在该增压器中,气体的增压由两步完成:第一步,由高速转动的叶轮将流入中心的油气混合物通过离心力将其加速并沿径向甩向四周;第二步,具有很大动能的混合气流入扩压器,扩压器是由很多弯曲扩压器叶片(静子叶片)组成的静子,任意相邻两个静子叶片间的通道都是截面积逐渐增大的扩压管,通过扩压管混合气体的动能变为压力势能,使流速减小,压力增大。经过扩压器增压后的气体通过进气管道进入汽缸。增压器的尺寸不可能很大,为使尺寸不大的增压器具有较大的增压能力,增压器转子的转速必然要比曲轴转速高得多,所以在曲轴和增压器轴之间备有增速齿轮组,其增速比通常在6∶1~12∶1之间,这意味着当发动机转速为2600r/min时,增压器的转速可能高达31 200r/min;或者说,发动机每增大(或减小)100r/min时,增压器转速可能增大(或减小)1200r/min。为使增压器的工作尽量平缓,在改变发动机转速时应尽量做到柔和操作。

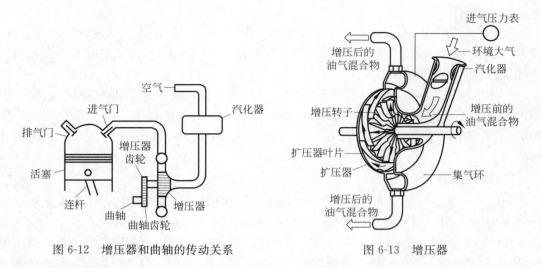

图 6-12　增压器和曲轴的传动关系　　　　　图 6-13　增压器

有的活塞发动机还使用了双速增压器,在低空飞行时使用低转速,在高空飞行时使用高转速。这样的增压系统会使发动机性能进一步提高,但是其结构十分复杂。

3. 废气涡轮增压

1) 分类

(1) 补偿式涡轮增压发动机的进气系统

一些轻型飞机上的活塞发动机装备了外传动补偿增压系统,由于其从废气中吸收能量,故称为补偿式涡轮增压器。这样的增压器不能将进气压力提高到 30inHg 以上,故不是真正的增压器,它只能补偿随飞行高度增加使进气压力降低造成的功率损失。在许多这样的轻型飞机发动机上,补偿式涡轮增压器只能在某一高度以上才能使用,比如 5000ft (1524m)。补偿式涡轮增压系统的进气系统和排气系统的布局如图 6-14 所示。

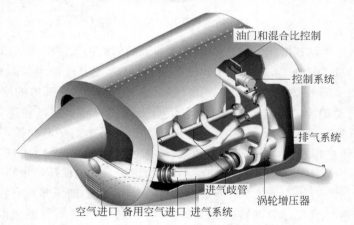

图 6-14　补偿式涡轮增压发动机的进气系统

(2) 地面增压式涡轮增压发动机的进气系统

地面增压式涡轮增压系统可以从海平面高度工作到发动机的临界高度,相比于不带废气涡轮增压的发动机,可以在海平面发出更多的功率。先前提到过,发动机进气压力增加到

30inHg 以上才被真正的增压,这种涡轮增压系统可以将发动机的进气压力增加到 30～40inHg。

此种废气涡轮增压系统包含一个位于发动机整流罩侧边的冲压空气进口。如果进气系统的进气滤堵塞,则整流罩中的备用空气活门允许增压器自动吸入备用空气(发动机的散热空气)。在许多情况下,进气滤堵塞时可以手动打开备用空气活门。图 6-15 所示为进气滤没有阻塞时的进气情况,图 6-16 所示为进气滤阻塞后的进气情况。

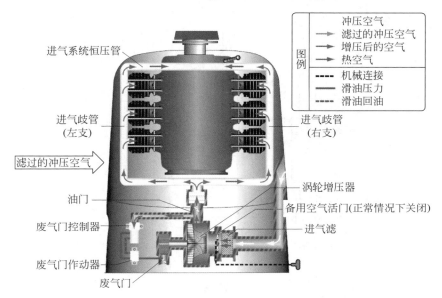

图 6-15 地面增压式发动机的进气系统(进气滤无阻塞时)

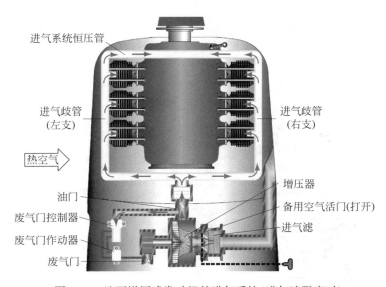

图 6-16 地面增压式发动机的进气系统(进气滤阻塞时)

2）典型废气涡轮增压系统的主要部件

图 6-17 所示是一个典型的地面增压式涡轮增压进气系统，使用广泛，包含如下几个主要部件：废气涡轮增压器、废气门组件、密度控制器、压差控制器。

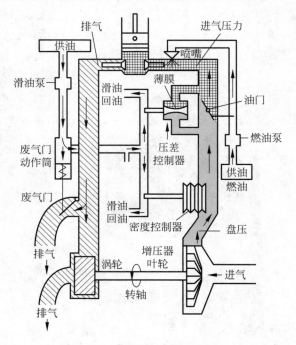

图 6-17　典型废气涡轮增压系统

（1）废气涡轮增压器

典型的废气涡轮增压器由三部分组成：增压器组件、废气涡轮组件、全浮动轴承组件，如图 6-18 所示。增压器的组成和工作原理与传动式增压器的组成和原理一样，只不过其由废气涡轮通过一根转轴带动，这一完整的组件可以称为转子，并由轴承支撑。

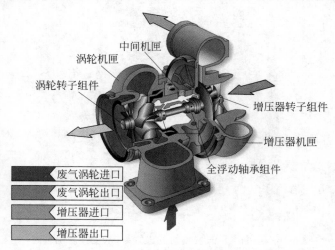

图 6-18　废气涡轮增压器结构

废气涡轮安排在活塞发动机的排气道中,是一个向心式的叶轮,或是由导向器和工作叶轮组成轴流式涡轮。发动机工作时,由汽缸排出的高温废气经排气道通过涡轮膨胀做功后再排放到大气中。废气涡轮所做的功,通过连接轴传到增压器,使进入增压器的空气增压,并将增压后的空气送到发动机汽化器或者燃油控制器的进口。因此,这种增压系统也叫做外部驱动的增压系统。

利用发动机滑油来润滑和冷却支撑增压器转子的轴承,由发动机滑油系统供油。一根连接在滑油冷却器后部的供油软管将滑油送至涡轮增压器的中间机匣和轴承,回油软管又将回油从涡轮增压器送至发动机后部的回油泵。供油路上设有单向活门,防止发动机不工作时滑油进入涡轮增压器。增压器转子轴上使用涨圈封严,防止滑油从中间机匣进入涡轮机匣和增压器机匣。

废气涡轮增加了排气系统的阻力,使发动机的功率有所损耗,但因增压系统为发动机增添的功率要比因废气涡轮带来的功率损耗大得多。

废气涡轮增压系统已广泛应用,小型发动机用得更多。这是因为传动式增压系统需要使用笨重且昂贵的齿轮传动系统,同时,现代冶金技术和先进的涡轮设计也为废气涡轮的使用提供了有利条件。

(2) 废气门组件

通过废气涡轮的废气流量决定了涡轮的功率,涡轮输出的功率大小决定了增压器使气体升压的高低。所以,改变增压器的增压比是通过控制废气的流量来实现的。为此在废气涡轮的前方设有一个控制废气流量的废气门,其位于废气收集器上,其功用是:控制进入废气涡轮的废气流量,调整或保持废气涡轮和增压叶轮的转速。

废气门的调节方法有三种:一是由驾驶员直接通过操作杆来控制;二是将废气门操作杆和油门杆联动控制;三是自动控制。为方便驾驶和使结构简单,还常使用固定式废气门,当然这种废气门的性能不如可调废气门好。

几乎所有的废气涡轮增压系统都使用滑油作为工作介质来控制增压器的增压程度,因为废气门作动器和控制器使用发动机的压力滑油作动力来源。如图 6-19 所示,滑油压力作用在废气门组件中的一个活塞上,活塞与废气门阀用机械连杆连接,控制着废气门蝶阀的位置。

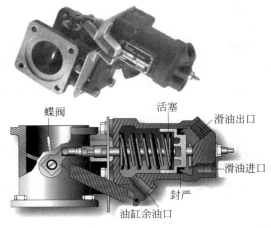

图 6-19　废气门组件

各种不同的控制器要么限制滑油流动,要么允许滑油流回发动机,以给作动器活塞提供正确的滑油压力。通常采用两种控制装置控制流回发动机机匣的滑油流量:密度控制器和压差控制器,这两个控制器相互独立工作,决定了流回发动机机匣的滑油量的多少,并在废气门活塞上建立起相应滑油压力。

如图 6-17 所示,滑油流动越受限,作动器上的滑油压力越大,废气门就关得越小。这将导致大量废气通过废气涡轮,使增压器转速增加,提高进气压力,发动机输出功率增加。相反,如果作动器上的滑油流动不受限,进气压力将降低,发动机输出功率减小。通常把从增压器出口到节气门这段的气体压力称为盘压(deck pressure)或者上盘压(upper deck pressure)。

当废气门全开时,则所有的废气都不通过废气涡轮,而通过尾喷管直接排入大气,增压器对进口空气无增压。

当废气门全关时,则所有的废气先通过废气涡轮,而后再从尾喷管排入大气,增压器对进口空气全增压。

当废气门部分打开时,则有相应数量的废气通过废气涡轮,而另一部分废气通过尾喷管直接排入大气。也就是说,废气门由"开"到"关"通过废气涡轮的废气流量不断增大。开大废气门,直接排入大气中的废气流量增多,流经废气涡轮的废气流量减少,同时,废气流出的阻力减小,废气涡轮进口处的废气压力降低,使废气涡轮进出口的压力比减小,这两个因素都使废气涡轮的输出功率减小。反之,关小废气门,废气涡轮输出的功率增大。

当废气门处于"全开"和"全关"两个极端位置之间时,只要发动机在最大高度以下就可以维持恒功率输出。一台设计临界高度为 16 000ft(4876.8m)的发动机,当其高于 16 000ft 时,不能产生百分之百的额定进气压力。临界高度意味着,在指定转速下或指定输出功率下,发动机的进气压力能维持在标准大气压力的最大高度。

在最大工作限制以下的每一组功率设置都有相应的临界高度存在。如果没有改变相应的功率设置,但飞机高于临界高度,废气门会自动向全关位运动,试图维持发动机恒功率输出;这样,当高度处于海平面时,废气门几乎在全开位;当飞机爬升时,不断向全关位运动,以维持预先选定的进气压力。当废气门全关时(留有一点缝隙防止气门粘结),如果飞机继续爬升,进气压力将开始下降。如果不能设定一个更高的功率,则废气涡轮的临界高度已经达到。超过这个高度,功率输出将减小。

(3) 密度控制器

密度控制器用来限制临界高度以下的进气压力,只在油门全开时调节废气门作动器的回油量。密度控制器的波纹管充满干氮,感受燃油喷射器进口和增压器之间气体的压力和温度变化。波纹管的运动决定了放油阀的位置,改变了滑油回油量,并改变作用在废气门作动器活塞顶上的滑油压力。

(4) 压差控制器

除油门全开时由密度控制器控制废气门外,在其他油门位置,压差控制器都能起到控制作用。压差控制器中隔膜的一边感受油门上游的空气压力,另一边感受油门后靠近汽缸的气体压力。在油门全开位时,密度控制器控制废气门位置,作用在压差控制器隔膜上的气体压力最小,控制器弹簧使放油活门处于关位。在部分油门位置,作用在隔膜上的压差增加,放油活门打开,允许滑油流回发动机机匣,使废气门活塞改变位置。这样,在全部油门位置,密度控制器和压差控制器各自独立地控制废气涡轮增压器的工作。如果发动机在部分油门位置工作时没有压差控制器的超调功能,则密度控制器会自动调节废气门位置以获得最大的功率输出。

3）常见故障及维护

表 6-2 给出了废气涡轮增压发动机进气系统常见的故障现象、可能原因和排故措施,这些仅仅只是指导性意见,不能代替厂家的说明或故障隔离程序。

表 6-2　废气涡轮增压发动机进气系统常见故障、可能原因和排故措施

故　障	可　能　原　因	排　故　措　施
飞机未能达到临界高度	增压器或涡轮叶轮损坏	更换涡轮增压器
	排气系统泄漏	修复排气系统
	涡轮增压器的轴承故障	更换涡轮增压器
	废气门不能全关	参考"故障"栏的废气门部分
	控制器故障	参考"故障"栏的压差控制器部分
废气门不能全关	废气门轴承太紧	更换废气门
	滑油进口堵塞	清洗作动器的滑油进口
	压差控制器失效	参考"故障"栏的压差控制器部分
	废气门连接杆损坏	更换连接杆,并调节废气门正确地开关
废气门不能打开	滑油出口堵塞	清洗并重新连接滑油回油管路
	废气门连接杆损坏	更换连接杆,并调节废气门开关
	控制器失效	参考"故障"栏的控制器部分
压差控制器失效	封严泄漏	更换控制器
	隔膜损坏	更换控制器
	控制器活门卡阻	更换控制器
密度控制器失效	封严泄漏	更换控制器
	波纹管损坏	更换控制器
	控制器活门卡阻	更换控制器

4. 混合增压

前面介绍的进气系统的两种增压方式的对比如下。

（1）传动式增压系统要直接消耗发动机产生的功;废气涡轮增压系统消耗的是废气中储存的能量,这叫做余热利用。虽然废气涡轮增压系统会带来发动机的功率损失,但总的来说,在能量的利用上要优于传动式增压系统。

（2）废气涡轮增压系统的结构较为复杂,发动机的加速性也较差。

（3）传动式增压系统中,空气在汽化器中与燃油混合后再进入增压器,提高气体压力;废气涡轮增压系统中,增压器先提高空气压力,然后再与汽化器来的燃油混合。

为了提高增压系统的综合性能,有些大功率活塞发动机还采用废气涡轮-传动式两级增压系统。废气涡轮增压器作为第一级,传动式增压器为第二级,发动机工作时,空气从进气口经过滤后,首先进入废气涡轮增压器,经第一次压缩后,通过中间冷却器降低温度,再进入传动式增压器经第二次压缩,最后通过进气管流入各汽缸,如图 6-20 所示。

两级增压器增压能力强,在增加空气压力的同时,空气温度也随之提高,从而会提高进

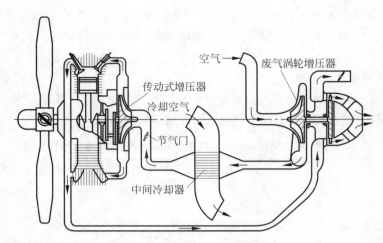

图 6-20　混合增压发动机进气系统

气温度,这样会降低进气密度使充填量减少,而且进气温度高还会引起不正常的燃烧,如爆震等现象,故在内、外增压器之间安装有中间冷却器。中间冷却器的功用是降低增压后的空气温度,将进气温度降至保证正常燃烧的要求。中间冷却器使用的冷却介质一般为外界空气。

6.2　排气系统

　　活塞发动机的排气系统基本上是一个清除系统,它收集和排除发动机产生的有害废气。排气系统的基本要求是处理废气,以保证飞机和乘客的安全。排气系统的作用首先是要收集并顺利地将发动机废气排入大气;其次要进行排气消音,降低噪声;另外还可以利用废气对空气加温用于进气防冰或座舱加温。涡轮增压发动机也是利用发动机排出的废气带动增压器的涡轮和压气机,对进气进行增压。

　　现代飞机的排气系统,大都使用不锈钢板冲压焊接而成,虽然相当轻,但足以抵抗高温、锈蚀和振动,以较少的维护工作就可以保证长时间的无故障工作。

　　活塞发动机的排气系统一般有两种形式:短排气管(多孔)式和排气总管式。短排气管式系统结构简单,主要使用螺栓、螺母和卡箍进行固定,由于排气未经消音,一般用在噪声较低、无增压、低功率的发动机上,这里不作更多介绍。排气总管式系统用在较大功率的无增压的发动机和所有的涡轮增压发动机上。

6.2.1　水平对置式发动机的排气系统

　　水平对置式发动机排气系统的布置如图 6-21 所示。

　　如图 6-22 所示,吸气式发动机的排气系统由排气短管、排气总管(消声器)、热交换器等组成,废气从排气门排出后,经排气短管到排气总管消音后,从尾管向机外排出。在排气总管中,将废气温度、压力降低,消耗废气流动能量,平衡气流的压力波动,达到衰减噪声的目的。

　　在排气总管的外面,加了一个夹层,紧贴在总管上并用固定带固定,外界冷空气从进气口进入热交换器,流经夹层后,受废气加热,再通过软管引入座舱用于加温。

　　排气系统固定相当简单,主要采用固定螺钉、螺帽、填隙片和卡箍等,如图 6-23 所示。

汽缸的排气短管用高温锁紧螺帽固定到每个汽缸上,并用环形卡箍固定到排气总管的管座上。

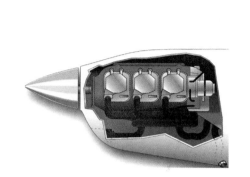

图 6-21　水平对置式发动机排气系统的布置

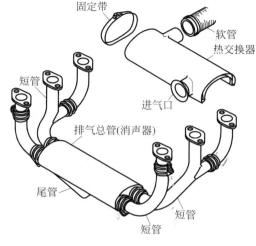

图 6-22　水平对置式发动机排气系统元件

　　排气总管末端(尾管)是通过发动机包皮上的开口伸出机外,气流流过时可引射排气口的气流,适当地提高废气的排气速度。有些排气口由一个喉部和导管组件组成,起引射作用,以引导冷却气流流过发动机舱的所有部分。

　　在涡轮增压式发动机上,需要收集排出的废气以带动增压器的涡轮压气机。系统有单独的废气集气管,把废气引入只有一个出口的废气收集环,从这个出口,热的废气通过喷管被送到涡轮增压器的集气管以驱动涡轮。虽然集气系统提高了废气的反压,但是从涡轮增压器得到的功率大于由反压增加而造成的功率损失。图 6-24 所示的排气系统由一个连接每个汽缸的排气管、一个连接发动机每边排气管的废气集气管和一个在防火墙下部两边向后伸出的排气喷射组件组成。废气涡轮增压发动机的排气系统如图 6-25 所示。

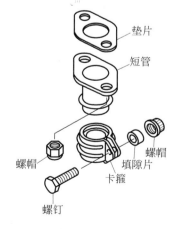

图 6-23　水平对置式发动机排气系统元件

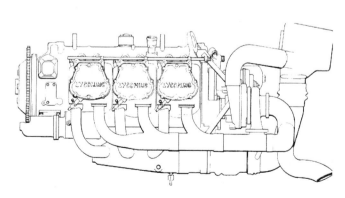

图 6-24　涡轮增压发动机排气系统的布置

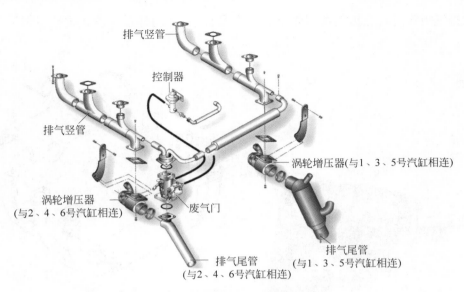

排气竖管

控制器

排气竖管

涡轮增压器(与1、3、5号汽缸相连)

涡轮增压器
(与2、4、6号汽缸相连)

废气门

排气尾管
(与2、4、6号汽缸相连)

排气尾管
(与1、3、5号汽缸相连)

图 6-25　废气涡轮增压发动机的排气系统

6.2.2　星型发动机的排气系统

1. 星型发动机集气环排气系统

图 6-26 所示为十四缸星型发动机上的排气集气环。集气环由不锈钢焊接成七段组成，每一段从两个汽缸收集废气。如图 6-27 所示，各段尺寸不同，较小的靠近内侧，最大的一段靠近外侧，且排气尾管在此处连接至集气环。集气环的每一段都被螺栓连接在发动机的一个支架上，并部分地由位于集气环端口和发动机排气口短管之间的一个连接套支撑。排气尾管通过一个伸缩接头连接至集气环，允许不去除排气尾管而只拆卸集气环的组件，并给拆卸集气环组件留有较大空隙。排气尾管是焊接的不锈钢组件，包含排气尾管以及在某些飞机上的套管类型的热交换器。

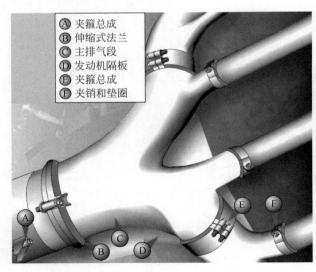

Ⓐ 夹箍总成
Ⓑ 伸缩式法兰
Ⓒ 主排气段
Ⓓ 发动机隔板
Ⓔ 夹箍总成
Ⓕ 夹销和垫圈

图 6-26　星型发动机上的排气集气环元件

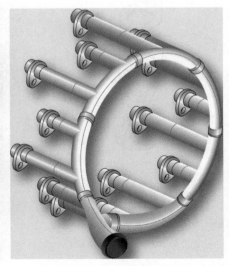

图 6-27　十四缸星型发动机的排气系统

2. 排气总管和尾喷管排气组件

有些星型发动机通常装用一种排气总管和尾喷管组件的结合装置。图 6-28 所示是一个十八缸的发动机,使用两个排气总管和两个尾喷管组件。每个排气总管组件收集 9 个汽缸的废气并把它们送到尾喷管组件的前端,并被送到尾喷管钟形喷口。尾喷管被设计成能产生一个文氏管的效应,以引射更多的空气流过发动机,帮助发动机冷却。在每个排气尾管里有一个叶片,当叶片完全关闭时,喷管的横断面积大约降低 45%。叶片由一个电动作动筒控制,在驾驶舱内叶片控制开关附近有反映叶片位置的指示器。为了降低通过尾喷管的排气速度以达到提高发动机温度的目的,可以把叶片向"关闭"位置转动。这种系统通常在装备星型发动机的老式飞机上使用。

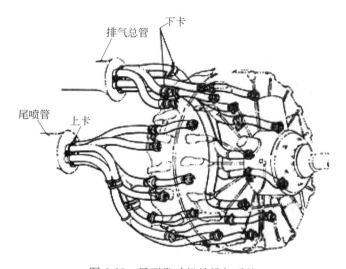

图 6-28 星型发动机的排气系统

6.2.3 排气系统常见故障及维护

排气系统的故障是非常有害的。根据故障的形式和位置,排气系统的故障可以导致飞机机组人员和旅客的一氧化碳中毒,部分或完全地损失发动机功率或使飞机着火。排气系统一般在发动机工作 100~200h 时达到最大的故障率。所有的排气系统的故障,一多半发生在 400h 以内。

在进行任何排气系统的维护前,应遵循一些注意事项:镀锌的工具不要用在排气系统上,排气系统的零件不要用铅笔标号,因为排气系统的金属在受热时,铅、碳、锌痕迹将被吸收,使金属分子的结构产生变化,这种变化将使痕迹区域的金属膨化,引起裂纹最终导致故障。

1. 排气系统的检查

虽然排气系统的形式和位置随着飞机的不同而不同,但是,对大多数活塞发动机排气系统的检查要求是差不多的。下面的内容是对所有活塞发动机排气系统通用的检查项目和程序,如图 6-29 所示。

发动机的排气系统经过重新安装后,应将发动机恢复,进行地面试车,运转发动机使排

图6-29 三种类型排气系统的
主要检查区域

气系统加热到正常的工作温度,然后关车,拆下整流罩进行检查。检查每个排气口、卡箍及其连接件是否有漏气现象。排气系统的漏气可通过在漏气区的管子上的浅灰色或灰黑色条纹显示出来。当发现有漏气的连接件时,应松开卡箍,重新安装漏气的零件,以保证废气密封。重新安装后,系统的螺帽应重新拧紧到足以避免松动而又不超过规定的扭矩。如果拧紧到规定的扭矩而仍不能避免松动时,则应当更换螺栓、螺帽或卡箍,因为它们可能已经变形。在拧紧到规定的力矩后,所有的螺帽应当保险。

对排气系统进行清洗工作时要注意,有些排气装置带有一层喷砂层,或有一层陶瓷层,这时,陶瓷层短管只能用去油剂清洗,千万不能用喷砂或用碱性溶液进行清洗。

在检查排气系统时,应特别注意检查排气系统的所有外表面有无裂纹、压坑、零件丢失等;检查焊接件、卡子、支撑、支撑连接凸耳、撑杆、滑动接头、短管法兰盘、气密件和柔性接头;检查每个弯曲部位以及邻近的焊接区域;还要检查系统有无烧蚀或因潮气积聚产生的腐蚀,有怀疑时,可用冰凿或类似的工具进一步进行检查。当要检查排气总管内部挡板和扩压器时,需要把系统进行分解。

对于不易检查的组件,应该把组件拆下来,检查是否漏气。检查时通常使用塞子塞住组件的开口,内部充以适当压力(大约 $2lbf/in^2$($0.14kgf/cm^2$))的气体,再把组件浸入水中。这时任何漏气都会使水中出现气泡,很容易找到漏气位置。

日常检查要按维护手册要求的检查程序进行。排气系统的日常检查通常是检查排气系统可见部位是否存在裂纹、烧蚀、漏气和卡箍松动等。

2. 消声器和热交换器故障

消声器和热交换器大约有一半的故障是由于座舱或进气加温的热交换器表面产生裂纹或断裂造成的。热交换器的表面故障(一般在其与消声器的结合面),使排出的废气直接漏入座舱或进气加温系统,这些故障在大多数情况下是由于在应力集中区的热应力和振动产生的疲劳应力引起的。除了一氧化碳有害外,如果热交换器表面故障使废气排入发动机的进气系统,还会引起发动机的过热和功率损失。

3. 排气总管和短管故障

排气总管和短管的故障一般是焊接和卡子连接处的疲劳故障。例如,从短管到法兰盘、短管到总管和交叉管或消声器的接头处裂纹,这些故障不仅有引起着火的危险,而且也有一氧化碳的问题。排出的废气由于在防火墙接口机翼撑杆接头、门和翼根接口等处的密封不好而进入座舱。

4. 消声器内部故障

内部故障(挡板、扩压器等)由于限制了排出废气的流动,会引起部分的或完全的功率损失。与其他故障不同,由于极高的温度引起的锈蚀和碳化是内部故障的首要原因。发动机回火和在排气系统中含有未燃烧的燃料,也是促成内部故障的重要因素。此外,由于气流不均匀引起的局部过热也会导致消声器外壁的烧穿、鼓包和折断。

图 6-30　消声器内部故障腐蚀和碳化可导致消声器损坏,并引起排气不畅

5. 带有涡轮增压器的排气系统维护

当有涡轮增压器时,发动机就会在更高的温度和压力下进行工作。这时,在排气系统中应采取相应的维护措施。在低空工作时,排气系统的压力保持在或接近海平面的数值。由于压力差,系统中的任何漏气都会使排出的废气带着火焰蹿出,它能引起邻近结构的损坏。系统工作不正常的一个常见原因,是在废气门中的积炭造成了系统工作不稳定。过多的积炭可使废气门卡在"关闭"位置,引起增压过度的情况。在涡轮本身中的积炭会引起飞行中功率的逐渐损失,使进气压力降低。经验已经表明,定期除掉积炭能保持良好的效率。清洗、修理、维修与调整系统组件和控制装置应符合维护说明书的要求。

6. 排气系统修理

一般建议:排气短管、消声器、排气总管等宁可用新的或检修过的零件更换,而不要修理。排气系统的焊接修理,由于很难精确判断原始的金属材料以选择适合的焊接材料而变得复杂。原来材料中的主要金属的组成和晶粒结构的改变将进一步使修理复杂化。

然而,当需要焊接修理时,应该保持原始的结构,排气系统的定位不能弄歪,或受其他的影响;不允许粗糙的焊接物在零件内部凸出,因为它们能引起局部的过热或限制气流的流动;当需要分解时,旧的密封垫不应再使用,应当用制造厂提供的同型式的新的密封垫代替。

第7章

滑油与散热系统

本章首先介绍滑油特性、各种摩擦的性质和如何在摩擦面之间形成并保持滑油层,然后阐明润滑系统的工作原理。

7.1 滑油系统概述

7.1.1 滑油系统的功用

滑油系统的功用主要有以下几个方面。

第一是保证发动机的润滑。润滑有两个方面的含义:一方面是减少由于机件直接接触而造成的磨损,从而延长机件的寿命;另一方面是把干面摩擦变成液面摩擦,减少因摩擦而引起的能量损失,因此,可使机械效率提高。

第二是进行冷却。任何一种摩擦都会发出热量,若不把这份热量散出去,便会使机件有过热的危险。滑油通过机件表面时除了润滑零件外,它还起带走热量的作用。单位时间内流过的滑油量越多,冷却的作用越好。实际上发动机润滑本身所需要的滑油量很少,为了冷却,还必须供应足够的滑油使它循环不断地流过机件表面。

第三是密封。使活塞在运动时不致漏气,以免工作时因混合气和燃气进入机匣,使发动机功率下降和滑油变质。

第四是保持机件的清洁。当发动机工作时,由于燃烧不完全而产生的炭粒、油烟、磨损的金属屑以及机械杂质和灰尘等有害物质都能进入滑油中去,这些物质过多,便会影响润滑,因此,滑油应该具有不使这些杂质沉积在金属表面而浮游在滑油中的性质,并借本身的流动把它带走并过滤后除去,这样也就相当于起到清洁机件的作用。

第五是保护金属不受腐蚀。由于发动机不可避免地要和空气、水蒸气及燃烧后产生的其他气体接触,使金属渐渐腐蚀而损坏。在高温下腐蚀作用更严重,如果在机件的表面有一层润滑油油膜,则此油膜便可将金属与空气隔开,防止金属腐蚀。

第六是作为控制系统的工作液,在螺旋桨飞机上主要作为变距的工作介质。

7.1.2 滑油的类型

航空活塞发动机润滑油一般分为矿物油(烃类油)和合成油(酯类油)两大类。

矿物油是将石油基原油通过以下技术程序精制而来:首先减压蒸馏,得到轻、中、重馏分及渣油;轻、中、重组分溶剂处理(通常用酚或糠醛);重组分及渣油用丙烷脱沥青;用溶剂进行脱蜡,以及后处理,包括分馏切割,以得到满意的黏度;最后再加氢、酸碱或白土处理以使油品具有好的安全性。经过精制后得到的矿物润滑油具有良好的黏度指数(95~105)、良好的凝点、良好的热安全性(250~300℃)、和对添加剂具有更好的感受性。常见矿物类润滑油有 20 号航空润滑油、20 号合成烃和 MIL-L-22851 等。

酯类油源于蓖麻油具有优良的润滑性,但是天然油脂氧化安全性差。后来利用伯羟基醇得到了酯类合成润滑油,既具有良好的润滑性又保持适度的安全性。单酯有适度的润滑性,但多数有高的蒸发性和熔点,抗摩性差,很少用作润滑油。双酯是二元酸与醇或乙二醇与单元酸反应得到的产物,是一类性能特别显著的润滑油。典型的合成润滑油如二(2-乙基己基)癸二酸二辛酯等。

7.1.3 滑油的特征参数

从以下滑油的几个特征参数,就可以判断某种滑油在使用中能否达到令人满意的效果。

1. 黏度

它是黏性的定量指标。

滑油黏度可用赛波特万能黏度计来测量。将被测滑油装在黏度计的一根管子中,在特定的温度下,$60cm^3$ 的滑油流过一个已精确标定的小孔所记录下的秒数,即为滑油黏度。它实际上是测量滑油的流动阻力,因为流动阻力越大,则流过小孔所需的时间越长。

同种滑油的黏度大小主要受滑油温度的影响。温度高,则黏度小;温度低,则黏度大。好的滑油要求其黏度随温度的变化越小越好。这是因为黏度随温度变化大,主要表现在:当温度升高时,黏度变小,流动性好,但可能在金属表面无法形成一定厚度的连续油膜,将导致相互运动的金属部件发生局部直接接触,从而增大了摩擦力和磨损,降低了发动机输出功率;当温度降低时,黏度增大,流动性不好,造成流动阻力大,亦要降低发动机输出功率。

航空活塞发动机所使用的滑油,不光要求其在金属部件表面能形成一层一定厚度和适当强度的油膜,并要黏度最低。这样既能保证润滑和冷却,而且流动性又好。

2. 闪点和燃点

闪点:使滑油蒸气产生闪燃的温度称为闪点。滑油的闪点必须高于滑油工作的最高温度,以防止火灾、滑油消耗量过大,以及保证良好的润滑。

燃点:有足够的可燃滑油蒸气供给燃烧的最低温度称为燃点。滑油的燃点必须高于滑油工作的最高温度。

3. 流动性和浊点

滑油应具有良好的流动性和浊点。滑油的流动性与滑油的黏度有关,需要滑油具有适当的黏度,且随温度的变化较小,以减少流动损失。滑油的浊点是指溶解在滑油中的石蜡开始结晶并析出微小晶体而导致滑油出现浑浊时的温度。

4. 相对密度

相对密度是指在给定的温度下,物质的密度与标准温度下纯水的密度之比。

5. 抗氧化性和抗泡沫性

滑油氧化后会变质,不仅不能起到润滑作用,反而会腐蚀机件;产生泡沫会使金属表面的油膜不连续,增大机件摩擦力和磨损,降低发动机输出功率,冷却效果差,且降低发动机高空性能。因此,要求使用的滑油具有良好的抗氧化性和抗泡沫性。

6. 腐蚀性和毒性

滑油应不腐蚀金属,毒性要小。

7.1.4　机件的摩擦和润滑

相互接触的机件,相对运动的基本形式有滑动和滚动两种,所以通常把摩擦分为滑动摩擦和滚动摩擦两类。下面分别研究机件的滑动摩擦、滚动摩擦以及在这两种情况下润滑的一般原理。

1. 机件的滑动摩擦

相互接触的物体作相对滑动时产生的摩擦叫做滑动摩擦。

航空活塞发动机上相互接触的机件,相对运动的形式大部分为滑动,因而机件之间的摩擦大部分为滑动摩擦,例如活塞同汽缸壁的摩擦、连杆头同曲颈的摩擦等。根据摩擦面之间有无滑油层及滑油层厚度的大小,滑动摩擦可分为五种,即干面摩擦、液面摩擦、边界摩擦、半液面摩擦和半干面摩擦。

2. 滑动机件的润滑

研究相对滑动机件的润滑,就是研究怎样在机件的摩擦面之间,形成和保持足够厚的滑油层。发动机上相对滑动的机件,按其运动形式可归纳为两类:一类是在旋转运动中产生滑动摩擦的机件,例如曲颈同连杆头的滑动轴承、齿轮轴和凸轮轴同它们的滑动轴承等;另一类是在往复直线运动中产生滑动摩擦的机件,其中主要的是活塞同汽缸壁,另外,气门杆同气门套筒等也属于这一类。因此,对相对滑动的机件的润滑,也可相应地分为两类来研究,即一类是滑动轴承的润滑,一类是往复直线运动的机件的润滑。

1) 滑动轴承的润滑

(1) 滑动轴承内滑油层的形成

轴承内的滑油层,是借轴旋转带动滑油,使滑油相互挤压产生足够大的压力而形成的。发动机不工作时,轴直接由轴承支持,轴与轴承的接触面之间仅隔一层极薄的油膜。发动机从静止转入工作状态,轴开始旋转,滑油也从专设的油孔进入,充填轴承与轴之间的空隙,并被轴带着沿轴旋转的方向流动。

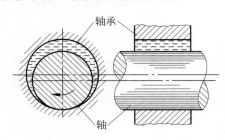

图 7-1　轴和轴承

滑油被轴带动,从空隙较大的地方流向狭窄的地方(见图 7-1,即从上方流向右下方)时,受到挤压,压力逐渐增大。增大了压力的滑油,就要将轴抬起。当作用在轴上的滑油压力的合力增大到超过轴承的负荷时,轴便被滑油抬起,并向侧方偏移,如图 7-2所示。在轴被抬起的过程中,轴与轴承间的下部间隙逐渐增大,滑油压力逐渐减小,当作用在轴上的滑油压力的合力,减小至等于轴承的负荷时,轴就在轴承内某一位置稳定下来,不再移动。此时,轴周围的空隙内充满了滑油,轴与轴承不再直接接触。

（2）影响滑动轴承润滑的因素

滑动轴承能否得到良好的润滑,决定于轴与轴承间最小间隙处(见图7-2)的滑油层能否保持足够的厚度。在轴承内滑油量足够的情况下,滑油层厚度与轴承内的滑油压力及轴承的负荷有关,而轴承内的滑油压力又受轴的转速和滑油黏度的影响。因此,影响滑油层最小厚度的因素有三个,即轴的转速、滑油黏度和轴承的负荷。

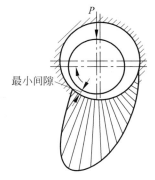

图 7-2　轴承内滑动压力
　　　　分布示意图

① 轴的转速

轴承内的滑油层,是由于轴旋转而形成的,滑油层的厚度与轴的转速有密切关系。在轴承的负荷保持不变的条件下,轴的转速增大时,滑油受到的挤压加剧,压力增大,滑油压力的合力超过了轴承的负荷,使轴向上移动,因而滑油层最小厚度增大。反之,轴的转速减小时,滑油层最小厚度减小。当转速减小到一定程度以后,轴承内滑油层的最小厚度就会小于临界厚度,而使轴承的润滑遭到破坏。

发动机启动和停车时,滑动轴承润滑不良的情况往往是难免的,因此,滑动轴承的表面都衬有一层减磨合金,用来减小轴与轴承的磨损,弥补暂时的润滑不良的缺陷。

② 滑油黏度

滑油黏度减小时,滑油受挤压的程度减小,压力降低,而且,滑油也容易从轴承两端流出,因此,在轴承的负荷保持不变的情况下,轴将向下移动,滑油层的最小厚度减小。滑油黏度过小时,滑油层的最小厚度就会小于临界厚度,而使滑动轴承的润滑遭到破坏。

根据上述的道理可以推知,滑油黏度增大时,滑油层的最小厚度增大,滑动轴承能得到可靠的润滑。不过,随着滑油黏度的增大,液面摩擦力增大,摩擦功率也随之增大。而且黏度过大时,由于滑油不易流动,发动机工作时,流入轴承内的滑油量不足,轴承的润滑情况反而又将恶化。因此,发动机工作时,滑油温度必须保持在一定的范围内,以保证滑油的黏度适当。

③ 轴承的负荷

轴承的负荷增大时,轴向下移动,它与轴承之间的下部间隙减小,因此,滑油受到的挤压加剧,压力增大。当作用在轴上的滑油压力的合力等于作用在轴承上的负荷时,轴便稳定下来。此时,滑油层厚度减小。若负荷过大,就有可能使滑油层的厚度小于临界厚度,从而破坏滑动轴承的正常润滑。

2）活塞与汽缸壁的润滑

活塞作往复运动时,它的侧壁同汽缸发生滑动摩擦,需要输入滑油进行润滑。润滑活塞裙与汽缸壁的滑油,是由转动着的曲轴泼溅在汽缸壁的下部,并通过挡油涨圈和刮油涨圈的作用而保持在活塞裙与汽缸壁之间的间隙内的,如图7-3所示。

活塞与汽缸壁之间的润滑是否良好,与活塞的运动速度、活塞作用在汽缸壁上的压力和活塞的温度有关。如果活塞的运动速度小,则活塞作用在汽缸壁上的压力大,而且活塞的温度高(引起滑油黏度降低),导致活塞与汽缸壁之间就难以保持液面摩擦。活塞裙由于作用

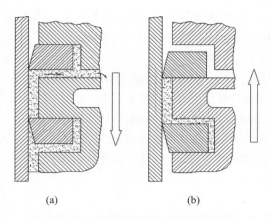

图 7-3　刮油涨圈的作用示意图

在汽缸壁上的压力较大,温度较高,因而经常处于半液面摩擦状态,而在靠近活塞顶面的一道涨圈,则多处于半干面摩擦状态。

其他作往复运动的机件,有的是用从附近的机件摩擦面间流出的滑油进行润滑的,有的则用专门的油孔直接引入滑油进行润滑。

3. 机件的滚动摩擦及其润滑

一个物体在另一个物体上滚动时产生的摩擦叫做滚动摩擦。航空活塞发动机上有些机件的支承处或连接处,如星型发动机曲轴在机匣上的支承处,某些功率较小的发动机(星型或直列型)上曲颈与连杆的连接处以及某些附件(如发电机)的转动轴的支承处等,都装有滚珠轴承或滚棒轴承,这些轴承的滚珠、滚棒沿内环和外环滚动时所产生的摩擦都是滚动摩擦。

与滑动摩擦相比,滚动摩擦要小得多,滚动摩擦所引起的机件的磨损以及所产生的热量也较小。但是需要指出的是,由于滑动轴承的接触面积较大,单位面积上承受的负荷较小,并且有较厚的滑油层可起减震作用,而滚动轴承内滚珠(或滚棒)同轴承内外环的接触面积很小,单位面积上承受的负荷较大,并且其径向尺寸较大,安装和拆卸也比较困难。滚动轴承一般安装在某些功率较小的发动机(星型或直列型)的曲颈与连杆连接处,星型发动机曲轴在机匣上的支承处,以及某些附件转动轴的支承处。至于功率较大的发动机的曲颈与连杆连接处等,由于冲击负荷较大,多采用滑动轴承。直列型发动机的曲轴较长,安装滚动轴承很不方便,所以也都采用滑动轴承。

滚动轴承通常利用泼溅滑油的方法进行润滑,其目的是为了防止轴承的磨损、锈蚀和使轴承得到适当的冷却,而不是为了减小滚动摩擦力矩。恰恰相反,滚动轴承内注入滑油以后,滚动时,滑油受到挤压,阻碍轴承的滚动,滚动摩擦力矩反而略有增大;滑油黏度越大,滚动摩擦力矩也越大。

7.2　润滑系统工作原理

润滑系统的主要任务是把数量足够和黏度适当的滑油循环不息地输送至各摩擦面上,使机件得到良好的润滑和冷却,以减小发动机的摩擦功率、减轻机件的磨损和避免机件过热,从而提高发动机的有效效率,增长发动机的寿命以及保证发动机工作正常。输送至各活动机件的滑油能够防止这些机件锈蚀,粘附在涨圈与汽缸上的滑油还能提高涨圈与汽缸壁之间的气密性。润滑系统还将加压后的滑油输送到某些调节装置和其他设备去,以带动有关的部件,例如推动进气压力调节器的传动活塞以操纵节气门的开度,推动混合比调节器的传动活塞以转动高压汽油泵的调节齿轮,以及推动螺旋桨的变距活塞来改变螺旋桨的桨叶角等。有的发动机还利用热滑油来加温汽化器。

7.2.1　发动机机件的润滑方法

发动机机件的润滑方法有三种,即泼溅润滑、压力润滑和压力-泼溅润滑。

1. 泼溅润滑

借转速较大的旋转机件(如曲轴等),将滑油泼溅到摩擦面上去的润滑方法,叫做泼溅润滑。如图 7-4 所示,在发动机机匣内装有一定数量的滑油,曲柄转至机匣下部,即浸入滑油内。发动机工作时,借助于曲轴的转动,不断地将附着于曲柄与连杆头上的滑油向四周甩出,使滑油在机匣内部泼溅成细小的油滴。油滴进入活塞、汽缸、连杆和曲轴等机件的摩擦面,使这些机件得到润滑。润滑后的滑油从摩擦面间隙流出,直接落入机匣。

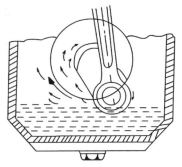

图 7-4　泼溅润滑示意图

采用泼溅润滑的方法,只需要在机匣内储存一定数量的滑油,所以这种润滑系统(叫做泼溅润滑系统)比较简单。但因泼溅的滑油压力太小,很难进入那些间隙较小的机件之间。而且对机匣外部的机件和附件,也无法进行润滑。此外,由于无法使滑油过滤,滑油容易变脏;滑油的温度也不能进行调节。因此,这种方法对机件润滑和冷却的效果都比较差。

飞机作加速飞行、大坡度盘旋、上升或作特技飞行时,由于机匣内滑油油面的位置改变,泼溅油量减少,采用泼溅润滑的方法就不能保证机件的正常润滑。基于上述种种原因,泼溅润滑系统只能在一些构造简单的小型发动机上采用。

2. 压力润滑

滑油经油泵加压后,沿专门的油路流至各摩擦面上去的润滑方法,叫做压力润滑。

为了使滑油在发动机内循环流动,润滑机件后的滑油用油泵抽回,经过过滤和冷却后,再次送往各摩擦面。采用这种润滑方法,由于滑油压力较高,滑油能被输送到所有的无法应用泼溅润滑的地方去,即便是那些间隙小的摩擦面,也能得到良好的润滑。同时,还可在油路上安装油滤和散热器,前者用来滤出滑油中的污物和金属屑等,保持滑油洁净,后者用来调节滑油温度,保持滑油黏度适当。因此,这种润滑方法对机件润滑和冷却的效果,比泼溅润滑要好得多。压力润滑的优点虽然很多,也还存在一些缺点,主要是:对于某些无法从专门的油路获得滑油的机件(例如汽缸壁)不能进行润滑,另外,这种润滑系统(叫做压力润滑系统)也比较复杂。

3. 压力-泼溅润滑

发动机单独采用泼溅润滑的方法,不能保证所有的摩擦面都得到良好的润滑和冷却;

而单独采用压力润滑的方法,对于某些无法从专门的油路获得滑油的机件也不能进行润滑。为了使所有的机件都能得到良好的润滑和冷却,现代的航空活塞发动机一般都采用以压力润滑为主、以泼溅润滑为辅的混合润滑系统。混合润滑系统中的泼溅润滑,并非利用积存在机匣底部的滑油,而是利用从某些接受压力润滑的机件的间隙处流出的或从专门的油孔喷出来的滑油,借助于曲轴等旋转较快的机件将滑油泼溅到摩擦面上进行润滑。

7.2.2 润滑系统的组成和工作情形

航空活塞发动机的润滑系统一般由滑油箱、供油泵、滑油滤、收油池、泡沫消除器、滑油散热器、回油泵、磁堵和指示仪表等组成,水平对置发动机干槽式滑油系统如图7-5所示。有些润滑系统还装有油雾凝聚器。

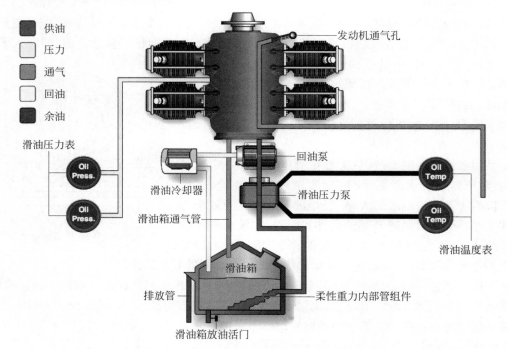

图 7-5　水平对置发动机干槽式滑油系统

图7-6所示为星型发动机润滑系统的原理图。发动机工作时,滑油箱内的滑油被供油泵抽出,在油泵内加压并经油滤过滤后,送入发动机。

在发动机内部,滑油通过专门的油路进入曲轴、连杆、凸轮盘(或凸轮轴)和齿轮等滑动轴承内进行润滑(见图7-7)。其他不与油路相通的机件,如活塞与汽缸壁、滚动轴承及齿轮等,则利用从滑动轴承流出的滑油和从曲轴或机匣上专设的喷油孔喷出的滑油,直接进行润滑;或借曲轴等转动较快的机件将喷出的滑油泼溅至摩擦面上进行润滑。

润滑后的滑油,由于受到机件的搅动,同机匣内的气体(空气、滑油蒸气和废气等)混合而产生大量的泡沫,其中还混有从活塞与汽缸内壁脱落下来的积炭屑、各机件摩擦面上掉下来的金属屑以及其他杂质等,并且温度很高。这些工作后的滑油,从各处汇流到机匣下部的收油池内。由一个或几个回油泵抽出,先后经过泡沫消除器和滑油散热器,消除泡沫和降低温度,并经过一些附件内的油滤的初步过滤,然后流回滑油箱。润滑系统就是这

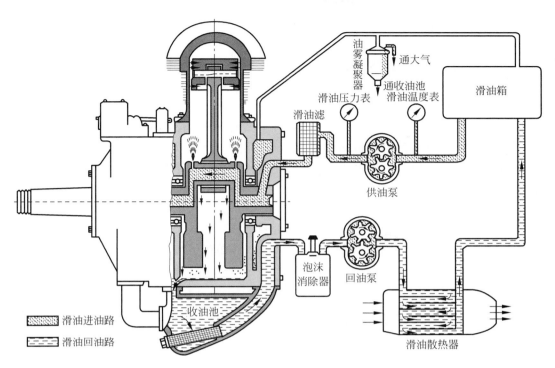

图 7-6 星型发动机润滑系统原理图

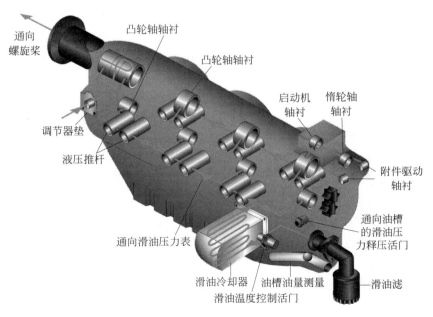

图 7-7 发动机内部滑油润滑油路

样不断地把滑油箱内的新鲜滑油送到各机件的摩擦面上进行润滑,又把润滑后的滑油在经过清除杂质、消除泡沫和降低温度后送回油箱,然后再输送出去,使滑油川流不息地循环流动。

在润滑系统的油路上装有滑油压力表和滑油温度表的传感器。滑油压力表的传感器位于进油泵出口以后的油路上,用来测量经油泵增压后的滑油压力。滑油温度表的传感器装在进油泵进口前的油路上,或者装在回油路上,前者用来测量滑油进油温度,后者用来测量滑油回油温度;有的发动机为了同时测量滑油进油温度和回油温度,在进油泵进口前的油路上和回油路上都装有滑油温度表的传感器。这些传感器把测量到的压力和温度变成信号,传到装在座舱内的仪表,仪表就可以指示出滑油压力的大小和滑油温度的高低。根据滑油压力和温度的数值,可以判断系统工作是否正常。

为了保证润滑系统工作正常,机匣上都设有通气管,使机匣内部与外界大气相通。滑油在发动机内循环流动时所产生的滑油蒸气以及从活塞周围漏进机匣的混合气和废气都可经通气管排出,这样就可防止机匣内的滑油因气体太多而产生大量泡沫;也可避免因机匣内压力过大而引起机匣接合处和密封处漏油。有些发动机,从机匣或滑油箱排入大气的气体,先流经油雾凝聚器(见图7-6),使气体中的滑油分离出来,以减少滑油的消耗。

7.2.3　润滑系统主要附件的工作原理

1. 滑油泵

滑油进油泵和滑油回油泵统称为滑油泵,它是用来促使滑油循环流动的附件。航空活塞发动机的滑油泵多数是齿轮式的,下面简单介绍齿轮式滑油泵的组成和供油原理。

齿轮式油泵由一对互相啮合的齿轮和壳体两个基本部分组成,如图7-8所示。油泵中由曲轴通过传动齿轮带动旋转的那一个齿轮,叫做主动齿轮;由主动齿轮带动旋转的齿轮,叫做从动齿轮。油泵进口处齿轮与壳体间形成的空间,叫做吸油室;出口处齿轮与壳体间形成的空间,叫做增压室;相邻齿之间的空间,叫做齿谷。

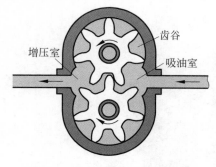

图 7-8　齿轮式滑油泵原理图

滑油泵工作时,由于吸油室内的滑油被齿轮带走,该处的压力降低,在进油管道与吸油室之间形成了压力差,滑油在这个压力差的作用下进入吸油室。接着,滑油被转动着的齿轮带至增压室,在增压室内受到两个力的作用:一个是齿轮推挤滑油的力;一个是当滑油在管道以及各机件内流动时,由于受到阻滞,而在滑油泵出口处形成的反压力,这个力阻止滑油向外流出。在这两个力的作用下,滑油受到挤压,压力提高。由于增压室与吸油室之间始终有齿啮合,增压室内的滑油不会流回吸油室而被转动着的齿轮挤出。

2. 齿轮式滑油泵的供油量

齿轮泵在单位时间内送出的滑油量,叫做滑油泵的供油量(按容积计算),简称供油量。对于给定发动机的供油量,只随油泵转速和供油系数的变化而变化。

供油系数是油泵的实际供油量与理论供油量之比,即

$$\eta_{供} = \frac{q_{m实}}{q_{m理}} \qquad\qquad (7-1)$$

由于齿轮式油泵工作时,齿谷不可能充满滑油,也无法做到把齿谷的滑油毫无漏失地送出油泵,存在着充填损失和泄漏损失,供油系数始终是个小于1的数,也就是说油泵的实际供油量小于它的理论供油量。

通常情况下,滑油回油泵的能力比进油泵的要大一些。这是因为,滑油在发动机内进行润滑后,产生了许多泡沫,容积增大,为了把带有大量泡沫的滑油抽回油箱,回油泵的回油量必须大一些。回油泵回油量的增大,通常是借增加齿轮厚度以增大齿谷容积来达到的。星型发动机中,滑油回油泵的供油量约为滑油进油泵供油量的1.3～2.0倍。

1) 滑油泵的出口油压及其调节

滑油压力的提高,是滑油受到油泵齿轮推挤和出口反压力作用的结果。油泵出口滑油压力的大小,与油泵的转速、滑油黏度和流动通道截面等因素有关。如果油泵的转速增大、滑油黏度增大、流动通道截面积减小,则滑油受到推挤的作用力和出口处的反压力增大,所以滑油压力增大。反之,当油泵的转速减小、滑油黏度变小、流动通道截面增大时,滑油压力减小。

发动机工作时,所允许的进油泵出口压力,是在给定的滑油黏度和流动通道截面的条件下,根据所需的滑油循环量来确定的。但是,为了满足在各个飞行高度润滑的需要,进油泵的供油量必须超过所需的滑油循环量。因此,进油泵出口油压就比发动机所允许的出口油压大得多,转速越大,供油量越大,出口油压大得也越多。另外,即使供油量不超过滑油循环量,进油泵后的油路中也可能因污物积聚致使流通截面减小,或者由于滑油温度过低引起黏度过大等原因,使进油泵出口油压超过发动机所允许的出口油压。出口油压如果过大,将会导致机匣内积油过多,影响机件的运转,系统各部分密封困难,严重时还会损坏某些附件(如滑油滤)。因此,必须调节滑油压力,使其保持在允许的范围内。

基于上述情况,滑油进油泵上都装有调压活门,以保持进油压力大致不变。至于回油泵,由于泵后的油路管道较粗,流动阻力较小,出口处的滑油压力比较低;而且回油路上的某些附件(如滑油散热器),本身还可采取适当的措施(如在滑油散热器上安装安全活门)来防止因油压过大而损坏,因此,无须安装调压活门。

调压活门由活门和弹簧组成,如图7-9所示。活门控制着一条从进油泵出口通往进口的油路,活门的左边承受出口油压,右边承受弹簧压力。如果供油量超过了发动机所需的滑油量,滑油压力过大,滑油就克服弹簧力量,顶开活门,多余的滑油通过活门回到油泵进口,滑油压力就能保持不变。

2) 调压活门的工作情形

下面分别说明发动机转速和飞行高度变化时调压活门的工作情形。

(1) 发动机转速变化时,调压活门的工作情形

发动机转速增大时,油泵转速随之增大,供油量

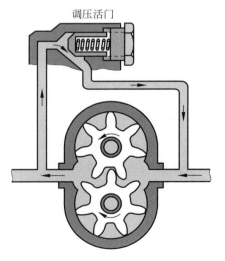

图 7-9 进油泵调压活门原理图

增多,如图 7-10 上的曲线 A 所示；随着供油量的增多,滑油压力也相应地增大。在某一转速 n_1(这个转速一般都小于慢车转速),滑油压力超过了规定数值,作用在调压活门上的滑油总压力大于弹簧力,活门被顶开,开始回油。转速越大,活门的开度越大,回油量也就越多。在转速增大的过程中,实际上进入发动机的滑油量可用图 7-10 上的曲线 B 所示,回油量的多少,可用图上曲线 A 和曲线 B 之间的平行于纵轴的线段表示,线段越长,说明回油量越多。调压活门开始回油以后,滑油压力应该保持不变,但是,由于活门的开度增大后,弹簧的压缩量增加,使弹簧力增大,所以滑油压力并不能严格地保持不变,而是随着转速的增大而略有增大(见图 7-10 上的曲线 C)。

(2) 飞行高度变化时,调压活门的工作情形

飞行高度升高时,滑油泵供油量减少,出口压力降低,这两者的变化分别如图 7-11 上的曲线 A 和曲线 C 所示。这时,作用在调压活门上的滑油总压力小于弹簧力,活门关小,回油量减少,从而保证了进入发动机的滑油量基本不变,如图 7-11 上的曲线 B 所示。从图上可以看出,飞行高度越高,曲线 A 和曲线 B 之间平行于纵轴的线段越短,说明回油量随飞行高度的升高而减少。当到达某一飞行高度时,滑油泵的供油量减少至恰好等于发动机所需的滑油循环量,此时调压活门完全关闭,不再回油。这个高度,通常叫做润滑系统的临界高度,如图上的 $H_{临}$ 所示。如果飞行高度超过润滑系统的临界高度,则滑油泵供油量小于发动机所需的滑油循环量,不能保证发动机正常工作。由于这个缘故,润滑系统的临界高度应高于飞机的升限。要提高润滑系统的临界高度,必须提高滑油泵的进口油压,为此,一般都采取提高滑油箱中的压力、安装辅助滑油泵和减小滑油泵进油路的流动阻力等措施。

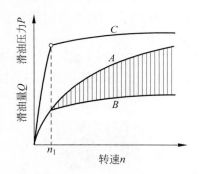 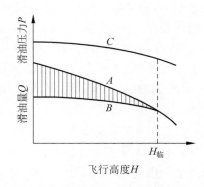

图 7-10　滑油量和滑油压力随发动机转速变化　　图 7-11　滑油量和滑油压力随飞行高度的变化

3. 滑油滤

发动机工作时,附着在活塞与汽缸壁上的积炭、轴承和活塞涨圈等因摩擦所产生的金属屑以及其他杂质都会掺到滑油里面。滑油中的这些杂质会积存在细小的油路中,使通道截面变小,流入机件摩擦面的滑油就会减少,从而造成机件润滑不良；严重时,甚至会堵塞油路而使润滑某些机件的滑油中断,产生干面摩擦,发动机在短时间内就可能遭到严重的损坏。

为了清除滑油中的杂质,在滑油循环的油路上和一些附件的滑油进口处装有滑油滤。常用的滑油滤有网状滤和篦式油滤。油滤一般由壳体(有的壳体,油滤安装在机匣或附件的

油滤室内)、过滤部分(滤网或滤片)和安全活门等组成,如图7-12所示。滑油从壳体上的进油口流入壳体,经过滤后,进入过滤部分内部,然后从壳体上的出油口流出。为了防止过滤部分严重堵塞,影响机件的润滑和冷却,在某些主要的滑油滤内装有安全活门。当过滤部分堵塞以致内外压力差大于一定数值时,安全活门被滑油顶开,滑油就直接从壳体进口流向出口,以保证需要润滑的机件得到滑油。网状油滤的过滤部分是滤网,通常用金属丝织成。这种油滤的强度较小,一般装在油压不太大的油路中以及滑油泵、滑油散热器等附件的进口处。滤网所能过滤出的杂物大小与网眼的大小有关。网眼的大小一般用微米或目表示。所谓目是指 1in^2 内网眼的数目。

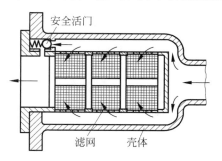

图 7-12　网状滑油滤

篦式油滤的过滤部分是由一组滤片和垫片组成的(见图7-13)。垫片夹在滤片之间,并且同滤片一起安装在一根可以转动的轴上,从而形成许多环形缝隙。每个环形缝隙之间都嵌有一片刮片,它们装在一根固定轴上,转动滤片与垫片的轴时,刮片就像篦子一样从环形缝隙中把积存的污物刮下,篦式油滤也就是由此得名的。这种油滤的强度较大,一般都装在压力较大的油路中。

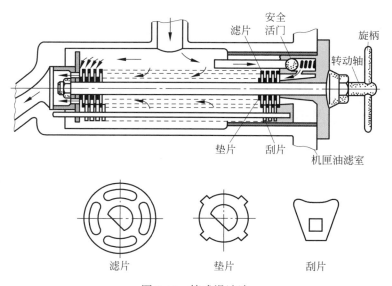

图 7-13　篦式滑油滤

除上述两种常用的油滤外,还有利用毛毡过滤滑油的毛毡油滤和利用安装于网状油滤内的磁铁过滤黑色金属微粒的磁性油滤。

在发动机工作过程中,滑油滤内积存的杂质会逐渐增多,这将堵塞过滤部分,影响润滑系统的正常工作;如果滑油滤滤网破损,则将影响过滤质量。这些都将导致机件润滑不良,因此,在使用过程中,应按维护手册的规定,定期地检查和清洗滑油滤。

4. 滑油散热器

滑油在发动机内循环流动时,由于吸收机件的热量使温度升高。为了使滑油温度保持在正常的范围以内,保证机件得到良好的润滑和冷却,必须对滑油进行冷却。为此,润滑系统一般都有滑油散热器。

1) 滑油散热器的组成和工作原理

常用的滑油散热器是蜂巢式滑油散热器,它由外壳、铜管(散热器)、隔板、进油管和出油管接头以及安全活门等组成,如图 7-14 所示。所有铜管的两端都压制成六边形并互相焊接起来,其形状好像蜂巢。这样,铜管与铜管之间,除了两端密合以外,其余部分都存在着空隙。

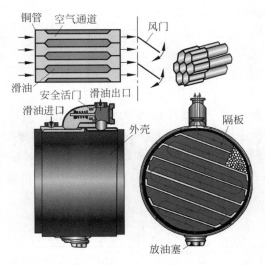

图 7-14　蜂巢式滑油散热器

高温滑油从进口进入散热器后,在铜管与铜管之间用隔板形成的通道内流动,其流动路线如图 7-14 上的箭头所示。滑油在流动过程中,将热传给铜管。飞行时的迎面气流则从铜管内部通过,把滑油传给铜管的热量带走,从而降低了滑油的温度。

对于已制成的滑油散热器来说,其散热量取决于通过散热器的空气的温度和流量。在空气流量保持不变的条件下,如果空气的温度降低,滑油与空气之间的温度差增大,散热量就增多;反之,空气温度升高,滑油与空气之间的温度差减小,散热量就减少。在滑油与空气之间的温度差保持不变的条件下,若通过散热器的空气流量增大,则带走的热量增多,散热量增大;反之,通过散热器的空气流量减小,散热量减小。

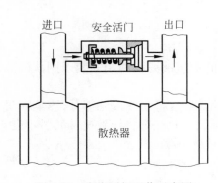

图 7-15　安全活门工作示意图

滑油温度过低(如冬季启动发动机)时,黏度过大,滑油流过散热器,阻力增加,压力过大,有可能胀破外壳和铜管。为了防止这种情况出现,在散热器的进口和出口之间装有安全活门(又名调温活门),如图 7-15 所示。滑油压力过大时,滑油即顶开活门,不经散热器的铜管而直接流回油箱。

2) 滑油温度的调节

发动机在不同的工作状态、不同的飞行速度、不同的飞行高度和不同的季节工作时,滑油需要散走的热量和滑油实际能够散走的热量往往是不同的,因而滑油温度可能高于或低于规定的数值。为此,需要对滑油温度进行调节。

滑油温度的调节,是通过操纵散热器风门,用改变流过散热器的空气流量的方法来实现的。风门一般装在滑油散热器整流罩的后面(见图 7-16)。开大风门时,空气流量增大,散走的热量增加,滑油温度降低;反之,关小风门,滑油温度升高。因此,在发动机正常工作的情况下,只要随着发动机工作状态、飞行速度、飞行高度和季节的变化,适当地调节风门的开度,进入发动机的滑油的温度就能保持在规定的范围以内。

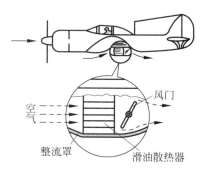

图 7-16　滑油散热器风门示意图

滑油散热器使用日久后,空气中的尘埃等污物附着在管壁上,会影响散热效果,滑油温度可能因此而过高。所以应该定期地清洗滑油散热器,使其经常保持清洁。

在有些小型的活塞飞机上,没有装用滑油散热器风门,使用滑油调温活门实现对滑油温度的控制。调温活门油路并联在滑油散热器上,当滑油温度较低时,调温活门收缩,油路打开,此时因滑油流经散热器的流动阻力大,滑油主要通过调温活门油路流动,旁通散热器,不进行散热,使滑油温度快速上升并保持在规定范围。随着滑油温度的升高,调温活门膨胀,逐渐关闭旁通油路,更多的滑油流经散热器进行散热,保证滑油温度在规定范围内。

7.3　滑油的冲淡

在冬季低温下启动发动机时,滑油黏度很大,往往超出正常范围。为了保证启动时滑油的黏度符合要求,可以采用汽油冲淡滑油的方法,适当地减小滑油黏度。

滑油黏度过大,会引起一系列不良的后果。首先,滑油黏度过大,不能保证发动机各机件得到可靠的润滑;其次,滑油黏度过大,会增大启动时转动曲轴所需的力矩,给发动机的启动造成困难;再次,即使发动机已经启动起来,由于滑油黏度过大,机件润滑不良,不得不增长发动机的暖机时间,增长了飞机的起飞准备时间。

滑油被汽油冲淡后,黏度减小,因而发动机易于启动,启动时机件的磨损可以减轻,发动机的暖机时间也可以缩短。

被汽油冲淡的滑油,在发动机转入正常工作以后,随着滑油温度的升高,汽油蒸发,滑油中所含的汽油量逐渐减少。只要所加的汽油量符合规定,冲淡后的滑油不仅在启动时能保证各机件得到正常的润滑,而且在发动机转入正常工作以后,仍可保持适当的黏度,保证机件润滑良好。

为了便于冲淡滑油,发动机上通常将润滑系统与燃料系统连通。连接两个系统的油路上装有滑油冲淡开关和混合器(通常把这些附件和导管一起叫做滑油冲淡系统)。需要冲淡滑油时,只要打开滑油冲淡开关,燃料系统中的汽油便流入润滑系统,在混合器内与滑油混合。汽油量的多少,由滑油冲淡开关打开时间的长短来控制。除了这种方法以外,也可将汽油直接注入滑油箱。

7.4　滑油系统的维护

（1）保持滑油清洁。添加滑油时，必须使用规定牌号的滑油；拆装滑油系统导管时，防止尘土和外来物进入，按规定更换滑油和滤芯。

（2）注意滑油消耗量的变化，及时添加滑油。飞行后应认真检查滑油量，数量不够应及时添加。如发现滑油消耗量有明显增加，应及时分析原因，予以排除后才能进行下一次飞行。

（3）保持机匣通大气孔畅通。

（4）正确使用发动机，操作要柔和，冷发启动后要暖机（环境温度较低时尤为必要），停车前要冷机。

（5）新发动机，新翻修发动机，更换过汽缸、涨圈的发动机应使用规定的功率进行磨合，而且必须使用专用的磨合滑油。磨合滑油含有化学添加剂，起到了 EP 防护作用。

（6）滑油耗量、温度异常时应拆检滑油滤网和主油滤，取出沉淀油样和滤芯，检查是否有金属屑，以判断发动机内部的磨损情况，必要时可进行滑油光谱分析，以有效监控发动机内部的磨损情况。滑油污染的来源见表 7-1。

表 7-1　滑油污染的来源

名称	说　　明
硅	对空气中灰尘和污垢污染物的衡量，通常表明空气清洁器的检修不合格。过多的污垢和研磨剂加速发动机的磨损，并极大地提高运营成本
铁	表明磨损源于任何及所有的钢铁部件，如汽缸壁、活塞环、轴、花键、齿轮等，如果发动机有过不工作的记录，铁含量高可说明发动机有腐蚀。如果汽缸壁、凸轮和阀门挺杆上尚未留下腐蚀的瘢痕，发动机常规的工作使用就可把腐蚀除掉
铜	说明磨损来源于轴承和衬套
铝	表明活塞金属、活塞销塞子的磨损，并能证实空气中有污垢
铬	来源于镀铬的发动机的磨损，主要是活塞压缩环和汽缸壁
镁	表明水与镁制壳体发生化学反应，并被送至滑油中，镁也可能来自滑油添加剂
银	来源于有限数目的发动机的轴承合金中，如莱康明增压式发动机、星型发动机的主连杆和 E 系列大陆发动机前主轴承
镍	能够显示来自某些类型的活塞环、轴承和阀门或涡轮轴
锡	表明磨损来自轴承
铅	在汽油发动机里，铅的主要来源是四乙铅的污染物

7.5　散热系统

散热系统（又称冷却系统）的作用，是使冷却介质流过汽缸外壁，吸收和带走汽缸外壁的一些热量，使汽缸温度保持在规定的范围内，保证发动机正常地进行工作。

根据冷却介质的不同，冷却系统可分为气冷式和液冷式两种，如图 7-17 所示。

发动机工作时，汽缸内混合气燃烧后的温度很高（最高温度可达 2500～3000℃），与高

图 7-17 液冷式发动机(左)和气冷式发动机(右)

温燃气相接触的机件或零件,例如汽缸头、气门、电嘴和活塞获得燃气的热量,温度也升得相当高。如果不对发动机进行冷却,汽缸温度就会过高,从而使发动机发生一系列不正常的现象。

汽缸温度过高,材料强度显著减弱,汽缸以及与汽缸紧密相连的机件在动力负荷和热负荷的作用下很容易损坏,例如汽缸头翘皱、裂纹,活塞顶烧穿,气门变形、裂纹等;同时,活塞与汽缸壁之间的间隙、涨圈与涨圈之间的间隙、气门杆与气门杆套之间的间隙变化还会引起活塞涨圈内的滑油分解和氧化,形成胶状物质,粘住涨圈,影响汽缸壁面的润滑,甚至因此磨伤和烧坏活塞。此外,汽缸温度过高,还会使充填量减小,发动机功率降低,并可能产生早燃和爆震等现象。因此,为了保证发动机工作可靠和能够发出应有的功率,必须对发动机进行冷却。

对发动机进行冷却,需要恰如其分地掌握好散热程度的界限。如果发动机冷却过度,温度过低,反而会带来很多不良的后果:发动机散去的热量过多,会使发动机功率减小,经济性变差;同时,在汽缸温度过低的情况下,燃料不容易汽化,混合气也就不能正常地燃烧;另外,汽缸壁上的滑油黏度变大,还会使活塞的摩擦损失增大。由此可见,对发动机进行冷却,必须把汽缸温度保持在一个适当的范围内,既不能过高,也不能过低。

由于航空发动机极少使用液冷式,本章主要阐述气冷式冷却系统的工作原理,然后联系实际应用,分析影响汽缸温度的因素及维护注意事项。

7.5.1 气冷式冷却系统

气冷式冷却系统利用迎面吹来的气流,吸收并带走汽缸外壁的一部分热量,以保持汽缸温度的数值在一定的范围内。气冷式发动机都以汽缸头温度来标志汽缸的受热程度,如某发动机的汽缸头温度正常数值规定为 180～215℃,最高不超过 250℃,最低不低于 140℃。

气冷式冷却系统由散热片、导风板、整流罩和散热风门等组成。

1. 散热片

发动机工作时,为了保证机件温度正常,必须散走大量的热。例如,发动机在额定状态工作,应该向外散走的热量,约占燃料理论放热量的 14%～17%。但是,由于汽缸外壁向外传热的传热系数较小,空气流过汽缸外壁面时,不足以带走全部应散去的热量。解决这一矛盾的办法,是在汽缸头和汽缸身的周围安装散热片,增大空气和汽缸外壁的接触面积(见

图 7-18）。当空气流过汽缸周围时，热量即经散热片随气流散走，其散热情形如图 7-19 所示。

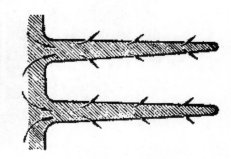

图 7-18　气冷式汽缸　　　　　　　　图 7-19　散热片的散热情况

经散热片散走的热量，与散热片根部到顶端的高度、散热片的间距和散热片的截面形状有关。

增大散热片的高度，可以增大散热片面积，从而使散热量增多。但是增大高度有一定的限度。因为散热片的高度越高，其顶端的温度就越低，与冷却空气之间的温度差越小，增大散热量的作用也就越小；同时，散热片高度增大后，汽缸的重量和面迎阻力反而会增加。所以，散热片的高度通常不超过 55～65mm。

相邻散热片的间距也应当有一个适当的数值。一般约为 4～5mm。如果间距增大，就会减少散热片的数目，使散热量减少。如果间距减少，则不仅增加施工的困难，而且冷却空气流过散热片时，流动阻力增加，流动速度减小，冷却空气温度升高，同样会使散热量减少。

发动机工作时，汽缸各部分受热的情形是不同的，因此各部分的温度高低也不相同，会使汽缸产生热应力。为了减小汽缸的热应力，以免汽缸翘皱和裂纹，应尽可能地使汽缸各部分的温度大致相等。基于这种原因，汽缸各部分所配置的散热片，其面积的大小不应该完全相同。汽缸头经常与高温气体接触，大部分热量（约占总散热量的 60%～70%）须经汽缸头散走，所以汽缸头的散热片的总面积比汽缸身的要大得多。就汽缸头而言，排气门附近受热的程度比进气门附近厉害得多，所以排气门附近的散热片的面积比进气门附近的大。

虽然，通过散热片的配置，可以减少汽缸各个部位之间的温度差，但是，由于散热片受到高度和间距的限制，仍然不能使汽缸各部分的温度达到完全相等。在实际工作中，汽缸头的温度仍然高于汽缸身的温度；而在汽缸头上，靠近排气门部分的温度比靠近进气门部分的高。由上述可见，即使在构造上采取很多措施，汽缸内部仍会因温度不均而产生一定的热应力。如果汽缸温度过高，汽缸的热应力过大，就可能产生汽缸变形或裂纹等不良后果。因此，在使用维护发动机时，必须特别注意保持汽缸的温度在规定的范围内。

2. 导风板、整流罩和散热风门

当空气流过发动机时，汽缸前部壁面直接与空气相接触，散热情况较好；而汽缸后部壁面背着气流，散热不良。为了保证汽缸前后壁面散热比较均匀，在汽缸周围，装有专门的铝合金薄板，称为导风板。

发动机及其部、附件装于整流罩内，可减少飞机飞行时的空气阻力，同时为散热空气提供流通通道,以迫使散热空气流过发动机。

冷却空气在星型发动机导风板与汽缸外壁之间的流动情形如图 7-20 所示。汽缸周围装了导风板以后,迎面冷却空气便沿着导风板和汽缸外壁之间的空隙流过汽缸两侧和后部壁面,使整个汽缸散热比较均匀;同时,导风板还可以减少汽缸后面的涡流,从而减小发动机的迎面阻力。为了使汽缸壁保持正常的温度,必须保证汽缸散热片中的空气具有一定的流速。为此,导风板和散热片之间的间隙应该适当。例如某发动机的导风板和散热片之间的间隙规定为 2~3mm。间隙太小,由于发动机的振动,会使散热片与导风板发生碰撞而磨损;间隙太大,将使冷却空气的流速降低,导致汽缸散热不良。

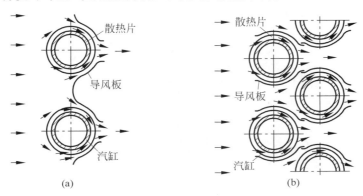

图 7-20 空气在星型发动机导风板与汽缸外壁之间的流动情形
(a) 单排星型发动机;(b) 双排星型发动机

如图 7-21 所示,有些飞机在整流罩的出口处,装有控制空气流通的风门,这个风门叫做鱼鳞板(也叫侧风门)。有些飞机,在整流罩的进口处还装有控制空气流通的另一个风门,这个风门叫做百叶窗(又叫鱼鳞片)。鱼鳞板和百叶窗统称为散热风门,都可在座舱内操纵(见图 7-22)。

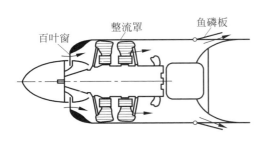

图 7-21 百叶窗、整流罩和鱼鳞板

图 7-22 鱼鳞板操作手柄

散热风门用来控制冷却发动机的空气流量,以调节汽缸的温度。鱼鳞板开大时,空气流量增加,散热量增多,汽缸温度下降;反之,鱼鳞板关小时,汽缸温度上升。百叶窗由若干金属片组成,打开百叶窗时,这些金属片都收缩到螺旋桨整流罩的后面,空气不受阻挡地流向发动机,空气流量增大;关小百叶窗,金属片伸出来使进口面积减小,空气流量减小。

在鱼鳞板打开的条件下,关小百叶窗会增大飞机的飞行阻力,因此,在通常情况下,百叶窗应该在完全打开的位置。只有在鱼鳞板完全关闭以后,汽缸温度仍然过低的情况下,才关闭小百叶窗。在增大冷却空气流量时,应该先将百叶窗完全打开,然后再打开鱼鳞板。

综上所述,气冷式冷却系统是利用迎面吹来的空气,把汽缸外壁的热量带走,以降低汽缸温度。空气从整流罩前面进入后,流经汽缸壁和散热片,最后从整流罩后面流到机外。汽缸温度的高低由散热风门来调节。

某些功率较大的气冷式发动机,当发动机的飞行速度较小时,迎面吹来的空气量较小,冷却比较困难,为了提供足够的冷空气,在发动机上装有一个专门的冷却风扇。风扇的位置,紧靠螺旋桨的后面,当螺旋桨轴转动时,经过传动齿轮带动风扇高速旋转(风扇的转速通常为螺旋桨转速的3~5倍),以增多冷空气流量。如图7-23所示的直升机,其飞行速度较小,常采用这种方法冷却发动机。

图 7-23　直升机活塞型发动机的冷却风扇

7.5.2　影响汽缸温度的因素

发动机状态发生变化时,汽缸的受热和冷却的情况都会发生变化,这就有可能使汽缸温度超出规定的范围。在使用过程中,必须注意调节汽缸温度,使它保持在规定的范围内。本节首先研究影响汽缸温度的因素,然后阐明各种情况下汽缸温度变化的趋势。

汽缸温度的高低,取决于汽缸内燃气传给汽缸壁的热量和冷却介质所能带走的热量。在单位时间内,如果燃气传给汽缸壁的热量多于冷却介质所能带走的热量,汽缸温度就会升高;反之,在单位时间内冷却介质所能带走的热量多于燃气传给汽缸壁的热量,汽缸温度就会降低。

影响燃气传给汽缸壁的热量的因素是进气压力、转速、混合气余气系数、提前点火角和压缩比等,其中任意一个因素发生变化,燃气的温度或燃气向汽缸内壁传热时的传热系数会随之发生变化,从而使燃气传给汽缸壁的热量发生变化。冷却介质所能带走的热量,则主要与冷却空气的温度和流量(取决于空气密度和流速)等因素有关。下面分别研究进气压力、转速、混合气余气系数、提前点火角、压缩比以及冷却空气的温度和流量等因素对汽缸温度的影响,假定其他因素都保持不变。

(1) 进气压力。当进气压力增大时,气体的密度增大,引起传热系数增大(实验表明,传热系数约与气体压力的0.7次方成正比),单位时间内燃气传给汽缸壁的热量增多,因此汽缸温度升高。

(2) 转速。转速增大时,起初,汽缸温度升高较快,而后,当转速达到某一数值时,由于充填系数减小,汽缸温度上升较慢。

(3) 混合气余气系数。混合气余气系数的变化,直接影响燃气温度,因而也影响汽缸温度的高低。当混合气余气系数略小于 1 时,汽缸头温度最高,余气系数偏离这个数值时,汽缸头温度都会降低。

（4）提前点火角。随着提前点火角的减小,汽缸头温度和排气门温度都升高。

（5）压缩比。压缩比增大时,压缩后的气体温度升高,燃气温度随之升高,而膨胀过程结束时废气的温度则由于膨胀比增大反而降低。

（6）冷却空气的温度和流量。冷却空气是指流过气冷式发动机的空气或流过液冷式发动机散热器的空气,可以带走发动机体的部分热量,达到冷却发动机的目的,对定型的发动机来说,压缩比是一个不变的因素,在常用的转速范围内提前点火角和混合气余气系数两个因素变化较小,因此,影响汽缸温度的主要因素是转速、进气压力、冷却空气的温度和流量。

7.5.3　散热系统的维护

1. 整流罩的检验

在每次发动机和飞机定检期间,都要检查整流罩及其支撑环的状况。

拆下并检查整流罩上有无刮痕、凹痕和磨损,这种类型的损伤会引起整流罩结构强度的减弱,增大气流的阻力,并且易于腐蚀。

检查整流罩上有无松动的铆钉,整流罩上的附件（如拉手、安全锁等）有无松动和损坏情况,如果损坏,则更换或修理整流罩。

检查整流罩内部结构,应注意加强肋是否有裂纹、气密装置是否损坏。

对支撑环的检查,应检查保险的固定情况和是否有裂纹,检查整流罩鱼鳞片铰链和铰接点,以保证安装固定可靠、无断裂或裂纹。这些检查都是目视检查,并要经常进行,确保整流罩使用可靠和使发动机有效地进行冷却。

2. 发动机汽缸散热片的检验

散热片在每次定期检查时都要进行检查并保持清洁。

在检查时,要仔细地检查散热片是否有裂纹和破裂。细小的裂纹不需要更换汽缸,可以把这些裂纹锉掉,或者有时可以打孔以防止裂纹进一步扩展;粗糙面或尖角可用锉锉平。这样,就消除了产生裂纹的隐患。

散热片面积的限定值是检查破损叶片的重要依据。它是决定汽缸可以继续使用或更换汽缸的决定因素。例如,某发动机如果任何从根部起长度超过 12in 的散热片全部断掉,那么这个汽缸就应拆下更换。在这种情况下,更换的原因是在损坏的面积内会引起汽缸局部过热,因为在那里几乎不能传热了。

在同一范围内,相邻散热片发生破裂,其允许的破裂长度为:相邻两片是 6in,相邻三片是 4in,相邻四片上是 2in,相邻的五片上是 1in。如果破损长度超过这个规定标准,则就应该更换这个汽缸。

3. 汽缸挡板和导风系统的检查

挡板和导风板的检查,通常在发动机的定期检查时进行。但是,不论什么时候,由于某种目的把整流罩拆下时,应该把它们检查一下。检查应该针对裂纹、凹痕或固定件是否松动。若裂纹或凹痕相当严重,就需要修理或更换这些部件。但是,对于刚出现的裂纹可以打止裂孔,轻微的凹痕可锉平,使这些挡板和导风系统使用时间更长。

4. 整流罩、鱼鳞片的安装和调整

在安装和调整整流罩鱼鳞片时,要确保整流罩正确的"开"和"关"的间隙,这个间隙是极其重要的。如果整流罩鱼鳞片的允许开度过大,则空气从发动机部位流出的流速增大,开度过大导致汽缸过度冷却。同时,若整流罩鱼鳞片没有调整到打开要求的位置,则汽缸头的温度将超过正常工作状态下的允许极限。对于每台发动机的整流罩鱼鳞片的安装,应保证开和关时的间隙在正确的数值内,从而使汽缸头的温度保持在允许的极限之内。

正确地安装整流罩鱼鳞片是很重要的。为此需要调整螺杆,调整"开"和"关"的限位开关,并检查整个系统的工作。

下面是检查维护整流罩鱼鳞片的一般方法。

(1)为了检查整流罩鱼鳞片的灵敏度,用操纵驾驶舱控制装置从"开"位到"关"位后再回到"开"位的办法。鱼鳞片的转动应该迅速而平稳。如果安装了一个整流罩鱼鳞片的指示器,则可以观察鱼鳞片在"开"位和"关"位时指示器的同步指示情况。

(2)当整流罩鱼鳞片打开时,检查有无变形、裂纹,检查安装是否可靠。握紧鱼鳞片的尾端,上下摆动,以确定衬套、轴承或松紧螺套的状态。在这样检查时,鱼鳞片松动则说明衬套或轴承损坏,应该更换。检查铰链铰接端面是否有磨损、损坏或裂纹,检查铰链与整流罩支撑环安装应可靠。

(3)测量整流罩鱼鳞片在"开"位和"关"位的间隙,并进行必要的调整。

5. 汽缸头温度指示系统的维护

汽缸头温度指示系统通常包括一个指示器、电线和一个热电偶。电线接在测量仪表(指示器)和发动机短舱防火墙之间。在防火墙上热电偶线的一端与电线相连,热电偶线的另一端与汽缸相连。

热电偶通常由两种不同的金属组成,一般是康铜和铁,并用导线连接到指示系统上。如果这两种不同金属结合处的温度与连接导线处的温度不同,则将产生电位差。此电压通过导线传到指示器——电流表。

连接至汽缸的热电偶端头是卡口式或是垫片式。卡口式的安装方法是:按下滚花螺帽顺时针旋转直到拧紧为止。拆卸这种插头时,只需按下滚花螺帽逆时针转动直到接头脱开。垫片式的安装在电嘴下部代替普通的电嘴垫片。

安装热电偶电线时,不要因热电偶线太长而割断它,只是把多余的电线卷起来或捆好,因为热电偶是作为一个已知的电阻值而设计的。如果引线长度减小,将会产生错误的温度输出值。热电偶的卡口或垫片安装在试车台试验所确定的发动机汽缸最热的位置上。

热电偶安装完毕并且导线与测量仪表相连后,仪表的指示值就是汽缸的温度。启动发动机之前,如果发动机是在环境温度下,则汽缸的温度指示就是周围空气的温度,这可作为判定仪表工作是否正常的一种方法。

汽缸头温度指示器的玻璃盖应进行定期检查,以便看它是否有滑脱或是否有裂纹。如果热电偶引线太长不得不卷起来捆着,则必须检查捆扎处是否可靠,是否有摩擦。必须检查卡口或垫片是否清洁,安装是否可靠。发动机工作时,如果汽缸头温度指示器的指针不稳定,则应检查所有的连接导线。

第8章

发动机指示系统

飞行员需要借助仪表来了解发动机的工作状态,如转速表用于指示发动机功率的大小,滑油压力表用于监控可能存在的发动机失效。随着飞机变得越来越大,越来越多的直读式仪表被远读式仪表所取代,机械式仪表逐渐被数字式电子仪表所取代。由于数字式电子仪表具有高精度、高灵敏度、高可靠度和低功耗的优点,因此成为发动机仪表的主要发展趋势。

发动机仪表通常都安装在仪表板上,这样可轻易地观察到全部的发动机仪表,以便对工作状态进行监控。

一些简单的轻型飞机只装备转速表、滑油压力表及温度表。而复杂的多发大型飞机将安装下列全部或部分发动机仪表或装置:

(1) 滑油压力表和警告系统;

(2) 滑油温度表;

(3) 燃油压力表和警告系统;

(4) 汽化器空气温度表;

(5) 汽缸头温度表(用于气冷式发动机);

(6) 进气压力表;

(7) 转速表;

(8) 燃油油量表;

(9) 燃油流量表或燃油混合比指示器;

(10) 滑油油量表;

(11) 防冰液容量表;

(12) 火警指示器;

(13) 螺旋桨反桨位指示装置。

发动机指示仪表都有量程标记,以方便驾驶员或工程师了解仪表上的显示是安全的还是危险的。多数标记是用不同颜色油漆涂在表盘上,以下是发动机仪表量程的典型颜色标记方法:

(1) 红色径向线——由发动机工作限制确定的最大和最小工作限制;

(2) 绿色区域——正常工作范围;

(3) 黄色弧线或区域——警告区域,表明发动机超过或长期在此区域工作,可能存在潜在的危害。

发动机指示系统分为机械指针式指示系统(见图 8-1)和综合航空电子系统(见图 8-2)。

图 8-1   机械指针式指示系统

图 8-2   综合航空电子系统

下面介绍一些代表性的仪表。

8.1   测压仪表

压力是指单位面积上作用力的大小,为了正确地定义压力,必须设定一个测量点或参考点。绝对压力是以零压力(即真空压力)为测量点;表压是以大气压力为测量点,是实际作用于流体上的泵压大小。

8.1.1   进气压力表

进气压力表(见图 8-3)测量的是进气管内油气混合气的绝对压力,单位为 inHg。

图 8-3   发动机进气压力表

发动机进气压力表显示了推动油气混合气进入汽缸的可用压力的大小。活塞发动机功率的大小由发动机的转速和作用于活塞的压力大小决定。由于没有实际可行的方法来测量发动机在做功行程时汽缸内的压力,因此,我们需要利用进气压力和混合气燃烧所产生的压力之间的关系,间接地得到我们所需的数据。转速表显示的数据与单位时间内发动机做功的次数相关,进气压力与汽缸压力相关。知道了这一点,驾驶员就可以通过控制这两个变量来调节发动机,使其产生所需的功率。吸气式发动机安装的进气压力表多数采用简单的磷铜真空膜盒来测量绝对压力。仪表的壳体密封并通过铝管或软管与进气管相连。仪表壳体内的压力低于大气压时允许膜盒膨胀,这一变化通过连杆传到转轴而使扇形齿轮旋转,扇形齿轮驱动小齿轮旋转,带动指针在标定好的表盘上旋转(见图 8-4)。用于吸气式发动机的进气压力表的量程通常为 10～30inHg 多一点。涡轮增压发动机的进气压力可超过40inHg。困扰进气压力系统的一个问题是仪表管路内容易积聚水汽,因此,大飞机的仪表后部管路上装有清除活门(见图 8-5),此活门在仪表板上靠近进气压力表的地方有一个按钮。在慢车状态,进气压力低于大气压力时,驾驶员可以通过按压清除按钮来清除管路中的水汽。压下并保持几秒,即可清除水汽。一些小型飞机的进气压力表管路上开有标定孔,通过此孔进入的气流可以吹除管路内积聚的水汽。这会造成一定的泄漏,但在允许的范围内,并且系统会对此进行相应补偿。量程较大的进气压力表使用微分膜盒。一个膜盒是真空并且密封的,另一个膜盒与进气管相连。当进气管内的压力变化时,测量膜盒膨胀或收缩而作用于参考膜盒上。膜盒的运动通过连杆传到扇形齿轮上,扇形齿轮驱动小齿轮旋转,小齿轮带动指针在标定好的仪表盘上转动。

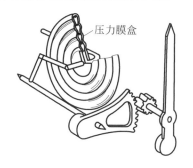

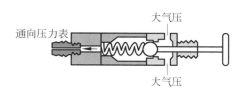

图 8-4 膜盒式测压装置图　　　　　　　图 8-5 清除活门

8.1.2 滑油压力表

多数情况下,滑油压力表测量的是表压,因为我们关心的是油泵施加给滑油的压力,而不是绝对压力。通常表压大于 10PSI 的滑油压力(见图 8-6)和其他压力使用波顿管式仪表测量(见图 8-7)。波顿管是由薄壁黄铜管压成椭圆形截面后再弯成半圆形形状而制成的测量元件,它的一端与仪表壳体固定在一起,同时在此端通入需测量的流体。当波顿管内的流体压力增大时,波顿管的截面将由椭圆形变成圆形。随着截面形状的改变,半圆形的波顿管将逐渐变直,导致可动端的运动,通过连杆使扇形齿轮旋转,扇形齿轮的旋转传给小齿轮,小齿轮带动指针在表盘上转动,从而指示波顿管内的流体压力。测量较低压力的仪表内的波顿管可环绕几圈而形成螺旋形,以便准确地测量低压,因为螺旋形的波顿管的活动端在很小的压力变化下仍然能输出较大的位移量。用于测量液压系统压力的高压仪表的波顿管管壁相对较薄,这样在同样的压力变化情况下,输出的位移量就比较小。波顿管仪表简单、耐用,但是灵敏度不高。

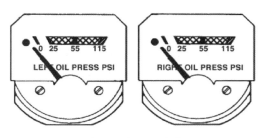

图 8-6 滑油压力表　　　　　　　图 8-7 波顿管测压原理

现代通用飞机多采用电子式滑油压力表(见图 8-8),它由指示器、传感器等组成。传感器由滑动电阻构成,压力的变化将驱动传感器内滑动电阻滑动臂的旋转,从而改变滑动电阻的阻值,滑油压力表通过测量传感器送来的电阻变化就可以指示滑油压力。

8.1.3 燃油压力表

燃油压力表显示以 PSI(lbf/in²) 为单位的燃油压力,它在试车时测量汽化器进口、供油

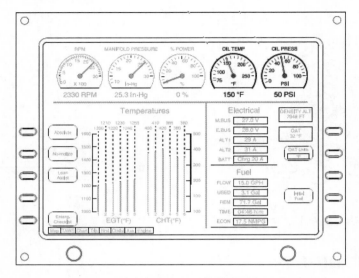

图 8-8　综合航空电子系统滑油压力显示

活门出口和主燃油供油管路上的燃油压力,燃油压力表位于驾驶舱。

在一些飞机设备里,在每个发动机汽化器或者燃油连接组件进口可以测量燃油压力,并且燃油压力在仪表面板上各自的表上显示。图 8-9 所示为西门诺尔 PA-44-180 型飞机的燃油压力表。正常操纵范围(绿弧)为 $0.5 \sim 8 \mathrm{lbf/in^2}$,最低压力为 $0.5 \mathrm{lbf/in^2}$,最高压力为 $8 \mathrm{lbf/in^2}$。

图 8-9　发动机燃油压力表

8.2　测温仪表

对发动机来说,压力和温度是两个重要的被测参数。压力显示了系统中驱动滑油和燃油流动的能量的可用性,温度反映了发动机中热能的大小。对航空发动机来说,有两种基本的测温方法:非电气法和电气法。

8.2.1　非电气法测温

有些小飞机上的滑油温度是由波顿管式压力表测量的。波顿管式仪表通过毛细管与感温包相连。感温包安装在发动机内,通常在滑油滤内。感温包、毛细管、波顿管密封连接而形成一个单元体,内部填充甲基氯化物(一种液体)。波顿管测量甲基氯化物的蒸气压,温度越高,蒸气压越大。在毛细管上进行工作时,必须特别小心,防止毛细管变形或破损。毛细管是细小的紫铜管,通常外部包有紫铜网以防止物理性损伤。

除了前面提到的压力测温法之外,还有利用物体热胀冷缩性质的双金属片测温和水银温度计等,由于此类方法比较简单,这里不再赘述。

8.2.2 电气法测温

由于电气法测温便于实现,而且精度高,因此得到了广泛的应用。电气法测温包括两种:电阻式和热电偶式。

1. 汽缸头温度表

许多活塞发动机要求驾驶员监控汽缸头温度,汽缸头温度通常使用火花塞下面的特殊垫片或探头测量,由铁和康铜或铜和康铜制成的导线将探头和仪表连接起来。导线的电阻是关键,大多数小型飞机的仪表板和发动机之间的距离较短,所以使用 2Ω 的导线;大一些的多发飞机使用 8Ω 导线。如果导线没有足够的电阻,则将一个合适的康铜线圈接入负极(康铜端),使电路电阻达到所需的精度值。如果安装时导线过长,减短部分导线可使线路变得整洁,但这会导致导线电阻降低,所以正确的做法是:将导线盘好并固定,以保证导线具有适当的电阻值。使用热电偶系统的汽缸头温度指示器是一个电流计。康铜导线连接到电流计的负极端,铁或铜导线连接到电流计的正极端,如图8-10所示。

这些仪表都应该标注所用热电偶的类型、导线的电阻和探头的组合。因为仪表的电流由热电偶产生,而不是来自于飞机电气系统,所以它们始终处于工作状态,如图8-11所示。

图8-10 发动机CHT温度传感器

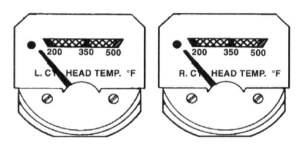

图8-11 发动机汽缸头温度表

2. 排气温度表

由于排气温度和汽缸内的燃烧效率直接相关,我们可以通过调节排气温度而使发动机在高燃烧效率下工作,这需要用到排气温度表(见图8-12)。

用于活塞发动机排气温度测量的系统有两种类型。比较简单的系统只有一个传感器,它安装在发动机制造厂家推荐的汽缸排气管内。更好的方法是每个汽缸都安装一个传感器,驾驶员通过选择开关查看每个汽缸的排气温度。活塞发动机的排气温度指示并不精确,因为它会随着油气比的变化而变化。如果

图8-12 发动机排气温度表

飞机处于巡航高度并通过油门杆将发动机调到巡航功率,此时驾驶员可以查看排气温度并找到排气温度最高的汽缸,接着使混合气贫油,让排气温度达到最大值,然后使混合气富油,让排气温度降低25℉,此时达到最佳油气比。这是通常的操作程序,但并不是在每种飞机上都适用,因此具体做法应参见该型飞机的飞行手册。图8-13所示为排气管上安装的排气温度传感器。

3. 滑油温度表

活塞发动机的滑油温度测量常常采用电阻式。传感器由一个负温度系数的电阻构成,

它的电阻值随温度的变化而变化,温度越高阻值越小,经过温度表内部电路转化就可以指示发动机滑油温度变化情况,使飞行员了解发动机润滑状况(见图8-14)。

图8-13　发动机 EGT 温度传感器

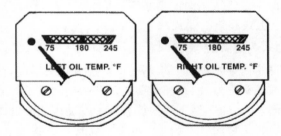

图8-14　滑油温度表

8.3　转速表

对机组来说,通过转速表了解发动机的转速是非常必要的。转速表有非电气法测量和电气法测量两种类型。转速表外形如图8-15所示。

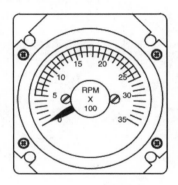

图8-15　发动机转速表

8.3.1　非电气法测量

有些小型通用航空飞机采用非电气法磁驱动式转速表。装于金属壳体内的螺旋钢索的两端被挤压成方形截面,一端与发动机转速计相连,另一端插入仪表内的旋转的永久磁铁接口内。磁铁放于铝杯中,但两者并不接触。当磁铁旋转时,由于电磁感应现象而在铝杯内产生感应电压。感应电压产生感应电流,感应电流产生反向磁场。磁铁产生的磁场和涡流产生的磁场之间的相互作用产生的力矩驱动铝杯旋转,并与标定好的游丝的弹力相平衡。磁铁转动得越快,感应电流就越大,相应地磁场也越强,铝杯的转动量也越大。铝杯通过黄铜衬套与钢轴相连,钢轴与指针相连。当发动机不工作时,游丝使指针处于表盘的零刻度位置。

8.3.2　电气法测量

有些通用航空飞机用电子式转速表取代了机械式转速表,这种转速表用磁电机产生的脉冲信号来指示发动机的转速。用于电子式转速表的磁电机具有一套额外的断电器,它与磁电机的电路完全分离。来自飞机电气系统的电流流过断电器后形成脉冲频率。仪表内的电路将这些与发动机转速相关的脉冲频率转换成直流电,直流电用于驱动指针显示发动机的转速。还有些飞机采用磁传感器来感受活塞发动机启动齿轮盘的转速来指示发动机转速,当发动机工作时带动启动齿轮盘旋转,转速磁传感器线圈内将产生感应电动势,电动势的频率随发动机转速变化而变化,这个信号经转速表内部电路转换后驱动指针指示发动机转速。磁传感器转速表如图 8-16 所示。

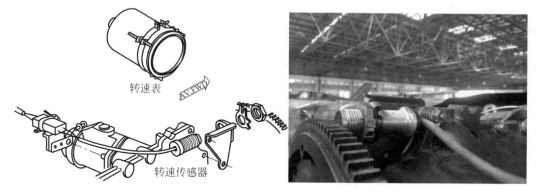

图 8-16　磁传感器转速表

　　某些早期的电子式转速表使用发动机驱动的永久磁铁发电机产生与发动机转速成正比的电压。有些采用交流发电机,另一些采用直流发电机。此类系统使用了很多年,但它有一个致命的缺点,即测量精度由发电机内的永久磁铁的磁场强度决定。发动机的热量、振动、工作时间均会引起磁铁的磁场强度下降,使得这种系统不够精确。现代的交流转速表不再依赖转速表发电机产生的电压,而是依靠与发动机转速直接相关的、发电机产生的交流电的频率来进行检测的。转速表发电机是永磁体三相交流发电机并由发动机以自身转速的一半驱动旋转。用于此类系统的指示器由三相同步交流电动机组成,此电动机由转速表发电机的输出驱动,并与发电机内的磁铁同转速旋转。同步电动机驱动磁铁组件,磁铁组件驱动铝制磁性驱动盘旋转并与游丝的弹性力矩相平衡(见图 8-17)。这种转速表具有很高的精度和较长的使用寿命,活塞发动机和涡轮喷气发动机都可以使用。

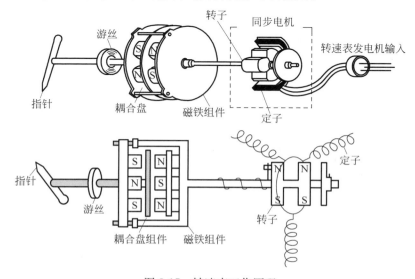

图 8-17　转速表工作原理

8.4 燃油流量表

8.4.1 压力式流量表

用于直接喷射式水平对置发动机的燃油流量指示实际上是测量燃油喷嘴的压力降。这不是一种特别精确的测量方法,因为节流的喷嘴减小了燃油流量,但是增大了压力降,如图 8-18 所示。这在仪表上却表现为流量的增加,刚好与实际情况相反。指示器的外观如图 8-19 所示,表头内圈的标记表示发动机燃油流量(gal(美)/h)。为调节燃油流量,驾驶员首先使用转速表和进气压力表得到所需的发动机输出功率,然后调节混合比改变燃油流量,同时监控排气温度表,确保此时的混合比与发动机输出功率相匹配。

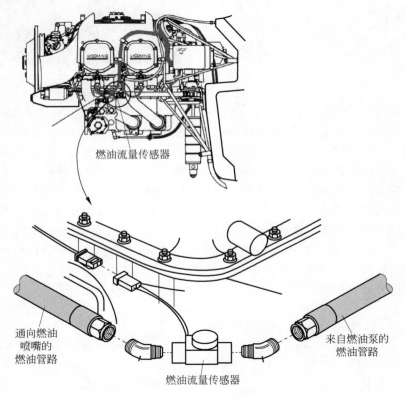

图 8-18　燃油流量计

8.4.2 容积式远读流量表

多数使用活塞发动机的大型飞机采用流量计测量燃油流量。流量计的传感器是位于发动机驱动泵和汽化器之间的管路上的一个可动叶片,如图 8-20 所示。叶片的移动量与燃油流量成正比。自动同步传感器的转子与可动叶片相连,燃油的流动使叶片转动,叶片的转动带动转子旋转。转子的转动通过电路传到指示器,使指示器内的转子转过同样的角度。指针与指示器转子轴相连,所以指针与传感器叶片同步运动。

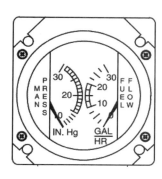

图 8-19　燃油流量表

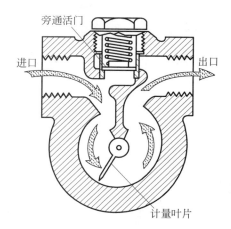

图 8-20　旋板式流量计的传感器

8.5　Garmin 1000 的发动机指示系统

　　Garmin 1000 系统是 Garmin 公司生产的,集成了通信、导航、GPS 等航空电子设备并配备 10.4in 液晶、高分辨率(1024×768)的显示器的一套综合航空电子系统。现已广泛应用在各类通用航空飞机上,如 Cessna 公司的 172、182、206 单发活塞式飞机,奖状野马(Mustang)双方涡扇飞机,钻石 DA40 和 DA42 单、双发活塞式飞机,Baron58/G58 双发活塞式飞机,西锐 SR20 单发活塞式飞机,西门诺尔 PA-44-180 双发活塞式飞机等。

　　Garmin 1000 通过 RS-232/RS-4845、ARINC429、高速以太网等总线进行互联和数据交换。系统采用模块化和集成化思想设计,标准配置包括:两或三个 GDU1040/1044B 显示组件(PFD 和 MFD)、两个 GIA63 集成电子组件、一个 GMA1347 音频板组件、一个 GEA71 飞机/发动机接口组件、一个 GTX33 S 模式应答机、一个 GMU44 磁力计、一个 GRS77 姿态航向基准系统组件和一个 GDC74A 大气数据计算机组件。显示组件中 PFD 为主飞行显示,以替代传统的陀螺仪表,MFD 显示导航信息和发动机/飞机数据。两个 GDU104X 连接和显示飞行期间 Garmin 1000 系统的所有功能,它们互相通信和显示。MFD 显示的发动机参数有进气压力、发动机转速、发动机运转时间、燃油流量、滑油压力、滑油温度、排气温度(EGT)和汽缸头温度(CHT)等,如图 8-21 所示。

　　Garmin 1000 系统向飞行机组提供包括指针式、柱形图和数字读数等多种形式的发动机参数指示。在正常情况下,发动机指示系统的参数全部在 MFD 的左侧显示。在应急模式下,系统将发动机参数与驾驶领航参数集中到一个显示器上显示出来,这时发动机指示仍然在屏幕的左侧。

　　发动机指示系统共有 3 个页面:发动机页面、贫油页面和系统页面。系统启动时,MFD 自动进入到系统默认的发动机页面。按下屏幕下方的 ENGINE 软键,可出现页面菜单,可选择转换到贫油页面或系统页面。

　　发动机页面为默认页面,显示所有重要的发动机、燃油系统和电气系统信息。页面的顶部为发动机转速指针及数字指示(发动机指示系统 3 种页面方式下都有此项,且始终位于最上方),下面是发动机和电气系统重要参数的水平条状指示器或数字读数。

图 8-21　MFD 的显示页面

在 MFD 上的 AUX-SYSTEM STATU(辅助-系统状态页)提供 LRU 组件的正常方式下的健康(良好)状态,如图 8-22 所示。

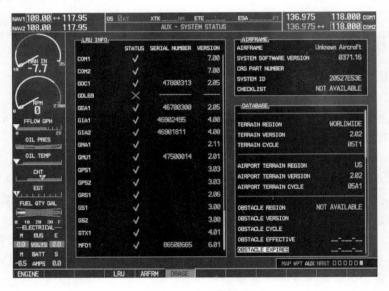

图 8-22　AUX 系统状态页

燃油流量指示器以 gal(美)/h 为单位显示实时的燃油流量。绿色表示正常的燃油流量,绿色条带之外表示燃油流量不正常。

滑油压力指示器显示供给发动机的滑油压力,单位为 lbf/in^2。绿色表示正常工作范围,红色为告警范围(最小和最大)。

滑油温度表显示发动机滑油温度,单位为℉。绿色表示正常的工作范围,红色表示告警。

排气温度表示温度最高的汽缸的排气温度,单位为℉。在三角形中显示汽缸号。排气温度没有色带。

真空度表为水平条状指示,绿区表示正常操作范围。

发动机转速时间以数字读数形式显示在油量表下面。

贫油页面是提供发动机贫油信息和对发动机进行贫油调节的用户界面,如图8-23所示。在贫油页面上仍然有发动机仪表和油量表,燃油流量表显示为数字读数。

贫油页面下可以以柱形图方式同时显示每个汽缸的汽缸头温度和排气温度,选定汽缸的EGT和CHT数字读数显示在柱形图的下面。默认方式下显示温度最高的EGT和CHT数字读数。这些对于机务人员试车检查发动机是非常有用的。

柱形图的不同颜色代表不同的含义,淡蓝色表示选定的汽缸,白色表示指示正常,黄色表示告诫(仅对汽缸头温度),红色表示告警(仅对汽缸头温度)。在贫油页面,屏幕下方的CYL SLCT软键可用于选择需要显示EGT和CHT读数的汽缸。当汽缸显示为告诫(柱形图为黄色)或告警(红色)状态时,此软键不能工作,直到温度回到正常值(白色)。在贫油页面,ASSIST软键用于调贫油程序中识别温度下降的第一个汽缸的峰值。

系统页面以数字读数的形式显示发动机、燃油系统和电气系统的重要参数指示,如图8-24所示。系统页面中,许多通常以图形显示的参数将转换成数字方式显示,便于试车人员记录各种发动机参数的准确数值。

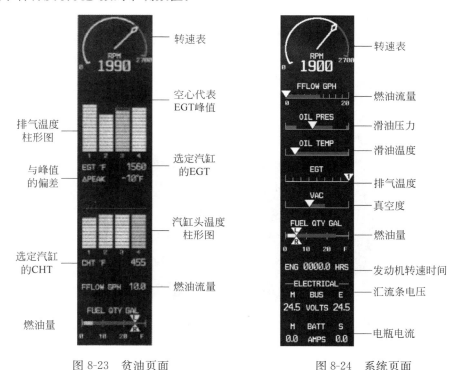

图8-23 贫油页面   图8-24 系统页面

以塞斯纳172R型飞机为例,在浏览发动机系统页面时,除了汽缸头温度以外,当任何默认发动机页面的参数超出范围时,将使页面自动切换到默认的发动机页面。发动机系统页面还提供进行燃油计算的功能,通过相应的软键进行设置,可对飞机上的已用燃油和剩余

　　燃油进行计算、显示。注意,这种计算并未利用飞机燃油量测量指示系统,仅根据输入值进行计算。

　　如果通信频率、导航频率、发动机数据显示出在显示段没有收到有效的数据,则在显示段出现一个红色的"×"。如图 8-25 所示显示,段没有收到有效的数据和相关 LRU 组件的信号。

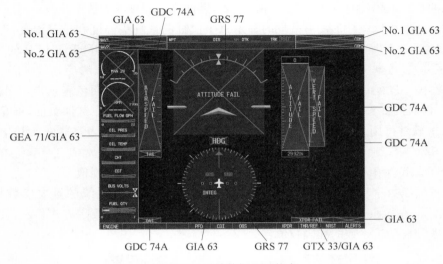

图 8-25　无效数据显示状态

　　与发动机数据显示为红色状态的相关的硬件为 GEA 71,如图 8-26 所示。GEA 71 是一个带微处理器的 LRU 组件,负责接收/处理来自发动机和飞机传感器的信号。传感器包括发动机温度和压力传感器以及燃油流量和压力传感器。GEA 71 通过使用 RS-485 数字接口,直接与两个 GIA 63 组件通信。GEA 71 可应用在单发飞机或者涡轮发动机飞机上。通过 RS-232 数字接口,收到 GIA 的软件和构型设置。

图 8-26　GEA 71 组件及安装位置

第9章

发动机的维护与操作

正确的发动机的维护工作和操作程序是保证发动机可靠性和寿命的前提,以下内容从不同角度阐述了发动机的维护和操作内容。

9.1 发动机的安装

本章首先介绍发动机安装组件的相关知识以及发动机安装程序和注意事项。

9.1.1 发动机的安装位置

在多发活塞飞机上,发动机一般都安装在流线型的、由机翼延伸出的叫做短舱的壳体里。短舱可分为两部分:机翼舱和发动机舱。

轻型单发飞机,动力装置安装在机身的前部,因此只有发动机舱。

在发动机舱和机翼舱分开的地方,一般都要将管路、接头、电插头、电缆和安装螺栓等部件暴露安装,以方便安装。

星型发动机通常采用 QECA 组件(快速发动机更换组件)以方便发动机的拆换,如图 9-1 所示,QECA 组件主要由进气斗、整流罩鱼鳞片组件、发动机整流罩、整流罩支撑环、发动机安装架、发动机及其附件组成。

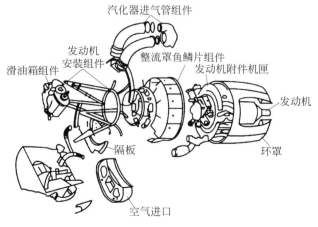

图 9-1 典型动力装置的分解视图

在图 9-2 上标出了一个 QECA 的分开点,包括防火墙和断开接头。

防火墙指的是机翼舱壁最前面的部分,它是由不锈钢或其他防火材料构成的。它也为发动机舱内的装置提供了一个安装面,用于连接发动机和飞机的管路、联动装置和接线盒。如果没有防火墙,在发动机舱一旦失火的情况下,火就可能进入机翼内,而油箱一般装在机翼内,所以飞机就有着火的危险。

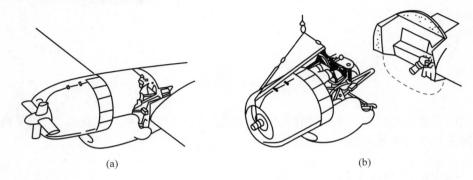

(a)　　　　　　　　　　　(b)

图 9-2　QECA 的分开点

(a) 装上吊舱后;(b) 已拆下的短舱

9.1.2　发动机安装架

发动机通过发动机架固定在机身或机翼上。

1. 星型发动机

星型发动机安装架通常使用一个用钢管焊接的发动机架结构,如图 9-3 所示。它的构造有发动机固定环、撑杆(V 形杆)和为连接安装架到机翼短舱的接头。

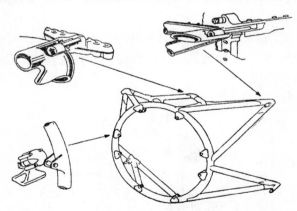

图 9-3　典型的星型发动机安装架

发动机安装架固定发动机的地方叫做发动机安装节,它由钢管组成,通常其直径比安装架其他部分的直径大,它处在发动机平衡点附近。通常发动机连接到安装架上是用汇交力式安装环,安装环的前平衡点连接到发动机上。

被称为减振架的橡胶-钢发动机支承装置允许发动机向各个方向作有限的运动,所以这些隔振体一般叫做柔性减振架或弹性减振架。减振架的特性是在正常情况下,橡胶体能单独支撑发动机。当发动机受到非常大的冲击载荷时,减振器将限制发动机的过大运动。星型发动机的安装悬挂可分成两种:切线悬挂式和汇交力式。切线悬挂式一般叫做管形安装节,这种形式的安装沿着它的主轴是很柔软的。

汇交力式安装节的两种最普通的形式是杆式和座式,如图9-4所示。

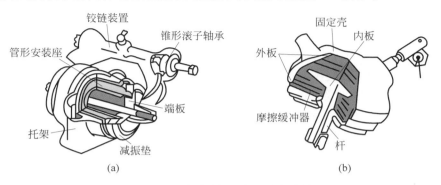

图 9-4　两种形式的汇交力式安装节
(a) 连杆式汇交力式缓件;(b) 基座式汇交力式组件

杆式汇交力式安装节用一个有柔性元件的安装座,这种安装座的外壳体用卡子卡到一个铝合金或钢的锻造的托架里,并用螺栓刚性地固定到发动机固定法兰盘上。连杆用锥形滚棒轴承装配在安装环接触点上。橡胶减振垫连同后端板在内壳体的两延伸部件上。在组件零件之间不允许金属与金属接触时,这些减振垫限制安装节的轴向移动。

座式汇交力式安装节有一个外壳,其外壳是由两个牢固地连接在一起,并用螺栓固定到安装环构架上的钢锻件组成。通过汇交力杆和固定壳之间的橡胶垫达到缓冲目的。

2. 水平对置式发动机

水平对置式发动机架由特种钢钢管焊接成构架式结构,固定在 O 号框的接头处有安装座,以便载荷分配到较大的支承面上。在发动机架上各接头处,特别是发动机与发动机架接头处受力较大,应注意检查,如图9-5所示。

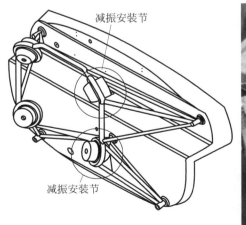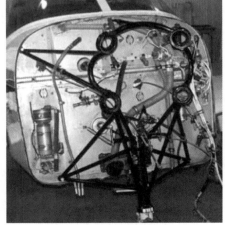

图 9-5　发动机安装架

一般用活塞发动机作动力的飞机,其结构元件的自振频率通常都在作用力频率的使用范围内,振动是由螺旋桨的动力不平衡和空气动力不平衡引起的。

因此,必须解决减振问题。减振装置能使传到飞机上去的冲击频率降低,消除共振现象的产生。减振装置还可以减轻飞机结构和发动机的疲劳载荷,以及消除由于振动引起的操作人员的不适感觉。

减振装置安装在发动机架接头上,对于水平对置式发动机一般采用圆管式减振装置。注意,应保证动力装置的各种振动有足够的自由度,能使各方面的自振频率降低。圆管式减振装置还利用橡胶受剪和受压的不同特性,使减振橡皮沿各方向具有不同刚度。橡皮受剪时变形较大,故在需要刚度较小的方向上,使减振橡皮受剪。橡皮受压时变形较小,故在需要刚度较大的方向上,使减振橡皮受压。

在安装减振装置时必须注意防止汽油或滑油沾上去,因为汽油或滑油对橡皮会起破坏作用,如图 9-6 所示。

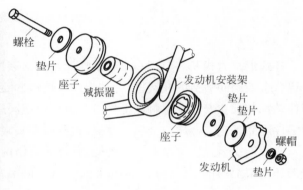

螺栓
垫片
座子
减振器
发动机安装架
垫片
垫片
座子
螺帽
发动机
垫片

下部右侧减振安装架

图 9-6　减振装置

安装发动机架与发动机之间的 4 个安装接头时,应先安装上接头,后安装下接头。

3. 对发动机架的要求

(1) 飞行中在允许的过载及可能的着陆撞击时,都应能支持住由发动机重力、拉力、陀螺力矩、反作用力矩而引起的力和力矩。

(2) 当发动机受热变形时,不能在飞机结构中引起应力,同时也不能把发动机当成飞机承力系统的一部分。

(3) 便于更换发动机,便于接近经常需要检查调整的部件,如点火系统、油滤、加油口等。

(4) 必须是弹性的,使飞机结构不受发动机振动的影响,尤其不能使发动机的振动频率与飞机的自振频率相合拍而引起共振。

4. 发动机架和支架接头上作用的力和力矩

(1) 动力装置的重力,即发动机、螺旋桨及附件在发动机及发动机架上附加的重量;

(2) 当飞机作大坡度盘旋和着陆时,通过动力装置的重心作用着的惯性力;

(3) 通过发动机罩各部分传来的空气动力;

（4）螺旋桨拉力；

（5）螺旋桨反作用力矩；

（6）排气的反作用力；

（7）陀螺力矩。

9.1.3　安装发动机前的检查

在安装发动机前应对相关部件及系统进行认真检查，并根据规定对有关部件进行无损检测，具体如下。

（1）清洁发动机舱。

（2）检查整个发动机舱的构架、整流罩及铆钉盖板的状况。如果整流罩和管道的任何裂纹没有超过有关飞机制造厂结构修理的限制，可用钻头在裂纹尖端钻止裂孔并在裂纹区施加加强补片修理。

（3）检查防火墙的整体状况，特别是发动机架的连接部位。

（4）检查发动机固定架组件钢管有无变形和损伤，如弯曲、凹陷、污点或裂纹等。为了显现裂纹等缺陷可用着色检查法。

（5）检查发动机安装螺栓，一般用磁力探伤或允许的方法检查。当螺栓拆下时，应当检查是否存在由于螺栓的拧紧力矩过大而引起的螺栓伸长。

（6）检查所有露出的导线外表面有无断开、擦伤、破坏，电缆接头焊接是否可靠，以及连接插头的连接情况是否良好。任何损坏都要根据损坏程度进行修理或更换。

（7）检查舱内所有管路有无弯曲、裂口、划伤、擦伤、锈蚀，以及发动机系统的软管有无老化裂纹。

（8）检查操纵拉杆有无裂纹或腐蚀等缺陷，如果裂纹或腐蚀程度足以影响操纵杆的强度，那么一定要更换操纵杆，否则将严重降低安全性。

（9）检查操纵系统中的滑轮是否运动自如，检查钢索有无锈蚀和断丝。

（10）搭接头不应破裂、松动，端头要清洁，整个接头的电阻值不应超过规定的数值。

（11）检查进气装置、排气装置及尾喷口组件有无松动、裂纹或过大的锈蚀，其连接、固定装置应良好、无损伤。

（12）检查减振块状况，视情进行更换。如果有一个减振块损伤，应同时更换4个减振块。不能将不同类型的减振块安装在一起。

（13）检查软管的整体状况，视情进行更换。在软管内不能残留防护油脂（硅树脂），必须用干净的抹布除去所有的印迹。

（14）彻底地检查发动机的滑油系统，并完成滑油系统任何特殊维护要求。

9.1.4　安装发动机

1. 吊装与固定

（1）当准备吊装新的或大修过的发动机时，移动待安装的发动机尽可能地接近要装发动机的短舱。然后连接吊挂到发动机上，并使起重机钩住吊挂，开始拉直吊绳直到使起重机承担起发动机的重量。

（2）从发动机固定托架上拆下连接螺栓，起重机可以吊着发动机离开发动机固定托架，将发动机平稳又安全地吊到发动机短舱的位置。

（3）发动机到位后，将各连接件对合在一起，如各种固定螺栓孔和排气尾喷管等。

（4）当发动机在短舱里对正后，把螺栓插入螺栓孔内，并拧上螺帽。

（5）发动机固定螺栓的螺帽必须紧到制造厂规定的力矩。当拧紧螺帽时，起重机应承担发动机重量以便使固定螺栓调准。

（6）在螺帽拧紧后，移开发动机吊挂，连接好各个接地线，使安装架与机体连成一个电路。

（7）连接所有的管道、电导线、操纵装置管路和电缆束。

2．连接和调整

遵守相应的维护手册的规定，按先后次序将各个装置和各个系统连接到发动机上。

1）进气系统

（1）在进行进气系统的连接时，应使连接处的各点紧密配合，防止空气泄漏。

（2）一些飞机的进气系统必须做压力气密检查。为此要堵塞系统一端，另一端通入规定压缩空气，然后检查渗漏率。

（3）空气进气系统的过滤器应予清洁，以减小到发动机及其装置中的清洁空气流动损失。

（4）在安装排气系统时，检查所有螺帽卡子和螺栓，并排除有怀疑的地方。装配时螺帽应逐渐地和顺序地拧紧到正确力矩。

（5）用在低压系统的软管，一般用卡子固定到适当位置。

2）金属管件

（1）在装配有螺纹接头的金属管以前，要确保螺纹清洁和状态良好。

（2）在装配前，要使用系统规定的密封剂涂到螺纹接头上，确保系统的密封性。

（3）当连接金属管时，要保证正确的力矩。

3）电器装置及导线

当连接到启动机、发电机或短舱内各种其他电器装置的导线时，要确保所有连接完整、可靠。在用螺帽连接到螺纹端头的导线时，一般用一个弹簧垫放在螺帽下面，以防止导线工作时松动。当需要时，连接插头可用钢丝保险，使滚花螺母处在拧紧位置。

短舱内的导线一般穿在一种软管或硬管内，导管必须用固定器固定，必要时可以进行焊接。

4）操纵装置的调整

所有发动机操纵装置必须精确调整，以确保正确的响应时间。

图9-7所示为活塞式航空发动机油门操纵装置的一个简图。

（1）油门的调整

① 松开在汽化器上的锯齿形油门操纵臂，松开油门止动钉直到节气门处于全关位置，用锁把钢索鼓轮锁到适当位置之后，调整操纵杆到一个规定长度。

② 把操纵杆的一端连接到钢索鼓轮上，并重新把操纵臂连到汽化器的锯齿上，这样才能正确地把操纵臂连到钢索鼓轮上。

③ 松开钢索松紧螺套，直到油门操纵杆用锁销锁在扇形块上。然后把扇形块锁在适当位置，把钢索调整到正确张力，此张力用张力计测定。最后把锁销从钢索鼓轮和扇形块上

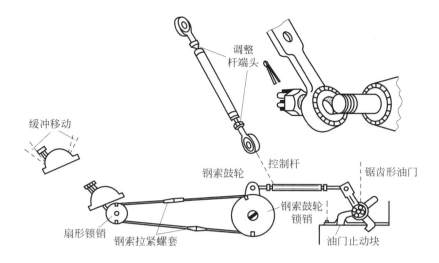

图 9-7　油门操纵系统简图

拆下来。

④ 调整油门操纵杆以便在油门扇形块两个位置有少许的缓冲作用：一是汽化器节气门在"全开"位置，另一个是在"慢车"位置时。

⑤ 通过均衡地在相反方向转动钢索松紧螺套，调整张力直到油门操纵装置张力符合节气门在"全开"位置要求。然后，将油门操纵臂止动块调整到规定的范围内。"慢车"位置时，张力的数值应当在节气门的慢车转速位置的容差范围内。出现缓冲就可保证节气门的转动不是由油门操纵扇形块上的止动块限动，而是由节气门摇臂止动块来确定节气门全开或关闭到正确的慢车转速。

⑥ 如果系统内使用了钢索，在操纵系统锁住的情况下，将钢索调整到一定张力。

（2）混合比的调整

对于连接手动混合比操纵装置的操纵机构，标在扇形块上和汽化器上有三个混合比位置：慢车停车、自动贫油和自动富油。

① 在操纵扇形块上手柄的位置，必须与在汽化器上手动控制活门的位置同步。在调整连杆机构之前，一般通过把混合比控制杆和混合控制活门放在"慢车停车"位置，使这一调整与张力调整同时进行。

② 在安装好发动机操纵装置后，松紧螺套和槽型螺帽打保险，并确保在所有操纵杆上的锁紧螺帽被拧紧。

③ 在多发动机飞机上，每个扇形块上所有油门和混合比控制装置的缓冲量的数值必须相等，以便所有操纵装置在任何选择的位置能够保持一致。这避免了为使发动机工作同步而进行单独调定每个操纵装置的情况。

（3）通风片（门）的调整

发动机安装好后，需要调整通风片以便使冷却发动机的空气正确流通。当通风片调整完成时，操纵系统工作要重新检查全开和关闭的规定极限。此外，如安装位置指示器则要检查通风片的位置指示器。调整滑油散热器通风门的方法如下：首先将通风门收回到一个特定位置，在这位置上飞机上的限制开关调到切断位置；然后，将调节螺丝调整到通风门开到一定程度,同时打开限制开关调到在这位置时电动机断电。

在发动机完全安装完和连接完之后,应检查推力轴承固定螺帽的力矩。在螺旋桨轴上涂以发动机滑油,螺旋桨调速器和防冰系统必须按照制造厂说明书连接,最后把螺旋桨装到发动机上。

9.2 发动机的试车检查

9.2.1 发动机监控参数

发动机有很多的操纵手柄(杆),操纵手柄通过一些杆、钢索、摇臂、滑轮等组件与发动机相连。在大多数情况下,操纵手柄安装在驾驶舱内的操纵台上。操纵台上有专门的铭牌或标志来描述各手柄的功用与位置。在某些飞机上,还装有摩擦离合器(油门锁)来保持操纵手柄的位置。

进气压力、转速、汽缸头温度、滑油温度、汽化器空气温度和油气比都能通过操纵驾驶舱内的各种操纵装置来控制。根据仪表读数再配合相应的操纵,可以避免发动机在使用过程中超过其工作极限。

发动机运转中一般对下列各项参数进行控制:

(1) 发动机转速(r/min);

(2) 进气压力;

(3) 汽缸头温度;

(4) 汽化器空气温度;

(5) 滑油温度;

(6) 滑油压力;

(7) 燃油压力;

(8) 燃油空气混合比。

详见第7章内容。

9.2.2 发动机启动

启动系统的作用是使发动机由静止状态进入运转状态,因此,启动时要解决转动曲轴、启动供油、启动点火三个问题。

启动转速较小,燃油泵不能正常供油,因此需要用电动增压泵为启动供油。

转速小时,磁电机不能提供足够的电压使电嘴产生强烈火花,因此启动系统装有启动加速器或启动点火线圈,使启动时产生强烈火花,供启动时点火。

典型活塞发动机的启动步骤如下。

(1) 发出离开螺旋桨的口令,观察螺旋桨附近已没有人或障碍物后,将钥匙插入磁电机/启动开关的钥匙孔中。

(2) 油门放在1/4位置(热发时放在全油门位置,因为这时汽油雾化好,应多供空气)。

(3) 打开电动增压泵电门。

(4) 前推混合比杆,待流量出现后拉回混合比操纵杆,关闭电动增压泵。

（5）将磁电机/启动开关的钥匙向里按入向右转至"启动"位（最长30s），发动机爆发后，迅速前推混合比操纵杆，松开钥匙，这时磁电机/启动开关自动弹到"双磁"位。

（6）调整油门杆至转速为1200r/min，检查滑油压力指示应在绿区。

9.2.3　发动机暖机

正确的暖机是相当重要的，特别是对发动机的状况不甚了解时。暖机转速应是使发动机获得最大稳定性时的转速。经验表明，最佳暖机转速应在1000～1600r/min之间，实际的暖机转速应选定在发动机运转最平稳的转速，因为最平稳的运转表示其所有部件都处于最稳定的状态。

在暖机过程中，应密切观察与发动机运转有关的仪表，它有助于确保发动机正常运转。例如，在启动之后30s内，发动机滑油压力应有指示。此外，如发动机在启动1min之内，滑油压力不能升至正常值，则发动机应立即停车检查。应不断地观察汽缸头温度，试车中不能超过最大允许值，不得使用贫油混合气来加速暖机。实际上，在暖机转速运转时，不管混合比操纵杆放在"富油"或"贫油"位置，进入发动机的混合气的差别很小，因为在暖机转速范围内，主要由油门杆来控制燃油流量。

在可能结冰的条件下，应根据需要对汽化器加温。对装有浮子式汽化器的发动机，在暖机过程中视情对汽化器加温，以防止汽化器结冰并确保发动机运转平稳。

在暖机时，应进行磁电机掉转检查。其目的是检查点火系统性能是否良好。暖机后允许用较大的功率运转。正确的暖机还要求花一定的时间进行一些简单的检查，通过这些检查可能会发现一些故障，在故障未排除前通常不允许将发动机继续投入使用。

9.2.4　螺旋桨变距检查

检查螺旋桨，确保变距操纵和变距机构工作正常。当螺旋桨调速器操纵杆从一个位置移至另一位置时，可以通过转速表和进气压力表的指示，来确定变距操纵和变距机构工作是否良好。由于各型螺旋桨的检查方法不同，应按照螺旋桨制造厂的要求进行检查。

9.2.5　点火系统的检查

应在螺旋桨低距位置进行点火系统的试车检查（磁电机检查）。转换磁电机开关到一个磁电机工作时，因另一磁电机所连电嘴停止点火而导致燃烧效率降低，所以发动机转速下降。

在进行磁电机检查时，扭矩压力指示降低也是转速下降的最好证明。通过下降的转速与已知标准比较，可以判断下列情况：

（1）磁电机定时是否合适；

（2）由发动机工作平稳状态来确定相关系统的性能是否良好；

（3）点火导线连接是否牢靠；

（4）电嘴工作是否正常。

单磁工作时，发动机工作不平稳通常是由于电嘴被污染或点火系统故障而导致的点火不良而引起的，有时也是由于磁电机本身故障导致的。不掉转通常是点火系统的接地有问题。当左、右磁电机掉转相差过大时，则说明左、右磁电机之间的同步角过大。

应有足够的时间来进行磁电机检查,检查时确保发动机转速和进气压力稳定。否则会因转速和进气压力变化过快而带来错误的指示。

另一点必须强调的是转速表有被卡住的可能。轻轻地敲击转速表,检查指针能否灵活转动。在多数情况下,它能消除指针被卡住而使读数准确。

在记录磁电机掉转时,应记下迅速掉速的转速和缓慢掉速的转速。

快速掉转通常表明点火电嘴或高压导线有故障,因为它们会立刻发生作用。在磁电机开关由"双"移至"左"或"右"位置的瞬间,汽缸就熄火或开始间歇地点火。

缓慢掉转通常是由点火定时不正确或气门机构调节不当所致。定时过晚,燃烧后产生在活塞上的最大压力过迟,功率损失大。然而,这一功率损失并不如有一个不点火的电嘴那么明显,所以转速下降得比较慢。气门间隙不正确,能造成混合比过贫或过富。由于电嘴的位置不同,过富或过贫的混合气,对其中的一个电嘴的影响远比另一个电嘴的大,所以表现为缓慢掉转。

9.2.6　巡航混合比的检查

巡航混合比的检查,是对汽化器调节情况的检查。从 800r/min 至点火系统检查的转速,每隔 200～300r/min 检查一次汽化器调节特性,就可得到汽化器基本性能的一个完整的特性曲线。

完成这项检查,应在螺旋桨最低距时操纵发动机至规定的检查转速。在 800r/min 时做第一次检查。将混合比操纵杆放在"自动富油"位,记下进气压力值。油门杆保持不变,将混合比操纵杆慢慢移动至"自动贫油"位,读出并记下转速和进气压力值及其变化情况。然后在 1000、1200、1500、1700、2000r/min,重复上述检查工作。

由"自动富油"至"自动贫油"移动混合比操纵杆检查巡航混合比。一般来说,在由"自动富油"至"自动贫油"的转换过程中,速度增加不大于 25r/min,或降低应不大于 75r/min。

例如,假定在 800～1500r/min 的检查中,转速的变化超过 100r/min,最可能的原因是慢车混合比不正确。若慢车混合比调整合适,则在此范围内的混合气成分是合适的。

9.2.7　慢车转速和慢车混合比检查

电嘴结污会导致慢车混合比检查的结果不准确。防止慢车状态电嘴结污的一般做法是在慢车时将混合比操纵杆置于最富油位,调节气门止动钉到最大的慢车转速。再调节慢车混合比,以使发动机可较长时间在慢车转速工作。这样的调节会使得电嘴结污和排气管冒黑烟的现象减到最少。

如风力不是太强,在地面试车过程中可以很容易地检查慢车混合比,具体步骤如下。

(1)油门杆放在慢车位。

(2)将混合比操纵杆缓慢后拉,并观察转速的变化。在发动机转速由上升变为下降时,将混合比操纵杆推至"全富油"位置。

(3)混合比操纵杆缓慢后拉时,在正常的转速下降之前,下列两者之一可能短时地出现:①发动机转速将增加。但是转速增加的量小于制造厂的规定(一般为 20～40r/min),说明混合气成分是合适的。增加较多说明混合比过分富油。②发动机转速不增加或转速立刻下降,说明混合比是过分贫油。

慢车混合比应调节到最佳功率位,即燃烧速度最快,即稍富一些的混合比,这样在慢车混合比检查时转速会升高 20～40r/min。

9.2.8　二速增压器的检查

为了检查二速增压器换速机构的工作状况,将发动机转速升至足够高的转速,使发动机能提供离合器工作所需的最小滑油压力。将增压器操纵转到"高增压"位置。在转换时滑油压力应短时下降。推大风门使进气压力增高但不大于 30inHg 位。当发动机转速稳定时,观察进气压力并将增压器操纵转换到"低增压"位置,风门杆保持不动。进气压力骤然减少说明二速增压器的传动工作正常。如不减少,则离合器可能不起作用。

在完成进气压力变化检查时,将发动机转速减至 1000r/min 或更小。如增压器的换速不能令人满意,在 1000r/min 发动机工作 2～3min,使在换速过程中产生的热量从离合器上散掉,并重复换速操作。增压器换速在两个位置之间,应毫无迟疑地不停留地操作以避免离合器摩擦或打滑。在试车完成后增压器操纵应放在"低增压"位。

9.2.9　加速性与减速性检查

加速性检查应在混合比操纵杆分别处于"自动富油"和"自动贫油"位时进行。将油门杆从慢车平稳而迅速地推至起飞位置,发动机转速应毫无迟疑地增速并毫无回火的征兆。

在这项检查过程中,汽缸内压力变化大,对点火系统和燃油调节系统施加更加严峻的考验,它足以暴露某些在其他情况下可能会忽略的缺陷。发动机必须能快速加速,因为在紧急时(如在着陆时的复飞),发动机的加速能力有可能是决定飞机能否成功复飞或毁机着陆的关键因素。

减速性检查是在加速性检查收回油门时进行,注意发动机的工作情况,转速应平稳而又均匀地减小。

9.2.10　发动机停车

在航空活塞发动机停车前,不管是使用汽化器或其他燃油装置的发动机,都应在 1000r/min 左右的小功率状态进行冷机运转,直到汽缸头温度下降到规定范围。各部件的操纵要求如下。

(1) 整流罩鱼鳞片总是放在"全开"位置,避免发动机过热,并在发动机停车后仍保持在该位置,以防止发动机的余热使点火系统性能变坏。

(2) 滑油散热挡风板应在"全开"位置,使滑油温度恢复至正常。

(3) 中间冷却器挡风板应保持在"全开"位置。

(4) 汽化器空气加温杆放在"冷"位置,避免可能发生回火造成损坏。

(5) 涡轮增压器废气口应放在"全开"位置。

(6) 二速增压器操纵应放在"低增压"位置。

(7) 两位式螺旋桨通常将变距杆放在"高距"(降低转速)位置来停车。推风门杆至约 1200r/min,并将螺旋桨操纵转换到"高距"位置。让发动机在停车前工作 1min,使从螺旋桨流入发动机内的回油可以被抽掉并回到滑油箱。然而,为了检验螺旋桨变距活塞有无擦伤、磨损和其他目的,螺旋桨可以在发动机停车时将变距杆放在"低距"(增加转速)位置。

装有浮子式汽化器而无慢车停车装置的发动机的停车程序如下。

（1）调节油门杆使慢车转速在 600～800r/min 之间（视发动机型号而定）。

（2）关闭燃油选择活门。

（3）缓慢地前推油门杆，直至发动机在约 800～1000r/min（视发动机型号而定）工作。

（4）观察燃油压力，当燃油压力下降至零时，将点火开关扳至"关"位置。

（5）发动机已经停车时，将燃油选择活门扳至"开"位置，并用辅助增压泵给汽化器与燃油管重新注油。

装有浮子式汽化器且有慢车装置的发动机的停车程序如下。

（1）由调节油门杆使发动机在 800～1000r/min（视发动机型号而定）工作。

（2）将混合比操纵杆放在"慢车停车"位置。浮子式汽化器可使浮子室与喷油嘴处的压力相等。

（3）在螺旋桨停止转动以后，将点火开关扳至"关"位置。

9.3 汽缸的拆卸、安装与检查

9.3.1 汽缸的更换

更换汽缸的一些理由如下：

（1）压缩性差；

（2）一个或数个汽缸滑油消耗量大（表现为点火系统完好但电嘴挂油严重）；

（3）气门与气门导套间隙过大；

（4）进气管安装座松动；

（5）电嘴螺纹衬套松动或有缺陷；

（6）汽缸外部损伤，如有裂纹。

当这些故障仅发生在一个或少数汽缸时，才有必要更换有故障的汽缸，使发动机恢复至可用状况。经验指出，在一台发动机上更换 1/4～1/3 的汽缸是比较经济的。而且，要注意应更换同类尺寸的汽缸。

汽缸一般是按组件更换，汽缸组件包括活塞、涨圈、气门和气门弹簧。其他零件，如摇臂、摇臂室盖则可单独更换。

在安装汽缸的过程中，如果折断了一根涨圈，应确定更换的涨圈与先前涨圈的件号一致，并确保涨圈与汽缸、活塞的间隙正确。

9.3.2 汽缸的拆卸

1. 拆卸步骤（星型发动机）

（1）拆掉进气管、排气管、导风板，以及任何妨碍汽缸拆卸的导管、导线等。

（2）拆去电嘴弯管接头。

（3）转动曲轴使活塞在压缩行程上死点为止。

（4）塞住或盖好机匣上的所有开口。

（5）拆卸各个摇臂室盖。拆下螺帽并用一橡皮榔头或塑料槌轻轻敲击盖子。

（6）拧松推杆套螺帽或橡皮短管夹子,拆下摇臂,取出推杆。

（7）在推杆拆下以后,标明推杆或做好标记,这样使它们能重新装回到拆卸前的位置。此外,在一些发动机上推杆并不都是一样长的。一个好的标记方法就是在靠近推筒的一端标上"1进""1出""2进""2出"等字样。

（8）汽缸固定螺栓或螺帽处取下锁紧装置。除留下两个相隔180°的螺帽或螺栓外,拆下所有的螺帽或螺栓。

（9）在扶住汽缸的情况下,拆下剩下的两个螺栓或螺帽并缓慢地从机匣上拔出汽缸。

（10）从连杆上拆下活塞与涨圈组件。若活塞销难以拆下,可以用一个推销或拔具拆卸。

2. 注意事项

（1）如被拆汽缸是主连杆汽缸,必须采取措施,使主连杆在曲轴机匣汽缸孔内保持在中间位置（汽缸拆除以后）。

（2）当主连杆汽缸已被拆下而本排其余汽缸仍留在发动机上时,切勿转动曲轴。为防止其余活塞下面的涨圈跑出缸筒外面张开,损坏涨圈或活塞裙,必须采取预防措施。如果拆几个汽缸,主连杆汽缸应被最后拆卸并首先安装。

（3）更换汽缸时,必须两人以上一起配合工作。

（4）在汽缸裙部离开机匣和活塞从裙部脱出之前,事先要准备好一块工作布包住活塞涨圈组件,防止断裂的涨圈碎块掉入机匣内。在活塞被拔出以后,解开包布仔细检查有无涨圈碎块。

（5）在汽缸和活塞拆卸之后,连杆必须被稳妥地支撑,以防止损坏连杆与机匣。

（6）用钢丝刷清洁汽缸螺桩或螺钉,并检查它们有无裂纹、损坏的螺纹或其他可见的缺陷。

（7）当拆卸断裂的螺桩时,要注意防止金属屑进入发动机内部。

（8）螺帽垫圈的两个表面和螺桩螺帽或螺钉的安装面必须是完好的,并且应清除掉任何粗糙凸起或毛刺。

9.3.3　汽缸的安装

1. 安装步骤

（1）查看汽缸和活塞组件上所有油封油是否已被溶剂油清洗掉,再用压缩空气吹干。

（2）在连杆上安装活塞与涨圈组件,确信活塞安装方向正确。在活塞顶部下面打印的活塞号码（汽缸号码）与将被安装的汽缸号一致。

（3）在活塞销安装前应涂上滑油,室温下活塞销可用手轻轻推入活塞销安装孔中。

（4）按规定交替排列各涨圈的开口间隙位置,查看各个涨圈是否安装在相应的安装槽内,安装方向是否正确。

（5）当一个或一个以上的活塞上需要更换涨圈时,应按照制造厂的要求使用塞尺检查各涨圈侧向间隙,同时也必须检查各涨圈的开口间隙。如开口间隙过小（与汽缸）,则可在台钳上夹紧一把扁锉,平直地紧握涨圈在其开口处锉去多余的金属。

（6）在安装汽缸之前,检查安装凸缘、贴合表面是否平滑干净。在缸筒内壁均匀地涂上滑油。确保规定数量的密封圈已安装在位。

（7）用一个涨圈夹紧器夹紧涨圈使其外径与活塞相等。

（8）将汽缸从上面向下套在活塞上，要确保汽缸面与活塞面一致。轻轻地以平直而又均匀的速度把汽缸套在活塞上，在活塞滑入汽缸时，将涨圈夹紧器下移。

（9）活塞滑入汽缸时切勿摇动汽缸，否则有可能使一个涨圈或涨圈的某一部分在进入汽缸筒之前从涨圈夹紧器松出，松出的涨圈会涨开阻碍活塞进入汽缸内。

（10）在活塞已装入汽缸，全部涨圈进入汽缸筒之后，取走涨圈夹紧器，然后将汽缸滑至安装凸缘到位。如使用螺钉，旋转汽缸使孔对正，稳稳地把持住汽缸，在相隔180°位置安装两个螺钉或螺帽。

（11）安装其余的螺帽或螺钉与垫圈，并按规定的拧紧次序和力矩拧紧。通常的方法是最先拧紧彼此相隔180°的两个螺帽或螺钉，然后拧紧与先前两个交错90°的螺帽或螺钉。

（12）在螺栓螺帽或螺钉都已紧固到规定的扭矩后，打上保险。

（13）装回推杆、推杆套、摇臂、缸筒导流板、进气管、高压点火电缆夹子、燃油喷油管夹和喷油嘴、排气管、汽缸头导流板和电嘴。

（14）安装推杆和摇臂后，调整气门间隙。

（15）安装摇臂室盖。

2. 注意事项

（1）如无专用涨圈缺口检查规，可先将涨圈塞入汽缸筒，再将活塞（无涨圈）塞入汽缸内，推动活塞迫使涨圈塞入汽缸直至活塞至汽缸裙部而低于汽缸安装凸缘处（因为通常此处的汽缸内径是最小的），再用塞尺检查缺口间隙。

（2）确保每个垫圈的球面一边朝向汽缸安装座。

（3）如使用了定位螺帽或螺钉，首先应拧紧它们。其余螺钉或螺帽的拧紧应交错地相隔180°环绕汽缸持续地进行，以缓慢而又平稳的动作施加扭矩直至达到规定的数值。在规定的力矩下，应使扳手的拧紧力矩保持适当的时间，确保螺帽或螺钉不再转动。

（4）推杆必须装回原来位置，确保其端头也装在原位，同时确保推杆球头正确安装在推筒座内，否则会造成气门间隙过大。此外，推杆位于推筒座边上时，转动曲轴会压弯推杆。

（5）检查摇臂室盖是否平整，必要时修整接合面，在安装垫片与盖后，拧紧摇臂室盖螺帽至规定的力矩值。

9.4 发动机的油封与启封

9.4.1 发动机油封的目的

发动机被拆下来之前，用防锈混合物将发动机内、外部的裸露金属零件表面进行覆盖，形成保护油膜，隔绝金属和潮气的接触，以防止锈蚀；在存放期间，使用干燥剂吸潮并指示发动机是否受潮。

9.4.2 油封部位

（1）发动机内部机件。将防锈混合物加入滑油系统中，然后运转发动机，使防锈混合物覆盖在发动机内部零件表面。

（2）排气口。因为废气残留物容易引起锈蚀，必须将防锈混合物喷到每个排气口上。在排气门得到防锈混合物完全覆盖之后，必须用防潮、防油的气密垫（用金属或木板做成）将排气口遮蔽，防止水汽从排气口进入发动机内部。

（3）进气口。为防止外界潮气进入，应用防潮、防油的气密垫（用金属或木板做成）将进气口遮蔽。

（4）汽缸内部。用防锈剂喷到每个汽缸内部，防止水汽和氧接触燃烧留下的沉积物。喷射前，应使每个汽缸处在下死点位置，这样才能使整个汽缸内部被防锈混合物覆盖住。全部汽缸喷完后，应固定曲轴，使曲轴不能再转动。

9.4.3　防潮

（1）将防潮电嘴拧进每个汽缸的电嘴孔上。

（2）发动机必须封闭的另一地方是进气总管。如果在储存期间汽化器仍安装在发动机上，应在进气口上安装密封盖。但是如果汽化器拆下来单独保存，那么应把密封盖放在汽化器安装座上。为了吸潮，硅胶干燥剂应放在进气总管内。

（3）准备储存发动机时，如果发动机要储存在木制运输箱子里，则点火导线要用导线支架连到防潮电嘴上。特殊的通风堵塞被安装在水平储存在金属容器里的发动机电嘴孔中，如果发动机是垂直地储存在容器里，这些通风堵塞仅安装在汽缸的上部电嘴孔中，而不通风的堵塞安装在下部汽缸里。除去干燥剂的防潮电嘴可用作通风堵塞。

另外，在把发动机放在运输包装箱里之前，应当仔细检查发动机以确定下列附件是否需拆下来：电嘴和热电偶、外部的燃油泵转接器、螺旋桨桨毂连接螺栓、启动机、发电机、真空泵、螺旋桨调速器和发动机驱动的燃油泵等。

9.4.4　启封程序

（1）当安装发动机时，拆下发动机进、排气口盖以及附件安装座盖板等。每个口盖拆下时，要检查发动机未被盖住部分有无锈蚀痕迹。另外，从每个汽缸上拆下防潮电嘴时，仔细地检查防潮电嘴颜色指示的汽缸壁安全情况。

（2）从发动机中放出油封油。

（3）对于星型发动机，应仔细检查下部的汽缸和进气管有无过多的防锈剂，这种过多的化合物会引起液锁而损坏发动机。

（4）拆下滑油滤网，并在汽油里或许用的溶剂里清洗，以除掉所有的堆积物，滤网清洗后，浸在清洁的滑油里，然后重新装在发动机上。或更换滑油滤。

（5）从螺旋桨轴上拆下防护罩，洗掉轴内外表面所有的防锈剂，然后用发动机滑油在轴上轻轻地涂上一层。

（6）查看发动机外部是否清洁。

9.4.5　附件的检查和启封

在启封与发动机封装在一起的附件之前，要查明储存日期，日期一般印在发动机包装箱外，用来确定发动机附件储存了多长时间，是否超过了规定的周期。

从老发动机上拆下来并重新装在新发动机的任何附件,必须进行彻底检查以确定它的状况。检查包括一般状况、清洁性、锈蚀和磨损现象,磨损现象可通过运动零件过大的间隙看出来。

　　如果发动机由于内部故障而被更换,那么不管工作时间多少,一些附件必须更换。

　　安装任何更换附件之前,要目视检查有无锈蚀痕迹和运转是否灵活,还要擦净安装底座垫圈、法兰盘和配合处,并在有法兰盘的附件和安装底座之间装入合适的密封垫,并润滑传动轴。

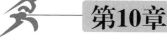

第10章

螺旋桨

螺旋桨属于飞机的推进器(见图 10-1),将发动机旋转轴输出的机械能转化成推或拉飞机向前飞行的动力。发动机与推进器一起被称为航空器的动力装置。

几乎所有早期设计的飞机都使用螺旋桨产生拉力。随着气动科学的进展,螺旋桨的设计从只推空气向后的平板发展到产生升力拉飞机向前的翼型。螺旋桨设计的发展应用新材料可以制造出较薄翼型截面但仍可以保证较大的强度。目前使用的飞机的螺旋桨以铝合金为主要结构材料,也有少量使用木制结构的螺旋桨。通过使用新的叶型、复合材料、多桨叶结构等方式,螺旋桨设计与制造得到进一步的发展。

图 10-1　螺旋桨实物

10.1　螺旋桨的原理

10.1.1　名词术语

为了了解螺旋桨如何产生拉力或推力,必须熟悉一些基本术语和部件名称。所有现代螺旋桨至少包括两个桨叶连接到中心桨毂上。最接近桨毂的桨叶部分称为叶柄,而离桨毂最远的部分称为叶尖,一般定义为最后 6IN 的那段桨叶。桨毂组件的毂孔将螺旋桨安装在发动机曲轴(活塞式发动机)或减速器组件上(见图 10-2)。

每个桨叶作为转动的翼型产生前向的拉力或推力。所有螺旋桨桨叶有前缘、后缘和弦线。桨叶突起的一面称为叶背,平坦的一面称为叶面(见图 10-3)。桨叶角是螺旋桨旋转平面和桨叶弦线构成的夹角。

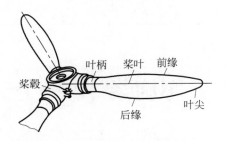

图 10-2　螺旋桨基本术语和部件名称

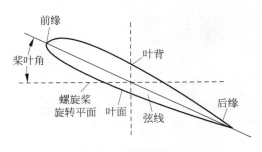

图 10-3　螺旋桨桨叶

允许改变螺旋桨桨叶角的螺旋桨由一组夹环固定到桨毂组件,每个叶柄安装有粗端或凸肩,同桨毂组件的槽配合。在某些情况下,叶柄可能延长超过桨毂组件进入气流流场中,在这种情况下,可安装根套(blade cuff)以改善叶柄周围空气的流动(见图 10-4)。

为帮助沿螺旋桨桨叶长度方向识别特定的点,大多数螺旋桨有几个规定的桨叶站位,作为离桨毂中心的指定距离的参考位置(见图 10-5)。

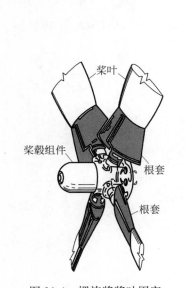

图 10-4　螺旋桨桨叶固定

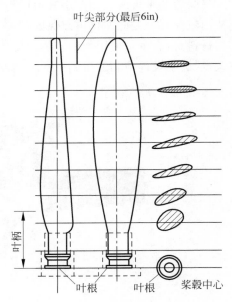

图 10-5　螺旋桨站位

10.1.2　螺旋桨理论

当螺旋桨旋转通过空气时,如同飞机机翼产生升力原理一样,在桨叶的叶背部即螺旋桨前面将会产生低压区。这个低压区同桨叶后面恒压区或高压区间的压力差使螺旋桨产生了前向的拉力。流过螺旋桨的介质对螺旋桨的反作用力在发动机轴线方向的分力称为螺旋桨的拉力。

产生拉力的大小取决于几个因素:桨叶攻角、螺旋桨转速和翼型的形状。

桨叶攻角(又称迎角)是桨叶弦线和相对风的夹角。相对风的方向由飞机通过空气运动的速度和螺旋桨的旋转运动决定(见图 10-6)。

例如,当螺旋桨在静止的飞机上旋转,相对风的方向精确地对着螺旋桨的旋转运动的反方向,桨叶攻角和桨叶角是一样的(见图10-7)。

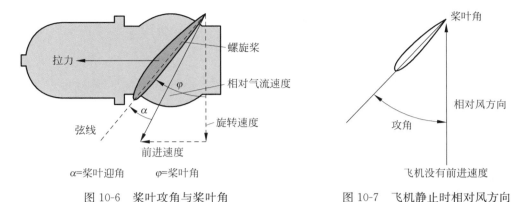

图 10-6 桨叶攻角与桨叶角   图 10-7 飞机静止时相对风方向

当飞机开始向前运动时,相对风改变方向。理由是除旋转运动外,螺旋桨也向前运动。旋转和向前运动的组合产生相对风不直接对着螺旋桨桨叶运动。在这种情况下,攻角总是低于桨叶角(见图10-8)。

对于一定的螺旋桨转速,飞机运动得越快,螺旋桨桨叶上的攻角就越小。然而,如果螺旋桨转速增加,则桨叶攻角增加。

螺旋桨和以同一速率通过空气的飞机机翼不一样,接近桨叶叶尖部分比靠近桨毂部分旋转的线速度大(见图10-9)。例如,在离桨毂中心 18in 的点以 1800r/min 旋转的叶片线速度为

$$v = 2\pi r \times n = 2 \times \pi \times 18 \times 1800 = 203\,575(\text{in/min})$$

即,叶片线速度为 203 575in/min,相当于 192.7mile/h,即 310km/h。

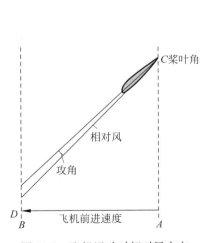

图 10-8 飞机运动时相对风方向

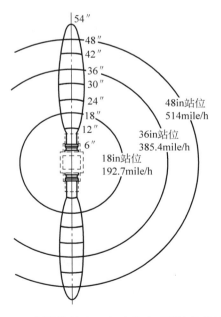

图 10-9 螺旋桨转速一定时桨叶不同站位的速度

为补偿沿螺旋桨桨叶的速度差,桨叶每小段给定不同的角度。桨叶角从桨毂到叶尖逐渐减小称为桨距分配,因此螺旋桨桨叶形成扭转的三维形状(见图10-1和图10-5)。桨叶的扭转沿桨叶长度的大部分提供基本不变的攻角。除叶片扭转外,大多数螺旋桨接近桨毂用较厚的低速翼型,接近翼尖用较薄的高速翼型。这样,同叶片扭转组合,允许螺旋桨沿着桨叶整个长度产生相对不变的拉力。

10.1.3　作用在螺旋桨上的力

空气流过旋转的螺旋桨时,会受到离心力、拉力、扭力、气动扭转力、离心力扭转力以及振动力等各种同时存在、相互影响、复杂多变的力。气流流过桨叶截面时的流场、速度及受力综合情况如图10-10所示。

1. 离心力

作用在螺旋桨的力中,离心力引起最大的应力。离心力可以描述为拉桨叶离开桨毂的力(见图10-11)。离心力的大小与转速的平方、半径、质量成正比,因此桨叶尖部分受到的离心力最大,为了减少离心力,叶尖部分一般都采用薄翼型。而桨叶根部需要承受的内应力是整个桨叶的离心力的合力,因此离心力产生的内应力将会大于桨叶自身重力的7500倍。

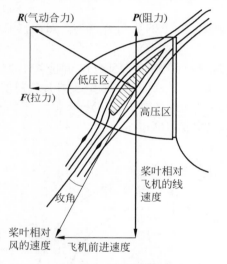

图10-10　空气流过螺旋桨综合示意图

图10-11　螺旋桨转动时的离心力

2. 拉力弯曲力

该力试图将桨叶叶尖向前弯(见图10-10、图10-12)。因为桨叶典型地越接近叶尖越薄,使得叶尖产生的拉力向前弯曲叶片。

3. 扭矩弯曲力

该力作为相对于螺旋桨旋转运动的空气阻力(见图10-10、图10-13),它试图在和桨叶转动相反的方向弯曲叶片。

4. 气动扭转力

当螺旋桨桨叶产生拉力时,气动合力位于螺旋桨前部时气动力将产生变大距(变距概念参见10.3.2第3点)的力矩,桨叶角有增大的趋势(见图10-14)。当气动合力位于螺旋桨的后部时则相反(见图10-15)。因此,气动扭转力可被设计用于增加或减小螺旋桨的桨叶角。

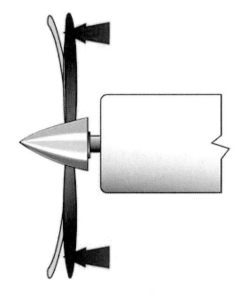

图 10-12　拉力弯曲力

图 10-13　扭矩弯曲力

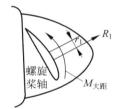

图 10-14　气动扭转力(变大距)

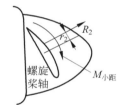

图 10-15　气动扭转力(变小距)

5. 离心扭转力

桨叶旋转时,各部分都要产生离心力。如图 10-16 所示,以前缘微元体为例,因其位于桨叶弦线的左侧,螺旋桨前缘微元体产生的离心力 N 在水平方向会有一个指向左侧的分力,该力有使桨叶向旋转平面转动的趋势,而垂直方向分力因与螺旋桨旋转轴线垂直,无法转动;后缘微元体可作类似分析,该处微元体也有使桨叶向旋转平面转动的趋势。因此离心扭转力试图减小螺旋桨的桨叶角。

有的变距螺旋桨在桨叶根部固定有配重,当螺旋桨旋转时,类比于桨叶离心力的分析方法,配重产生的离心力将使螺旋桨变大距(见图10-16)。

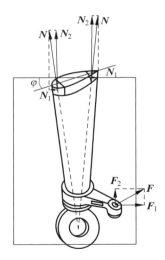

6. 振动力

当螺旋桨产生拉力时,由于存在气动和机械力,叶片发生振动。某些发动机螺旋桨组合有能够发生严重的螺旋桨振动

图 10-16　离心扭转力

的临界范围。在这种情况下,临界范围在转速表上用红色的弧指示。螺旋桨设计典型地允许某种程度的振动应力。

10.1.4　螺旋桨的振动

无论是对涡桨发动机还是活塞螺旋桨发动机,发动机抖动或振动都将会使发动机的主要承力部件产生疲劳裂纹的可能性加大。虽然发动机设计时允许一定程度的振动,但是基于安全性考虑,振动一直是发动机使用和维护过程中的重点关注的项目之一。

发动机振动可能是螺旋桨的不平衡引起的,也有很多其他方面的原因,因此,发动机抖动类的故障排除工作需要综合性的分析与验证,有一定的难度。发动机可能由于不平衡、桨叶角不合适或者螺旋桨的轨迹检查不合格等产生振动,不管是哪种原因,螺旋桨都会在整个转速范围内振动,只是振动的强度可能会随着转速的变化而有所变化。

如果发动机的振动集中于某一个特定的较小的转速范围内(例如:2200~2350r/min),那么这类振动一般不是螺旋桨的问题,而是发动机与螺旋桨的匹配不良所致。

如果怀疑螺旋桨的振动值过大,但是又不能明确断定故障的原因,那么如果条件允许,理想的排故方法是更换另一副已知适航的螺旋桨,然后进行地面振动测试和试飞验证。

一般来说,桨叶的抖动不是振动的主要来源。一旦发动机正常工作,强大的离心力会将桨叶牢牢地拉紧固定于桨毂上,形成一个刚性的整体,使得桨叶振动的强度与幅度都很小。

座舱振动有时可以通过对螺旋桨与曲轴的安装角度的调整进行改善。可以拆下、转动180°或者重新安装螺旋桨进行调整。

振动超限的最主要的原因可能是螺旋桨的整流锥安装不当造成的。当发动机转动时,可以明显看得出来整流锥的晃动。这种情况通常是由于整流锥前部支撑点垫片厚度不足或者是整流锥有裂纹或者变形等情况造成的。

与振动相关的螺旋桨的维修工作通常有静平衡和动平衡等,相关知识参见后续章节。

10.1.5　轴功率、推进功率、效率

螺旋桨的功率包括轴功率和推进功率。

1. 轴功率

轴功率(SHP)是指输送到螺旋桨的功率。而当量轴功率(ESHP)仅适用于涡桨飞机,是在计算总的功率输出时,轴功率加上喷气推力的影响。由于涡轴和涡桨发动机通过旋转轴输出功率,在试车台上依据轴的转速和扭矩测量发动机产生的功率(马力)。在静态条件下,输送到螺旋桨上1轴马力假定产生2.5磅推力。则此时:

$$ESHP = SHP + R_{n(jet)}/2.5$$

其中 $R_{n(jet)}$ 表示喷气产生的推力。

2. 推进功率

螺旋桨的推进功率是拉力和速度的乘积。它由发动机的有效功率转变而来,但是由于涡流、摩擦、滑流等因素的存在,必然要损失部分功率,进而影响推进效率。

3. 效率

螺旋桨的效率是螺旋桨的推进功率和提供给螺旋桨的轴功率之比。因此,螺旋桨在原地工作时,速度为零,螺旋桨的效率等于零。

如其他条件不变,使螺旋桨效率最佳的攻角是在 2°～4°之间(见图 10-17)。如攻角超过15°,桨叶将发生失速,使其推进效率急剧下降。

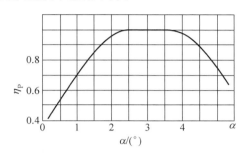

图 10-17　螺旋桨效率与攻角的关系

10.1.6　螺旋桨桨距

在严格的意义上,螺旋桨桨距是指螺旋桨转动一圈纵向前进的理论距离。桨距和桨叶角描述两个不同的概念,然而它们是密切相关的。如说一个螺旋桨有固定的桨距,实际上意味螺旋桨桨叶给定在固定的桨叶角上。桨距和桨叶角存在下述关系:

$$H = 2\pi R \tan\varphi \tag{10-2}$$

式中,H 为桨距;R 为螺旋桨特征截面半径;φ 为特征截面的桨叶角。

几何桨距定义为螺旋桨通过不可压缩介质转一圈前进的距离,没有任何效率损失。所以,桨叶角大,则几何桨距大。几何桨距是从距离桨毂中心至叶尖长度的 75% 点测量的。

有效桨距是指螺旋桨转一圈实际前进的距离。有效桨距从飞机在地面静止时的零到最有效的飞行状态几何桨距的 90% 左右变化。几何桨距和有效桨距之间的差值称为滑流(滑距)(见图 10-18)。螺旋桨滑流代表由于低效引起的总损失。滑流的大小影响拉力的大小,飞行速度的大小则取决于螺旋桨的有效桨距和转速。

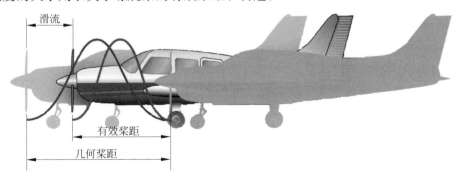

图 10-18　几何桨距和有效桨距

如果螺旋桨有几何桨距50in,理论上转一圈它应向前运动50in。然而,如果飞机实际向前运动仅35in,有效桨距是35in和螺旋桨效率是70%,在这种情况下,滑流代表15in或30%的效率损失。实际上,大多数螺旋桨效率在50%～87%之间。

10.2 螺旋桨的分类与结构

10.2.1 分类方法

按照螺旋桨在飞机上的安装位置分类,可分为牵引式和推进式。牵引式螺旋桨装在发动机的前面,拉着飞机前进。这种安装方式多见于陆上型螺旋桨飞机。推进式螺旋桨装在发动机后端,推动飞机前进。该安装方式多见于水上型或者水陆两用型螺旋桨飞机,因为这类飞机如果使用牵引式螺旋桨,那么在水上起飞或着陆的时候扬起的水花对前面的螺旋桨叶片将会造成严重的影响,因此,推进式螺旋桨一般安装在机翼的后上方。

按照桨距确定的方法分类包括固定桨距螺旋桨、地面可调桨距螺旋桨、可控桨距螺旋桨、恒速螺旋桨、可反桨及可顺桨的螺旋桨。

(1) 固定桨距螺旋桨。最简单的螺旋桨是固定桨距螺旋桨。有低桨叶角的固定桨距螺旋桨常常称为爬升螺旋桨,为起飞和爬升提供最好的性能;有高桨叶角的固定桨距螺旋桨常常称为巡航螺旋桨,更适宜高速巡航和高空飞行。注意用这种类型螺旋桨时,最佳转速或空速的任何改变都会减少螺旋桨的效率。

(2) 可调桨距螺旋桨。地面可调桨距螺旋桨在飞行中桨叶角不能改变,在地面桨叶角可以改变。可控桨距螺旋桨在螺旋桨旋转时桨叶角可被改变,这使桨叶角可为特定的飞行状态提供最好的性能。桨距位置的数目可被限制,如双位可控螺旋桨,可在桨距的最小和最大给定之间进行几何角度调节。

(3) 恒速螺旋桨。恒速螺旋桨有时称为自动螺旋桨,一旦驾驶员选择工作转速后,则螺旋桨自动调节桨叶角以保持选择的转速。用这种螺旋桨,桨距改变是由螺旋桨调速器控制的。典型的调速器利用滑油压力控制桨距。恒速螺旋桨可提供最大的效率。

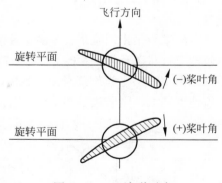

图 10-19 正/负桨叶角

(4) 可反桨螺旋桨。在装有可反桨螺旋桨的飞机上,螺旋桨的桨叶角能够转到负值,产生负拉力(见图10-19)。这可减短着陆滑跑距离和改善地面机动能力。

(5) 可顺桨的螺旋桨。该类螺旋桨仅在多发飞机上使用,用于减少单发故障时最大程度上减小飞行人员对飞机操纵的难度。装有可顺桨的螺旋桨是指恒速螺旋桨有顺桨能力。如果发动机发生故障,驾驶员选择顺桨位置,或者发动机在自动顺桨系统的控制下顺桨。这时每个桨叶前缘直着对向风,桨叶角接近90°,顺桨位置可消除风转螺旋桨时伴随产生的大部分阻力(见图10-20、图10-21)。

图 10-20 顺桨与正常飞行时桨叶角位置对比

图 10-21 螺旋桨顺桨（正面视图）

10.2.2 螺旋桨结构

几乎所有螺旋桨都是用木料、钢材、铝材或某些复合材料制造的。很多年来，木料是制造螺旋桨的最可靠的材料。木制结构能吸收发动机共振。除非木制材料有保护层，否则地面工作期间它们对沙石和碎屑是非常敏感的。

现在大多数螺旋桨使用铝合金结构。它可以做成更薄、更有效的叶型而不会牺牲结构强度。铝合金螺旋桨上翼型截面延长至接近桨毂，这样能提供较好的空气流动，有利于发动机冷却。铝合金螺旋桨比木制螺旋桨更易于维护，而且成本较低。

钢制螺旋桨只在老一代运输飞机上使用过。由于钢材重，所以将钢制桨叶做成空心的。复合材料螺旋桨近来较为流行，其特点是重量轻、耐用，还能吸收振动，防腐蚀，可以明显提高发动机的燃油经济性以及延长维修间隔，降低维修成本。

10.3 涡轮螺旋桨发动机的螺旋桨

10.3.1 工作原理

1. 涡轮螺旋桨（简称涡桨）发动机

当今，无论相对小的单发飞机，还是大型多发运输机，都在广泛应用涡桨发动机。我们将讨论其基本设计和工作特性,描述涡桨发动机的螺旋桨系统。虽然活塞发动机和涡桨发动机的螺旋桨系统有很多相似之处,但两者之间存在明显差别。这些差别大多数是活塞和涡桨发动机的工作差别导致的。例如,涡桨发动机在高的转速下工作,所有涡桨发动机设计必须包括减速器组件。减速器将发动机的高转速低扭矩转换成可用的低转速高扭矩。尽管在某些活塞发动机中也有减速器,但涡桨发动机的减速系统必须在高减速比工作条件下运行。

2. 功率输出部分

涡桨发动机减速器组件和螺旋桨组合常常称为功率输出部分。近代驱动涡桨发动机功率部分有两种分类方法:

(1) 功率部分直接由整体涡轮通过固定轴驱动。

(2) 功率部分由分开的自由或动力涡轮驱动,动力涡轮和燃气发生器部分没有机械连接。在这种情况下,功率部分一般指动力涡轮、减速器和螺旋桨。

3. 螺旋桨调节

现代涡桨发动机大多采用恒速、可顺桨的螺旋桨,以提高发动机的性能和效率。该类型螺旋桨由一个或多个调节器控制。作为一般规则,涡桨发动机都使用同样的调节原理控制螺旋桨的桨距和保持恒速。桨距的改变更广泛地被涡桨发动机用于改变拉力。不同于活塞式发动机,涡桨发动机转速响应较慢,调节燃油流量后需要较长时间改变发动机的功率从而改变螺旋桨的转速,因此,涡桨发动机的飞机不能在地面通过改变发动机转速来有效地控制飞机。而螺旋桨变距响应速度相对灵敏得多,因此,为易于地面操作,一般让燃气发生器转速保持相对不变,而改变螺旋桨桨距从而改变拉力。

4. 反桨螺旋桨

大多数涡桨发动机螺旋桨除提供恒速和顺桨外,还可以反桨。反桨基本是指可变桨距恒速螺旋桨能够转到超出正常低距限制。通过允许螺旋桨桨叶转到负桨叶角,螺旋桨的拉力向后。这大大缩短了飞机着陆滑跑距离,类似于涡喷和涡扇发动机反推装置的作用。利用反桨可改善飞机着陆性能以及地面机动能力而不用额外增加专门的反推装置。

5. 桨叶角的控制

在大多数情况下,涡桨发动机燃油控制器同螺旋桨调速器一起工作,控制螺旋桨的桨叶角。有的将螺旋桨的工作方式分为 α 方式和 β 方式,前者是螺旋桨调速器控制保持螺旋桨恒速,后者是螺旋桨调速器不再起恒速作用,在地面操作、滑行、反桨中使用。

10.3.2　螺旋桨桨距调节

1. 双位螺旋桨

双位螺旋桨利用控制活门引导发动机滑油进入螺旋桨以减小桨叶角;泄放滑油返回发动机,使桨叶进入高桨叶角。两种力用于引起桨叶角改变:在螺旋桨油缸里的滑油压力和作用在配重上的离心力。其他的力对系统工作影响很小。当螺旋桨控制杆向前移时减小桨叶角,选择活门转动引导发动机滑油进入螺旋桨油缸,滑油压力克服配重的离心力,桨叶角转到低桨叶角(见图 10-22)。该类型螺旋桨变距的具体原理在本节稍后介绍。

从控制活门或调速器来的滑油通道

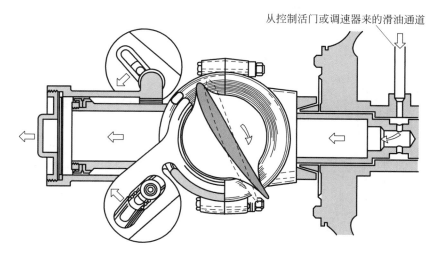

图 10-22　桨叶角减小

为增大桨叶角,驾驶舱控制杆后移,选择活门转动从螺旋桨释放滑油,现在配重的离心力大于螺旋桨油缸中滑油产生的力。滑油流出油缸返回发动机集油槽,螺旋桨由配重的离心力保持在高桨叶角(见图 10-23)。

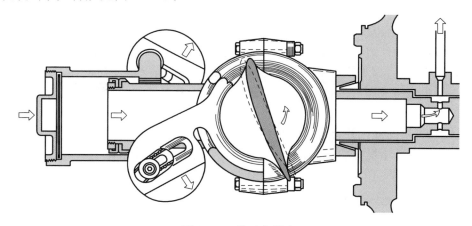

图 10-23　桨叶角增大

2. 螺旋桨调速器

恒速螺旋桨系统中螺旋桨桨叶角由调速器作用改变而保持螺旋桨转速不变。几乎所有现代中、高性能飞机都使用恒速螺旋桨。

螺旋桨调速器是一个转速敏感部件,它根据转速的变化情况,通过对滑油进出螺旋桨桨缸控制进而改变桨叶角,再通过螺旋桨的功率与阻力自动匹配原理,最终使螺旋桨的转速回到初始值。

调速器分成 3 部分:头部、本体和基座。调速器头部包含飞重、转速计弹簧、控制滑轮和转速计架等。调速器本体包含螺旋桨滑油流动控制机构,包括分油活门、滑油油路、释压活门。基座包含增压泵、泵发动机上的安装面、引导发动机滑油到泵和滑油从螺旋桨返回发动机集油槽的油路(见图 10-24)。

分油活门的位置由连到传动轴端部的飞重作用决定。当转速增加时,飞重向外张开,分油活门抬高;当转速减小时,飞重向内收,分油活门降低(见图 10-25、图 10-26)。分油活门的移动响应转速的改变,引导滑油流动调节桨叶角保持选定的转速。

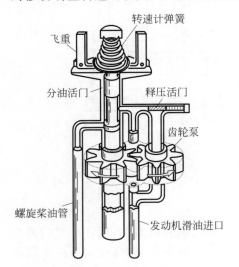

图 10-24　典型调速器的基本结构

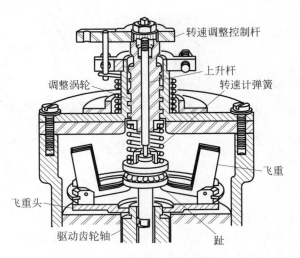

图 10-25　调速器在超速状态

飞重的作用力由位于飞重上面的转速计弹簧力克服。弹簧力由驾驶员通过变距杆调节。当希望高转速时,前推驾驶舱变距杆,向下压缩转速计弹簧。增加的弹簧力使飞重向内,分油活门降低,引起桨叶角减小,螺旋桨负载减轻,即变轻桨,发动机轴功率大于螺旋桨阻力功率,因此转速增加,直到飞重离心力克服转速计弹簧力分油活门回到中立位置,变距过程结束。

无论何时飞重向外张开,分油活门抬高,调速器总是处于超速状态(见图 10-25)。当飞重向内收,调速器处于低速状态(见图 10-26)。当转速与调速器给定值一样时,调速器处于在转速状态(见图 10-27)。

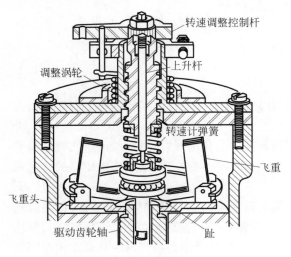

图 10-26　调速器在低速状态

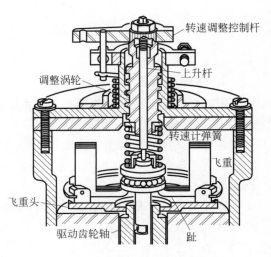

图 10-27　调速器在目标转速状态

3. 变距

桨叶角增大叫变大距,桨叶角减小叫变小距。螺旋桨从高桨叶角返回低桨叶角叫回桨。螺旋桨调速器变距又可分为双向变距、正向变距和反向变距三种形式。螺旋桨变大距和变小距都是靠液体压力进行的,这种螺旋桨调速器称为双向液压式调速器(见图10-28)。

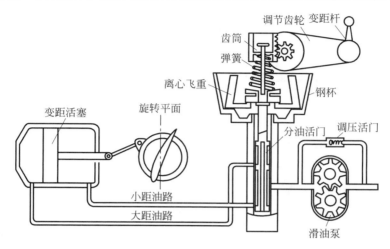

图 10-28　双向变距

驾驶舱内的变距杆固定在某一位置,即调速器弹簧力一定时,调速器自动保持某一相应的发动机转速。这时离心力与弹簧力平衡,分油活门处于中立位置,螺旋桨桨叶角不发生变化。

如果由于某种原因引起发动机转速增大,例如飞行高度上升,造成阻力矩变小,或者飞机在下降高度过程中阻力矩变小等,则离心飞重抬起分油活门的力量增大,分油活门上移。从滑油泵来的滑油进入大距油路,流入变距活塞左边的 A 室,变距活塞右移,螺旋桨变大距。同时,变距活塞右边 B 室的滑油顺着小距油路回油。随着螺旋桨桨叶角的增大,螺旋桨的阻力力矩增加,发动机转速减小。随着转速的减小,离心飞重抬起分油活门的力量也随之减小,分油活门又向下移,直到转速减小到原来的数值,分油活门回到中立位置,堵住变距油路,螺旋桨桨叶角不再变大,转速不再减小,调速器保持原来的转速不变(见图10-29)。

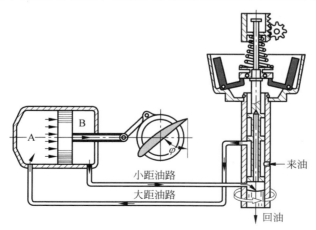

图 10-29　转速增大时变大距工作情形

转速减小时调速器的工作与转速增大时相反(见图10-30)。

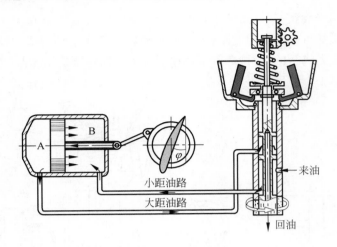

图 10-30　转速减小时变小距工作情形

有的螺旋桨不是完全依靠液体压力来变大距和变小距。用液体压力变大距,用螺旋桨桨叶旋转时所产生的离心力变小距叫反向变距(见图10-31)。这种形式的变距,当油压损失时会自动变小距,因此,反向变距螺旋桨有定距机构。

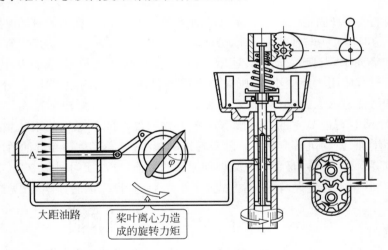

图 10-31　反向变距工作原理

螺旋桨由液体压力变小距,用螺旋桨上装置的配重所产生的离心力变大距叫正向变距(见图10-32)。

如果需要改变装有以上两种调速器的发动机转速,同双向变距的情况一样,应通过操纵变距杆来实现。前推变距杆,调速器弹簧力增大,发动机转速增大;后拉变距杆,发动机转速减小。

有的机型上用的是电动式调速器,主要由离心飞重、弹簧、双向电动机、接触装置和继电器组成(见图10-33)。

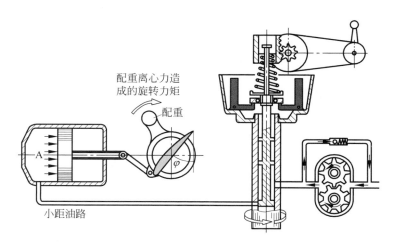

图 10-32　正向变距工作原理

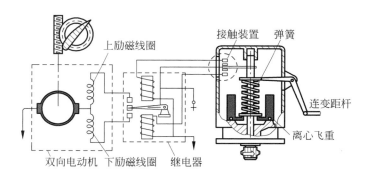

图 10-33　电动式调速器的工作原理

　　驾驶舱变距杆固定在某一位置时,调速器弹簧力不变,自动保证发动机在某一转速工作。接触装置的中间接触点恰好停留在中间位置,与上、下接触点均不接触。电动机不转动,螺旋桨桨叶角不发生变化。如果由于某种原因引起发动机转速增大,则离心飞重向上抬起中间触点的力量也增大,中间触点上移,与上面的接触点接触,电动机随即转动,使螺旋桨变大距,发动机转速减小,直到转速回到原来的数值为止。中间接触点又回到中间位置,电路断开,电动机停止转动,桨叶角不再增大,发动机又回到原来的转速。发动机转速减小,调速器的工作情形与上面所述完全相反。如果需要改变发动机转速,应通过操纵变距杆来实现。

　　飞行速度、高度改变会引起发动机转速的变化,适当地改变桨叶角,使阻力力矩始终等于旋转力矩,转速就可以保持不变。例如,飞行速度增大时,桨叶迎角 α 减小,螺旋桨变"轻",发动机转速会因阻力力矩减小而增大。这种情况下,如果增大桨叶角 φ,发动机转速就不会随飞行速度增大而增大(见图 10-34)。发动机启动时螺旋桨应在低桨叶角位置,因为此时螺旋桨的阻力矩最小。

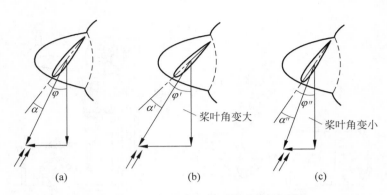

图 10-34　飞行速度变化时桨叶角的调节

10.4　螺旋桨辅助系统

螺旋桨辅助系统能改进螺旋桨性能和增强飞机全天候飞行能力。例如飞机降低螺旋桨噪声和振动的辅助系统。其他的辅助系统可用于螺旋桨桨叶除冰,用于保障安全性以及提高螺旋桨性能。

10.4.1　同步系统

任何时间在安装多个发动机和螺旋桨的飞机上都可能存在过大的振动和噪声。造成这个问题的原因是由于各个螺旋桨之间转速不一致,噪声相互干扰与叠加。基于这点,减少产生噪声和振动值的方法是匹配或同步发动机给定转速。现在通常有三种同步系统用在多发飞机上:主马达同步系统;一发主控制系统;相位同步系统。同步系统通过将所有螺旋桨精确控制在同一转速工作,减少振动。

(1) 主马达同步。它用在早期型号飞机上。主同步器装置包括马达,它机械地驱动 4 个接触器装置,接触器装置电连接到发电机上。发电机由发动机的附件传动。因此,发电机产生电压的频率直接同发动机转速成正比。当系统工作时,要求的发动机转速由手动调节转速控制杆进行,直到仪表板上主转速表指示要求的转速。要求的转速给定后,发动机和主马达之间的任何转速差都将引起相应的接触器装置操作螺旋桨变距机构,直到发动机转速匹配。

(2) 一发主控制系统。目前,很多双发飞机装有更现代的螺旋桨同步系统。典型的同步系统包括有比较电路的控制盒、左发上专门的主调节器、右发上从动调节器和在右发动机舱的作动器。两个调节器包括频率发生器,产生与发动机转速成比例的频率(见图 10-35)。

用这种系统,控制盒的比较电路比较从动发动机和主动发动机的转速信号,如果存在转速差,则控制盒送出相应的信号到作动器以调节从动调节器,直到发动机转速匹配(见图 10-36)。在大多数安装中比较电路有有限的工作范围,因此,为进行同步,从动发动机转速必须与主动发动机转速差大约在 $100r/min$ 之内。

(3) 相位同步。螺旋桨相位同步系统允许驾驶员控制螺旋桨桨叶之间旋转面的角度差(见图 10-37),该角度差称为相角,由驾驶员调节相角达到最低的噪声和振动值。例如 MA60/MA600 飞机的螺旋桨相位同步系统可使发动机的噪声降低 3~6dB。

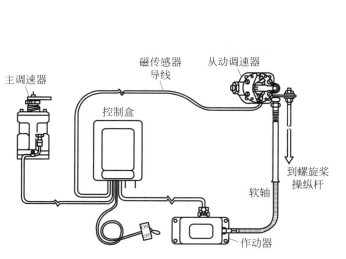

图 10-35　双螺旋桨同步系统

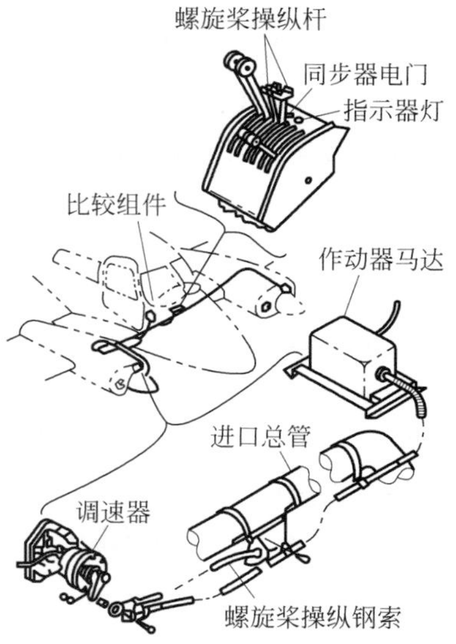

图 10-36　螺旋桨同步系统部件位置

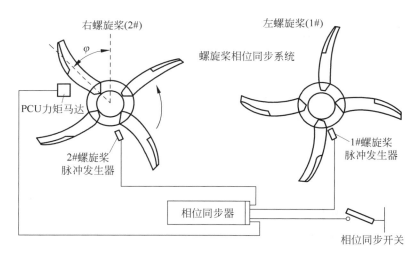

图 10-37　相位同步

　　典型的相位同步系统在每个发动机装有脉冲发生器,用于比较目的,每个发动机的脉冲发生器键入各自螺旋桨的指定桨叶。随着每个螺旋桨指定的桨叶通过脉冲发生器,电信号送到相位控制电路。例如,双发飞机脉冲发生器键入1号桨叶,基于从每个脉冲发生器的电脉冲,相位控制装置决定每个螺旋桨1号桨叶的相对位置。驾驶舱中螺旋桨手动相位控制允许驾驶员手动选择产生最低振动和噪声的相角。将每个发动机产生的脉冲作比较,如果存在差值,相位控制组件将驱动从动调节器在螺旋桨之间建立选择的相位角(见图10-38)。

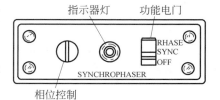

图 10-38　相位同步控制板

10.4.2   螺旋桨结冰控制系统

像飞机结构一样,螺旋桨对结冰是敏感的,必须装有除冰系统。如果允许结冰存在,会改变螺旋桨桨叶翼型形状,引起螺旋桨效率和拉力的损失。而且,在螺旋桨桨叶上形成的冰由于分布不均匀,会造成螺旋桨不平衡和破坏性的振动。螺旋桨容易结冰的部位有桨叶前缘和桨毂(桨帽)。

现在飞机螺旋桨可使用防冰或除冰系统。两者之间差别在于防冰系统的作用是阻止冰的形成,除冰系统是在冰形成后除掉冰。

流体防冰。典型的流体防冰系统包括控制组件、防冰液箱和输送流体到螺旋桨和喷嘴的泵。控制组件可以调节泵的输出。防冰液从防冰箱经泵送到装泵发动机前机匣上的螺旋桨后面的喷嘴。随着流体通过喷嘴,进入称为甩液环的 U 形通道,离心力将防冰液通过输送管送到每个叶柄(见图 10-39)。

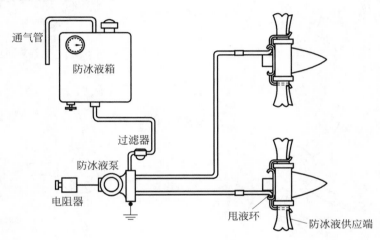

图 10-39　螺旋桨防冰系统

最通常使用的防冰液是异丙基酒精。因为它容易买到,而且成本低。其他一些防冰流体是用磷酸盐化合物制成的,在防冰性能上同异丙基酒精相当。用磷酸盐化合物制成的防冰液还具有可燃性低的优点,但价格相对比较高。

电除冰。螺旋桨电除冰系统包括电源、电源继电器、电阻加热元件、系统控制和定时器。电阻加热元件可装在每个螺旋桨桨叶内部或外部。外部安装的加热元件是除冰靴,并用批准的黏结剂连到每个桨叶。系统控制包括通/断电门、负载表和保护元件,如电流限制器或电路断电器。负载表是电流表,允许监视个别电路电流和目视证实定时器是否正常工作(见图 10-40)。

飞机电源通过电刷和滑环供给桨毂。电刷装在发动机机匣螺旋桨的后面,而滑环装在螺旋桨桨毂组件的背面。桨毂上柔性接头通过滑环将电输送到每个加热元件。通过触摸螺旋桨电热防冰套的方法可以检验其是否被加热。电除冰系统通常设计成断续供电到加热元件,除掉积冰。如果冰积得过多,除冰有效性则减少。正确地控制加热间隔是关键。这需要使用定时电路,按预定程序循环供电加热元件。循环定时器供电加热元件周期是 15～30s,整个循环时间 2min。

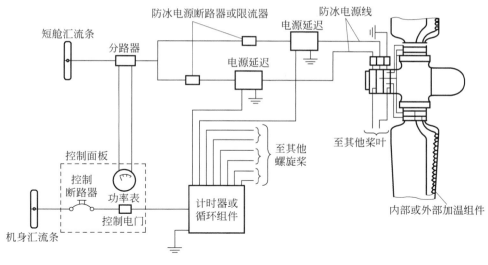

图 10-40　电除冰系统

10.5　螺旋桨检查、维护和安装

10.5.1　检查和维护

个人负责的专门检查项目和小的维护任务取决于螺旋桨和它的附件类型。下面讨论提供检查和维护的一般信息,对于专门的说明和使用限制应该查询有关的飞机或螺旋桨维护手册和服务通告。

为了易于检查,螺旋桨应该清洗。木制螺旋桨可用温水和中性肥皂,用刷子和布清洗。如果飞机工作接近盐水,螺旋桨应常用淡水冲洗。如果清洗后检查显示有缺陷,必须进一步检查或修理,这时可能需要拆下螺旋桨。

木制螺旋桨通常发现的缺陷包括分层、表面上压坑和伤痕。其他可能的损伤包括叶背或叶面裂纹或伤疤、断裂、扭曲、中心孔和螺栓孔磨损或尺寸过大。当对木制螺旋桨修理之后,必须再施加保护涂层。然而,保护涂层的恢复改变了桨叶的平衡。因此,桨叶检修后必须检查螺旋桨的平衡。木制螺旋桨存放时应水平放置,保持湿气均匀分布。此外,存放处应该保持冷、暗、干燥和通风良好。

铝合金螺旋桨耐用和维护相对便宜。然而,损伤严重足以引起桨叶故障。因此,对铝合金螺旋桨必须定期仔细检查。年检和 100h 检查要求包括:是否有裂纹、压坑,螺栓扭矩是否正确。一旦清洗之后,应检查铝合金桨叶上是否有点蚀、压坑、刻痕、裂纹和腐蚀。损坏敏感的区域包括前缘和叶面。为帮助检查,可用 4 倍的放大镜。怀疑有裂纹应做着色渗透检查。铝合金桨叶表面缺陷的修理必须在平行于长度方向进行。螺旋桨边缘典型修理最大允许的尺寸深度为 1/8in,长度不大于 1.5in(见图 10-41)。如果一个桨叶叶尖修短,则其余桨叶必须修短到同样尺寸。

叶背和叶面修理后用非常细的砂纸抛光,表面施加阿罗丁、漆和其他批准的保护涂层。

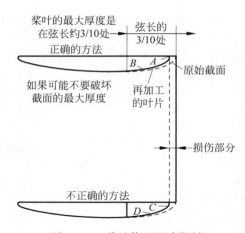

图 10-41 桨叶修理尺寸限制

A—最大原始半径；*B*—再加工轮廓到最大厚度点；*C*—半径太大；*D*—轮廓太钝

所有可调桨距螺旋桨系统都要在一定间隔时间内进行检查和勤务工作。在很多情况下,润滑是勤务工作之一。用于润滑螺旋桨的油脂必须有正确的防磨和塑性。换句话说,批准的油脂可以减少运动零件的摩擦阻力和在压力下容易成任何形状。存放螺旋桨桨叶时要对其作防锈处理,用蜡纸包装,并作定期检查。

10.5.2 螺旋桨平衡、桨叶角检测和螺旋桨轨迹检查

1. 螺旋桨平衡

若要正确地发挥发动机和螺旋桨的性能,螺旋桨的平衡是关键,包括静态平衡和动平衡。当螺旋桨的重心同它的转轴一致时,螺旋桨是静平衡的。

1) 静平衡

检查螺旋桨静平衡用刀刃法或悬挂法,两种静平衡方法中刀刃法较简单和更精确。检查螺旋桨平衡前应首先保证桨叶角完全相同。

螺旋桨应作水平和垂直平衡检查。对于两个桨叶的螺旋桨组件,1 号桨叶在垂直位置,然后在垂直位置对另一桨叶重复检查。如果螺旋桨是垂直平衡的,它将保持在垂直位置。如果存在垂直不平衡,则螺旋桨将有静止在水平位置的趋势(见图 10-42)。

对两个桨叶的螺旋桨组件进行水平平衡检查时,如果是平衡的,它将保持在水平位置。如果存在水平不平衡,一个桨叶将趋于向下移动,引起螺旋桨静止在垂直位置(见图 10-43)。

三叶螺旋桨的静平衡要求放置螺旋桨在 3 个基本的试验位置。正确平衡的三桨叶螺旋桨应当是每个桨叶在 6 点钟位置时都没有转动的趋势(见图 10-44)。

2) 动平衡

完成了静平衡工作后,不代表螺旋桨就可以正常运转,还需要完成动平衡。当转子部件的质量分布在较长轴上时,虽然静平衡保障了总体质量中心在旋转轴上,但旋转轴线很可能不与惯性主轴重合,即垂直于旋转轴线的各个截面质量中心不都在旋转轴上,这时会有振动力矩产生,发动机出现动不平衡,如超过一定的限度,就会出现发动机抖动的现象。

现代检查动平衡的方法是现场动平衡,要求螺旋桨、整流锥和相关设备装在飞机上进行

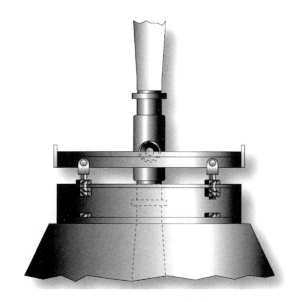

图 10-42　垂直平衡检查

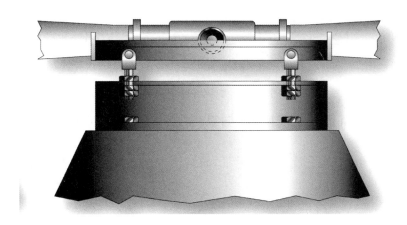

图 10-43　水平平衡

图 10-44　三桨叶螺旋桨静平衡

检测与配平。发动机运转在特定的一个或者几个转速时,动平衡测试仪通过安装在发动机指定位置的加速度计测得发动机振动的即时加速度值和光学转速传感器测得的位置信息,综合测定后给出不平衡的大小和位置。现代新型动平衡测试仪会给出螺旋桨配重调整量的参考信息。

2. 桨叶角的检测

有时需要在指定的桨叶站位检查桨叶角,这就要使用螺旋桨通用分度仪(见图10-45)。

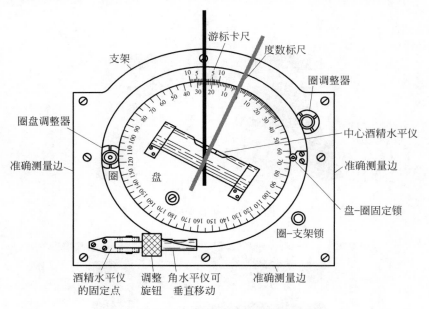

图 10-45　螺旋桨通用分度仪

测量螺旋桨桨叶角之前,分度仪必须归零,或者调整到基准位置,通用的基准是螺旋桨桨毂(见图10-46)。

(1) 测量桨叶角时,将分度仪靠住叶面,转动圆盘调节器直到气泡位于水准仪中心(见图10-47)。

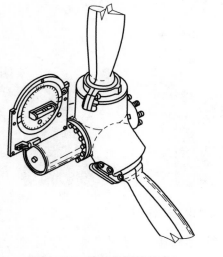

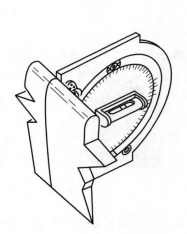

图 10-46　桨叶角测量基准　　　　图 10-47　测量桨叶角

（2）转动螺旋桨,直到要检查的第一片桨叶,使桨叶的前缘处于水平位置。

（3）找出桨叶叶面的基准标记位置,将分度仪的边放在桨叶面的基准位置上。

（4）转动圆盘调整钮,直到中心酒精水平仪水平为止。

（5）以圆上的零线为标志,游标尺上零刻度所对应的盘数值便是桨叶角的度数。

如果桨叶叶面弯曲,在离前缘和后缘 1/2in 的地方用直径 1/8in 的圆棒连接,固定到螺旋桨叶片,为分度仪提供平面(见图 10-48)。

3. 桨叶轨迹检查

检查螺旋桨桨叶轨迹指的是检查各桨叶叶尖之间的相对位置。该程序是在查找振动问题或作为螺旋桨平衡和再安装的最后检查。在轻型飞机上,金属螺旋桨直到 6ft 直径其叶片相互轨迹在 1/16in 之内。木制螺旋桨轨迹不应大于 1/8in。

螺旋桨做轨迹检查之前,飞机必须锁定在静止位置,一般情况下是通过在各机轮放置轮挡防止飞机移动的。在地面放置固定的基准,离螺旋桨弧 1/4in 之内。转动螺旋桨桨叶,标记每个叶片的轨迹,所有叶片轨迹最大差值不应超过上述限制值(见图 10-49)。

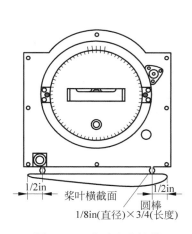

图 10-48　桨叶弯度补偿

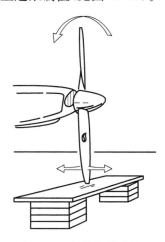

图 10-49　螺旋桨轨迹检查

检查轨迹也可在飞机前缘上安装一根粗的金属丝或较细的杆子,稍微接触螺旋桨桨叶尖部,用于转动螺旋桨,观察下一片桨叶,测量杆子和桨叶之间的距离。继续这一过程,直到检查完所有桨叶。

10.5.3　螺旋桨的安装

将螺旋桨连接到发动机曲轴上的方法因曲轴的类型不同而不尽相同。现代有 3 种类型飞机发动机曲轴:带安装边的轴、锥形轴和花键轴。安装螺旋桨应考虑定心、传扭和固定,以使螺旋桨工作可靠和不产生振动。

带安装边的轴有定位销孔,用螺栓和螺帽将螺旋桨固定在轴上。通常,定位销孔要安排得只能让螺旋桨安装在一个位置。有的是预先将带螺纹的圈压入螺栓孔,不再需要螺帽(见图 10-50)。

安装螺旋桨时,遵守螺旋桨制造厂建议的拧紧顺序是重要的,以避免在螺旋桨桨毂中导

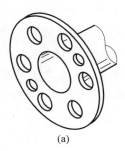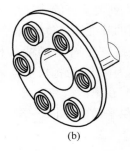

(a)   (b)

图 10-50   带安装边的轴

(a) 带有定位销孔的安装边；(b) 有螺套的安装边

致应力(见图 10-51)，交叉按力矩要求值拧紧螺栓后必须再依次检验各螺栓力矩值。

在某些低马力发动机上，曲轴是锥形的，螺旋桨安装端带螺纹。为防止螺旋桨在轴上转动，在轴上装有一个大键槽，键保持螺旋桨在位(见图 10-52)。

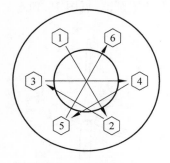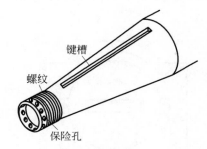

图 10-51   紧固次序   图 10-52   锥形轴

大多数发动机采用花键轴，其中一个两倍宽度的主键保证桨毂仅装在一个位置上(见图 10-53)。用过规/不过规检查花键磨损，它的尺寸比花键间允许最大尺寸大 0.002in。量规在两个键槽之间测量；如有超过 20% 的键槽插不进去，则说明轴和键均可使用；如有 20% 以上键槽能插进去，说明曲轴已有过量磨损，必须更换。为确保螺旋桨桨毂在曲轴的中心，前锥和后锥应装在螺旋桨毂的每一侧(见图 10-54)。另外，可使用普鲁士蓝检查前、后锥的安装是否正确。方法是：初装扭紧后拆下，前、后锥转移到毂上的普鲁士蓝面积不小于 70%。

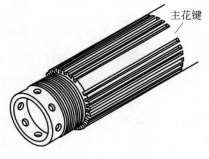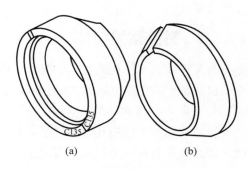

图 10-53   花键轴

图 10-54   前锥和后锥

(a) 前锥(示出序列号)；(b) 后锥

　　一旦螺旋桨正确地扭紧,还必须打保险。由于安装的方法不同,保险的方法也不同。例如,如果用螺栓将螺旋桨固定在带安装边的轮毂上,那么每对螺栓的保险丝必须在拉紧的方向(见图 10-55)。

　　如果安装螺旋桨使用的是槽顶螺母,那么则用开口销保险(见图 10-56)。

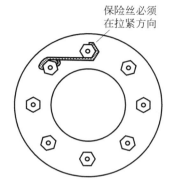

图 10-55　螺栓保险

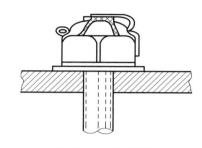

图 10-56　螺帽保险

　　一旦恒速螺旋桨已装好并保险后,应进行全面工作复查。必须遵守该型飞机地面运转程序和保证飞机处于安全状态。所有变距螺旋桨飞机的安装、操纵要求均相同,即螺旋桨变距杆必须校装,使得变距杆前移,转速增加,变距杆后移转速减少。发动机油门必须设置成前移增加拉力,后移减少拉力。发动机暖机和试验新安装的液压螺旋桨时,应通过调速器控制变距系统在整个行程内运动几次。地面检查和调整成功完成后,进行飞行试验。飞行试验后,检查滑油是否泄漏和部件的牢固性。

参 考 文 献

[1] 唐庆如. 活塞发动机[M]. 北京：兵器工业出版社，2007.

[2] 李卫东，赵廷渝. 航空活塞动力装置[M]. 成都：西南交通大学出版社，2004.

[3] 阎成鸿. Cessna172R 型飞机机型培训教程[M]. 北京：航空工业出版社，2008.

[4] LOMBARDO D A. 小型飞机的结构和使用[M]. 张鹏，孙淑光，杜鸣，等译. 北京：航空工业出版社，2006.

[5] CIRRUS. Model SR20 airplane maintenance Manual，2010.

[6] DIAMOND AIRCRAFT INDUSTRIES. DA40 series airplane maintenance manual，2007.

[7] DIAMOND AIRCRAFT INDUSTRIES. DA42 series airplane maintenance manual，2nd，2008.

[8] ROBINSON. Model R22 maintenance manual and instructions for continued airworthiness RTR060，2004.

[9] ROBINSON. Model R44 maintenance manual and instructions for continued airworthiness RTR460，2012.

[10] ENSTROM. 280FX maintenance manual，1990.

[11] GARMIN. G1000 NAV Ⅲ line maintenance manual，2005.

[12] PIPER. Seminole PA-44-180 airplane maintenance manual，2012.

[13] CESSNA AIRCARFT. CESSNA 172R maintenance manual，10th ed，2005.

[14] FEDERAL AVIATION ADMINISTRATION. Aviation Maintenance Technician Handbook-Powerplant，Volume1 2，2012.

[15] TELEDYNE INDUSTRIES，INC. IO-240 series maintenance manual models IO-240-A&B，1996.